U0181219

流体传动与控制系统

主　编　韩　磊
副主编　董　泳　李小斌

哈尔滨工业大学出版社

内 容 简 介

本书根据"双一流"建设对于课程体系改革建设的具体要求,将流体传动技术中重要的两部分内容体系——液压传动和液力传动相融合,并结合编者教学和科研经验编写而成。书中系统阐述了流体传动的两种形式,液压传动和液力传动;介绍了常见的液压传动元件,液压基本回路的知识,液压传动系统的结构和工作原理,液压控制系统的组成和分析,液力偶合器,液力变矩器以及液力传动装置与动力机共同工作特性。本书内容全面,图文并茂,实用性强,并且每章均配有思考与练习。

本书可作为高等院校机械类或相关专业本科生的教材或专业参考书,也可供从事液压传动、液压控制和液力传动相关工作的技术人员参考。

图书在版编目(CIP)数据

流体传动与控制系统/韩磊主编.—哈尔滨:
哈尔滨工业大学出版社,2021.8
ISBN 978－7－5603－9210－3

Ⅰ.①流… Ⅱ.①韩… Ⅲ.①液压传动－控
制系统 Ⅳ.①TH137

中国版本图书馆 CIP 数据核字(2020)第 226827 号

策划编辑	王桂芝	
责任编辑	王会丽	谢晓彤
出版发行	哈尔滨工业大学出版社	
社　　址	哈尔滨市南岗区复华四道街 10 号　邮编 150006	
传　　真	0451－86414749	
网　　址	http://hitpress.hit.edu.cn	
印　　刷	哈尔滨市工大节能印刷厂	
开　　本	787mm×1092mm　1/16　印张 16.5　字数 422 千字	
版　　次	2021 年 8 月第 1 版　2021 年 8 月第 1 次印刷	
书　　号	ISBN 978－7－5603－9210－3	
定　　价	48.00 元	

前　言

流体传动与控制系统是动力机械传动理论与工程的重要分支,广泛应用于航天、航空、军工、船舶和工程机械等领域,流体传动与控制技术是当代工程师需要具备的重要基础技术知识之一。在课程设置上,绝大部分院校将液压传动和液力传动分开授课,本书的编写充分响应建设世界一流大学和一流学科的号召,结合本科生培养方案,将两者有机地融合在一起。

本书力求达到:①读者容易理解;②内容尽量实用。本书系统地介绍了液压传动、液压控制和液力传动的知识,在内容设置上争取做到言简意赅,理论联系实际,增强实战操作性,提高学生解决工程实际问题的能力。因此,酌情降低了理论阐释的深度并减少了繁杂的公式推导。

本书共分两部分:第1~8章为液压传动部分;第9~12章为液力传动部分。具体内容如下:

第1章从液压传动的基础知识和应用背景入手,可使读者直观地感受液压传动工程的重要性;第2~4章为液压传动元件部分,从结构到原理,详细介绍了液压系统的构成;第5章为液压传动系统,综合液压传动元件,介绍了多种多样的回路实现功能;第6~8章为液压控制系统部分,介绍了动力机构以及多种常见的控制系统及校正系统;第9章介绍了液力传动基础;第10章针对液力偶合器的原理和结构进行了介绍;第11章介绍了液力变矩器的结构和原理;第12章结合典型液力装置和动力机,分析了其共同工作的特性。

本书由哈尔滨工业大学韩磊任主编,哈尔滨工业大学董泳和天津大学李小斌任副主编,其中第1~8章由韩磊编写,第9~12章由董泳和李小斌共同编写。全书由韩磊统稿。

本书由哈尔滨工业大学王洪杰教授主审。王洪杰教授对本书进行了细致、详尽的审阅,并提出了许多宝贵的意见和建议,在此表示衷心的感谢。

由于编者水平有限以及流体传动技术发展迅速,书中难免存在疏漏和不足之处,恳请广大读者批评指正。

编　者
2021 年 7 月

目　　录

第一部分　液压传动

第二部分　液力传动

第一部分　液压传动

第1章　流体传动技术概论

1.1　流体传动基本原理及结构

1.1.1　液压传动的概念

一般来说,一部完整的机械系统主要由三部分组成,即原动机、工作机和传动机构。

(1)原动机包括电动机、内燃机等。

(2)工作机即完成工作任务的直接工作部分,如车床的刀架、卡盘等。

(3)由于原动机的功率和转速变化范围有限,为了适应工作机工作力和工作速度变化范围较宽,以及其他操纵性能(如停车、换向等)的要求,在原动机和工作机之间设置了传动装置(或称传动机构),典型的传动装置有以下几种。

①机械传动。机械传动基于机械原理,包括齿轮、减速箱、皮带传动、链传动、蜗轮蜗杆、曲柄连杆机构、滚珠丝杠等多种形式。

②电力传动。电力传动基于电力拖动及系统工作原理,包括各种继电开关柜、自耦变压器、星一三角启动器、自整角机、步进电机、直流调速器、变频器等。

③流体传动。流体传动以流体为工作介质,包括气压传动、液压传动和液力传动。

由流体力学基本知识可知,单位质量流体具有的能头可由下式来表征:

$$H = \frac{v^2}{2g} + \frac{p}{\rho g} + z \qquad (1.1)$$

式中　v——流体的速度,$v^2/(2g)$称为流体的动能头,m/s;

　　　p——流体的压力,$p/(\rho g)$称为流体的压力能头,N/m² 或 Pa;

　　　z——压力测点相对于某一基准水平面的几何高度,又称为位置能头,m;

　　　ρ——流体的密度,kg/m³;

　　　g——重力加速度,m/s²。

在流体元件传递能量的过程中,相对位置的高度变化很小,位置能头(z)的变化可以忽略不计,因此,在流体元件中运动流体的能量变化主要表现为动能头($v^2/2g$)和压力能头($p/\rho g$)两种形式,其中,气压传动和液压传动则是主要依靠工作流体(空气或油液)的压力能头的变化来传递能量。流体传动的发展史如下。

(1)公元前 250 年,《论浮体》一书中"阿基米德定律"的提出奠定了物体平衡和沉浮的基础理论,也揭开了液压技术发展的序幕。

(2)1681年,D.帕潘(D. Papin)发明了带安全阀的压力釜,实现了原始的自动控制。

(3)1738年,瑞士科学家欧拉(L. Euler)提出了连续介质的概念,把静力学中的压力概念推广到运动流体中,建立了欧拉方程。

(4)16世纪到19世纪,欧洲学者对流体力学、摩擦学、机构学和机械制造等做出的一系列贡献为20世纪液压传动的发展奠定了科学和工艺基础。

(5)19世纪末20世纪初,工业革命时期,液压技术开始应用于机床传动,但此时,系统的压力级较低,一般只有几兆帕,系统的可靠性也不高。

(6)20世纪50年代以前,尤其是第二次世界大战期间,由于军事的迫切需要,大功率、高效率的液压传动系统和伺服系统被广泛应用。在这段时期,液压技术发展迅速,系统的压力级已达到10 MPa,可靠性也有所提高。

(7)1953年,美国科学家布莱赫本发明了电液伺服阀,实现了电力控制与液体控制的结合,这也标志着液压控制技术进入了新的发展阶段。

(8)20世纪70年代,出现的负载敏感系统、功率协调系统,可以感受系统压力及流量需求,降低了损耗功率。

(9)20世纪70年代末到80年代初,中国学者路甫祥发明了电液比例技术和插装阀技术,标志着我国液压技术登上了新的台阶。

近年来,随着微电子技术的迅速发展及其与液压和气压技术的结合,液压与气动技术的应用领域更加广泛。近10年来,世界范围内也逐渐开展了以纯水为介质的液压技术研究,并且在中压(4~6 MPa)系统中得到了应用。

1.1.2 液压传动系统的工作原理

图1.1所示为典型的液压传动系统结构原理图。

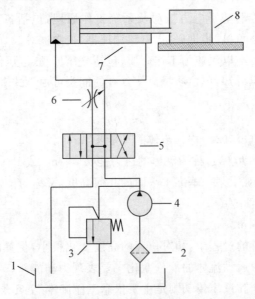

图1.1 典型的液压传动系统结构原理图

1—油箱;2—过滤器;3—溢流阀;4—液压泵;5—换向阀;6—流量阀;7—液压缸;8—负载

换向阀处于中位时,液压缸不动,液压泵排出的油液经溢流阀回油箱。当拉动手柄换向时,油液分成两路,一路经溢流阀回油箱,另一路经换向阀进入液压缸右腔,左腔回油经流量阀回油箱,推动负载前进,反之亦然。通过换向阀的操作,实现液压缸的往复直线运动,驱动负载。当关小流量阀的阀口时,溢流量增大,进入油缸的流量减少,负载的速度减小,反之增大。在液压系统中,工作部件都有一定的承载范围,当系统的工作压力超过这个范围的时候,就可能出现安全事故,所以液压系统采用设置安全阀(溢流阀)的方法来限制最大工作压力。用溢流阀调定泵的工作压力,起到安全阀的作用。系统中过滤器的作用是滤去油液中的污物,以保证系统油液的清洁,保证所有元件顺利工作。

另外,图 1.2 所示的磨床工作台也是通过液压传动系统实现的往复运动。

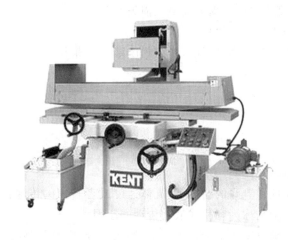

图 1.2　磨床工作台

1.1.3　液压传动系统的组成

液压传动系统是由若干液压元件和管路组成的能够完成一定动作的整体。液压传动系统可分为以下四部分。

(1)动力元件。动力元件可将原动机的机械能转换成液体的压力能,在液压传动系统中指油泵,它向整个液压传动系统提供动力。

(2)执行元件(如液压缸和液压马达)。执行元件可将液体的压力能转换为机械能,驱动负载做直线往复运动或回转运动。

(3)控制元件。控制元件(即各种液压阀)在液压传动系统中控制和调节液体的压力、流量和方向,统称为阀。根据控制功能的不同,液压阀可分为压力控制阀、流量控制阀和方向控制阀。

(4)辅助元件。辅助元件包括油箱、滤油器、冷却器、加热器、蓄能器、油管及管接头、密封圈、快换接头、高压球阀、胶管总成、测压接头、压力表、油位计、油温计等。与此同时,液压油作为液压传动系统中传递能量的工作介质,有矿物油、乳化液和合成型液压油几大类,如10♯航空液压油,主要作为航空航天液压设备传动机构的工作介质,同时还可作为其他高性能液压系统的工作液。

1.1.4 液压传动系统中的元件符号

本书所用图形符号均参考《流体传动系统及元件 图形符号和回路图 第 1 部分:用于常规用途和数据处理的图形符号》(GB/T 786.1—2009)以及《流体传动系统及元件 图形符号和回路图第 2 部分:回路图》(GB/T 786.2—2018)。

1.2 流体传动的流体力学基础

在分析液压传动系统时,做如下假设:由于传动过程中液体的压力损失相对工作压力比较小,所以在讨论中忽略流体的压力损失及容积损失。

(1)帕斯卡定律(静压传递定律)。

力的传递是按照帕斯卡定律进行的,对于封闭液压缸来说,在某一液压力的作用下,该封闭腔内到处都会作用着压力 p 且

$$p=\frac{F}{A} \tag{1.2}$$

式中 F——活塞受到的外力;

A——活塞的面积。

(2)流体连续性原理。

在不考虑液体压缩性和泄漏的前提下,流体速度或者转速的传递按照容积变化相等的原则进行。这也是液压传动又称为容积式液力传动的原因。

假设某一活塞的移动速度为 v_1,面积为 A_1,则 Δt 时间内活塞移动的空间,即体积为 $V_1=v_1 A_1 \Delta t$。若该活塞与另一个活塞相连通,同样在 Δt 时间内,另一个活塞移动的体积为 $V_2=v_2 A_2 \Delta t$。在理想情况下,没有容积损失,则 $V_2=V_1$。在流体力学中,单位时间内流过的流体体积称为体积流量,则体积流量为 $Q=\frac{V}{\Delta t}$。根据以上关系,可以得到另一个活塞的移动速度为

$$v_2=\frac{Q}{A_2} \tag{1.3}$$

因此,液压传动方式区别于其他传动方式主要有如下两个基本特征。

(1)活塞的移动速度正比于其内流体的体积流量,与负载无关。因此,可以通过改变体积流量 Q 来调节移动速度。

(2)活塞的移动速度与活塞的面积成反比(在一定的流量下),所以可以通过控制活塞面积来改变速度。

1.3 液压系统的特点、应用及发展趋势

1.3.1 液压系统的优点

一般来说,液压系统具有如下优点。

(1)液压系统以液体为工作介质,借助管路连接,可以方便地连接各种机构。

(2)液压系统单位功率质量比大,出力大。如液压泵和液压马达的单位功率质量仅为电动

机的 10%。

（3）液压系统可以实现无级调速，调速范围大，可以达到 1 000：1。

（4）液压系统转动惯量小，响应速度快，一般为 10～100 ms，这种特点可以提高系统的动态特性，使工作频带增大，增益提高。

（5）液压系统具有良好的低速稳定性能，特殊液压马达可以实现 1 r/min，这是其他电动机难以实现的。

（6）液压系统容易实现过载保护，利用工作介质实现自润滑，延长元件的使用寿命。

（7）液压系统利用各种液压控制阀，可以实现系统过载时的自动保护，实现各种功能的自动控制。

（8）液压元件容易实现标准化、系列化和通用化设计，便于生产和推广。

（9）液压系统运行平稳，可实现快速启动、制动、换向。

1.3.2　液压系统的主要缺点

（1）液压传动以液体作为工作介质，由于泄漏损失、机械摩擦损失、压力损失等，系统的效率不高（为 70%～80%）。

（2）液压系统噪声大，油源的压力脉动引起振动，导致噪声产生。

（3）液压系统受温度的影响较大，由于液体的黏度和温度有密切的关系，温度变化会直接影响系统的性能，而且，液压油等工作介质的性能及使用寿命均会受到温度的影响，因此液压系统不宜在很高和很低的温度下工作。

1.3.3　液压系统的应用

相对于传统的机械传动，流体传动（液压传动、气压传动、液力传动）是重要的传动方式，其中液压系统具备体积功率比小、技术成熟、工作可靠性高等一系列优点，广泛应用在各系统中，为它们提供动力源。目前，液压技术已经成为现代机械和装备领域的基本构成，技术成熟度直接影响着国家工业和国防现代化水平。其中，陆海空三军诸多装备都采用了液压技术。如导弹发射系统的调平与起竖系统，坦克的稳定系统，火炮的随动系统，军舰的减摇装置。液压系统典型应用领域如图 1.3 所示。其他代表性应用领域分为以下三点。

(a) 工程装备稳定系统　　(b) 六自由度平台　　(c) 火炮发射系统

图 1.3　液压系统典型应用领域

（1）工程机械领域。

工程机械领域普遍采用了液压技术，如挖掘机、装载机和起重机，以及近些年国内发展迅猛的大型隧道掘进机的刀头防卡死驱动系统。液压系统在工程机械领域的应用如图 1.4 所示。

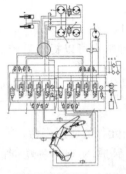

(a) 挖掘机液压系统示意图

(b) 装载机

(c) 挖掘机

图 1.4　液压系统在工程机械领域的应用

（2）机床领域。

机床工业是液压技术应用最早、最成熟的行业，有近 85% 的设备采用了液压技术，如自动车床、刨床、龙门铣床、仿型加工机床、数控机床及加工中心。液压系统在机床领域的应用如图 1.5 所示。

(a) 精密磨床

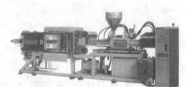

(b) 塑料注射成型机

(c) 世界最大的10万t
大型模锻液压机

图 1.5　液压系统在机床领域的应用

（3）航空航天领域。

液压系统在近 30 年广泛应用于航空航天领域。飞机液压系统是飞机飞行控制系统和起落架等负载的动力源，对飞机的安全飞行起着关键的作用，已广泛用于飞机控制起落架、襟翼、方向舵和制动器的驱动；航天领域中使用液压系统来控制航天飞机和空间站（图 1.6）。

(a) 起落架上的液压缓冲装置

(b) 机舱内的液压管路

(c) 机翼副翼的位置控制系统

图 1.6　液压系统在航空航天领域的应用

1.3.4　发展趋势

国际上液压领域的最新研究主要以高效率、高集成性、高性能、超大型化和超重型化为目标发展液压系统,其应用范围已得到较大的扩展。一方面继续向大型化发展,应用在风力发电传动等领域;另一方面向小型高集成化发展,应用在机器人和医疗器械等领域。四个目标分别阐述如下。

(1)高效率。

从液压元件和流体的微观结构、液压元件设计、液压系统架构、控制系统算法等不同层次的创新设计,实现现有及新型液压系统效率的大幅提高。国内外的研究热点包括:新型节能液压系统及其优化控制算法;液压元件摩擦学研究和减小摩擦的方法,即新材料、新工艺的探索;高性能液压油研究及添加剂减阻的应用。

(2)高集成性。

通过实现液压动力源、能量储存装置和整体系统的紧凑集成,达到创造便携式液压系统的目的。

国内外的研究热点集中于:液压、气动自由活塞发动机和压气机的研究与小型化;集成能量储存和收集装置(如可利用刹车能量的应变能量收集器);MEMS(微机电系统)气动比例伺服阀。另外,还包括微型搜救机器人和人体便携助力装置,小型、便携式液压系统举例如图1.7所示。

(a) 微型四足搜救机器人　　　　　(b) 液压人体助力装置

图 1.7　小型、便携式液压系统举例

(3)高性能。

液压系统向高性能方向发展的具体实例如图1.8所示。提高液压系统的安全性、洁净性、易用性,降低液压系统的噪声,以使其在生产生活中得到广泛应用。国内外的研究热点包括:液压系统人机交互系统的设计;液压系统噪声机理研究及控制方法;新型密封设计和减少泄漏的方法;弹性流体润滑的研究。

(4)超大型化和超重型化。

近10年来,随着社会的快速发展,工业对于超重和超大型装备提出了新的要求。超大型构件的液压同步整体提升技术,采用钢绞线承重、提升器集群、计算机控制、液压同步整体提升新原理,结合现代化施工工艺,实现超大型构件的大跨度提升。如我国首创 2 000 t 造楼机,12 个大型液压缸一次举升 6 m,误差不超过 2 mm。

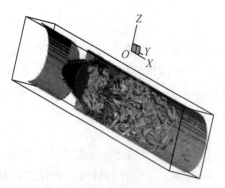
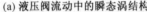

(a) 液压阀流动中的瞬态涡结构　　　　(b) 一种以用户为中心的挖掘机驾驶舱设计

图 1.8　液压系统向高性能方向发展的具体实例

　　自行式模块运输车,又名自行式液压平板车(SPMT),实物图如图 1.9 所示,主要应用于重、大、高、异型结构物的运输,其优点主要是使用灵活、装卸方便、载重量在多车机械组装或者自由组合的情况下可达 50 000 t 以上。每组轮子都有独立的液压系统来调整崎岖路面带来的影响,保证运载平台的平稳。

图 1.9　自行式液压平板车实物图

思考与练习

1.1　说明液压系统的工作原理。

1.2　流体传动的流体力学基础有哪几点?

1.3　阐述液压系统的优缺点。

1.4　简述液压系统的发展趋势。

第 2 章　液压泵和液压马达

2.1　液压泵的工作原理及分类

2.1.1　液压泵的工作原理

本节以液压千斤顶为例介绍液压泵的工作原理,液压千斤顶结构图如图 2.1 所示。

当压杆向上运动时,形成真空,吸油单向阀打开,泵缸从油箱吸油,此时左侧重物在排油单向阀的关闭作用下保持静止。

当压杆向下运动时,活塞向下运动,油压上升,将吸油单向阀关闭,排油单向阀打开,通过油管 10 向液压缸排油,负载在高压油作用下向上运动。释放压力时,只需打开截止阀,负载所在油箱的油就会通过油管流回油箱。

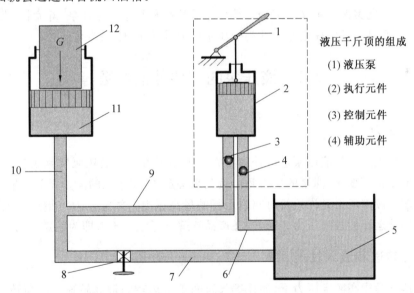

液压千斤顶的组成
(1) 液压泵
(2) 执行元件
(3) 控制元件
(4) 辅助元件

图 2.1　液压千斤顶结构图

1—压杆;2—泵缸;3—排油单向阀;4—吸油单向阀;5—油箱;
6,7,9,10—油管;8—截止阀;11—液压缸;12—负载(重物)

可见,使泵正常工作的必要条件有以下几点。

(1)吸油腔和压油腔要相互隔开,并具有良好的密封性能,如液压千斤顶结构图中由排油单向阀和吸油单向阀隔开。

(2)吸油腔体积扩大吸入工作液体,另外压油腔体积缩小排出相同体积的液体。

(3)吸油腔扩大到极限位置(吸满)时,先要和吸油腔切断,然后再转入压油腔中,保证泵连续工作。图 2.1 中,在吸油单向阀没打开前,排油单向阀要先关闭。

2.1.2　液压泵的图形符号

各种类型液压泵的图形符号如图 2.2 所示。

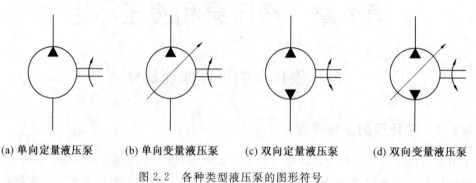

(a) 单向定量液压泵　　(b) 单向变量液压泵　　(c) 双向定量液压泵　　(d) 双向变量液压泵

图 2.2　各种类型液压泵的图形符号

2.1.3　液压泵的分类

按液压泵主要运动构件和运动方式来分,液压泵可分为以下几种。
(1)齿轮泵。此类液压泵应用最为广泛,主要应用于各种液压机械上。
(2)叶片泵。此类液压泵又可细分为单作用叶片泵和双作用叶片泵,寿命长,噪声低。
(3)轴向柱塞泵和径向柱塞泵。此类液压泵压力脉动小,体积功率比大。

2.2　液压泵的主要性能参数

2.2.1　压力

液压泵的吸入压力指液压泵进口处的压力。工作压力是指液压泵实际工作的压力,泵的压力随负载的变化而变化,即泵的压力是由负载来决定的,而与泵的流量无关。最高压力或最大压力是指超过额定压力允许短暂时间内运行的最高压力。额定压力是指正常工作条件下,按实验标准连续运转的最高压力。通常,在产品铭牌上标注的压力即为额定压力。

2.2.2　转速和吸入性能

额定转速 n 是指在额定压力下,能连续长时间正常运转的最高转速。最高转速指在额定压力下超过额定转速允许短暂达到的转速。最低转速为保证液压泵正常使用所允许的转速。
最低吸入压力值为泵正常运转不发生气蚀,在吸入口允许的最低压力值,此压力值应大于泵送温度下被送液体的饱和蒸汽压。泵能借助大气压力自行吸油的能力称为自吸性能。具有自吸能力的泵,其最低吸入压力(绝对压力)一定小于大气压力。自吸能力常用真空度(大气压力与绝对压力的差额压力)表示。

2.2.3　排量和流量

液压泵的理论排量 q 指主轴每转动一转根据封闭容积变化而得到的排出的液体的体积,

数值上等于液压泵每转排出的液体体积。

理论流量 Q_t 是指在单位时间内由泵内部容腔体积变化而排出的液体的体积,数值上等于在没有泄漏的条件下单位时间内排出的液体体积。液压泵的额定流量是指泵正常工作时,按实验标准必须保证的流量。因为泵存在泄漏,所以额定流量小于理论流量。

实际流量 Q 即泵工作时的实际流量。

2.2.4　液压泵的功率和效率

通常,液压泵是通过轴连接,由电动机带动,输入能量为机械能 N_r,即转矩和角速度的乘积;液压泵的输出能量为液压能,即压力 p 和流量 Q 的乘积。

(1)容积效率。容积效率是指液压泵实际流量和理论流量之比,记为 η_V,即 $\eta_V = \dfrac{Q\Delta p}{Q_t\Delta p}$。

(2)机械效率。机械效率是指液体在泵内部流动时黏性引起的转矩损失,以及泵内零件在做相对运动时引起的机械损失,记为 $\eta_m = \dfrac{Q_t\Delta p}{N_r}$。

(3)泵的总效率。泵的总效率可以定义泵的输出功率和输入功率的比值,即 $\eta = \dfrac{Q\Delta p}{N_r}$。总效率在数值上等于容积效率和机械效率的乘积。

典型液压泵的功率和效率曲线如图 2.3 所示。随着压力 p 的提高,功率升高,机械能 N_r 升高,容积效率 η_V 降低,机械效率 η_m 升高,总效率 η 并非单调变化,而是先升高后降低。

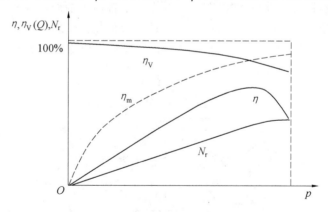

图 2.3　典型液压泵的功率和效率曲线

2.3　齿 轮 泵

齿轮泵作为液压系统中最常用的液压泵,广泛应用在各种液压机械上。其结构简单,体积小,质量轻,自吸性能好,对污物不敏感,工作可靠,寿命长。低压齿轮泵的寿命为 3 000～5 000 h,高压内啮合齿轮泵的寿命为 2 000～3 000 h。齿轮泵最大工作压力可达 31.5 MPa。与此同时,由于其工作原理,存在流量－压力脉动大、噪声大、排量不易变化等缺点。目前,齿轮泵主流的流量 Q 的范围为 2.5～750 L/min,压力 p 的范围为 1～32 MPa,转速 n 的范围为 1 300～4 000 r/min,微型齿轮的最高转速为 20 000 r/min,容积效率 η_V 一般为 0.88～0.96,总效率 η 为 0.92。

2.3.1　齿轮泵的分类

(1)按照啮合的形式,齿轮泵可分为:外啮合齿轮泵和内啮合齿轮泵。

(2)按照齿形,齿轮泵可分为:渐开线式齿轮泵、圆弧型齿轮泵、摆线型(内啮合)齿轮泵。

(3)按照齿面的形式,齿轮泵可分为:直齿式齿轮泵,同时进入啮合,因而产生冲击振动噪声,传动不平稳;斜齿式齿轮泵,齿轮重合度大,降低了每对齿轮的载荷,运用于高速重载工况;人字齿式齿轮泵,其啮合能消除轴向的位移和受力,减少轴承的损坏。斜齿式齿轮泵由于齿面是连续点接触,噪声和冲击较小,但对轴承要求较高。

(4)按照级数,齿轮泵可分为:单级齿轮泵和多级齿轮泵,其中,多级齿轮泵是由多个齿轮泵串联而成。

2.3.2　齿轮泵的工作原理

图 2.4 所示为外啮合齿轮泵的结构及工作原理。在壳体内部有一对齿数和模数完全相同的外啮合齿轮,齿轮两侧由盖板封闭。齿轮和壳体内表面以及端盖之间的间隙很小,可认为构成了封闭空间,因此,这对齿轮的分割线把液压泵分成了两个工作腔。当齿轮按照图 2.4 所示的方向转动时,下侧的吸油腔由于相互啮合的齿轮逐渐脱开,密封容积逐渐增大,工作容积逐渐增大,形成部分真空的趋势,压力降低,油箱中的油液在压差的作用下进入工作腔,将齿间槽充满,并随着齿轮的旋转运动到排油腔(压油腔)一侧。在排油腔一侧,这对齿轮进行啮合挤压,使密封工作腔容积逐渐减小,油液在高压的作用下排出排油腔。注意,吸油腔和排油腔由齿轮、端盖和泵体分隔开来,互不连通。径向密封为齿顶和壳体之间的密封,轴向密封为齿轮与泵体侧板之间的密封。外啮合齿轮泵 1/2 剖面图及外观如图 2.5 所示。

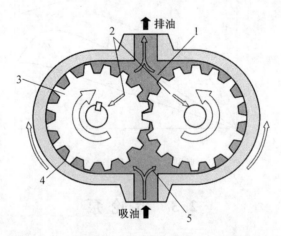

图 2.4　外啮合齿轮泵的结构及工作原理
1—排油腔;2—转子轴承;3—主动转子;4—外壳体;5—吸油腔

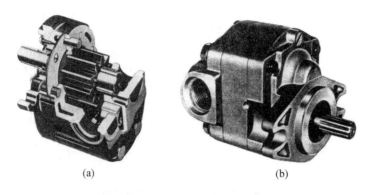

(a)   (b)

图 2.5 外啮合齿轮泵 1/2 剖面图及外观

2.3.3 泵的排量和流量脉动

外啮合齿轮泵的排量精确值应该依据啮合原理来计算,本书中,近似认为排量等于两个齿轮间不包括径向间隙容积的齿间槽容积的综合。另外,认为齿间槽的容积等于齿轮的体积,则当齿轮齿数为 z、模数为 m、分度圆直径为 D、齿高为 h_w($h_w = 2m$)、齿宽为 b 时,泵的排量可以由下述公式计算:

$$V = \pi D h_w b = 2\pi z m^2 b \tag{2.1}$$

实际上,齿间槽的容积比齿轮的体积略大,故通常用修正系数 C 做修正:

$$V = C 2\pi z m^2 b \tag{2.2}$$

式中 C——修正系数,当 z 为 13~20 时,C 取 1.06;当 z 为 6~12 时,C 取 1.115。

在齿轮啮合的过程中,工作腔的容积变化不是线性的,因此,齿轮泵的瞬时流量为脉动的,用 σ 来表示瞬时流量脉动。定义 q_{min} 和 q_{max} 分别为液压泵最小和最大瞬时流量,q 为平均流量,则瞬时流量的脉动率为

$$\sigma = \frac{q_{max} - q_{min}}{q} \tag{2.3}$$

对于外啮合齿轮泵,齿轮齿数越少,脉动率越大,最高为 0.2 以上,而内啮合齿轮泵则低很多。不同齿轮齿数的内啮合齿轮泵的脉动率见表 2.1,可以发现,随着齿轮齿数的增多,流动脉动率逐渐下降。

表 2.1 不同齿轮数的内啮合齿轮泵的脉动率

齿轮齿数 z	6	8	10	12	14	16	18	20
脉动率 σ	34.7%	26.3%	21.2%	17.7%	15.25%	13.38%	12.06%	10.74%

2.3.4 齿轮泵的困油现象

首先,为了保证齿轮泵的平稳运转,吸、压油腔须严格地密封,以保证连续供油,齿轮啮合的重叠系数 ε 必须大于 1,一般情况下取 1.05~1.3。这就意味着,在前一对齿轮没有脱开之前,下一对齿轮又进入啮合。这就导致一部分油被两对啮合的齿轮困在封闭容腔里面,齿轮泵啮合过程原理图如图 2.6 所示。

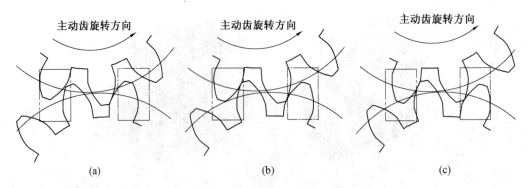

图 2.6　齿轮泵啮合过程原理图

在一对齿轮啮合时,前一对齿轮尚未脱开,形成一个困油容积 $V_B = V_1 + V_2$,此时困油容积最大,V_1 和 V_2 是相通的,当齿轮旋转时,V_1 逐渐减小,V_2 逐渐增大,而 V_B 逐渐减小;当齿轮转到两个啮合点对称于节点时,V_B 最小;齿轮继续旋转,V_1 继续减小,V_2 继续增大,而 V_B 逐渐增大,齿轮泵困油容积变化曲线如图 2.7 所示,其中 φ 为齿轮转动角度。

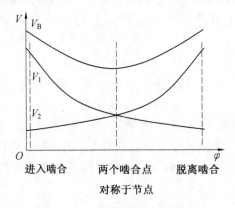

图 2.7　齿轮泵困油容积变化曲线

由于液体的压缩性很小,当困油容积由大变小时,液体被挤压,压力急剧升高,远远超过齿轮泵的输出压力,造成液体的强行挤出,使轴和轴承受到很大的冲击负载,增加了功率损失,产生了发热的现象。当封闭容积逐渐增大时,由于被困油液流出却得不到补充,会产生气穴现象,引起噪声、振动和气蚀现象,降低了齿轮泵的工作稳定性。这种因封闭容积变化而产生的压力冲击以及气蚀现象等称为齿轮泵的困油现象,需要通过特定的方法进行消除。

消除困油现象的方法通常是在两侧盖板(端盖、轴套等)上开卸荷槽,在保证高低压腔互不连通的前提下,设法使困油与高压腔或低压腔相通。原则是在封闭容积减小时,左侧卸荷槽与高压腔相连通,图 2.6 中的两个虚线框即为卸荷槽的开口;在封闭容积增大时,右侧卸荷槽与低压腔相连通。通常情况下,卸荷槽也会采用异形来实现更优的卸荷作用,如双对称矩形、圆形卸荷槽等。

2.3.5　齿轮泵的径向不平衡力

在齿轮泵中,吸油腔和排油腔存在着压力差,并且齿轮齿顶和泵体内部存在着径向间隙,所以排油腔和吸油腔之间的压力分布沿着圆周方向呈阶梯式下降,为简化计算及分析,认为这种变化是线性的,齿轮圆周压力的近似分布曲线如图 2.8 所示,其中,F_t 为轴向力,F_1 和 F_2 分别为两个齿轮受到的径向力合力。

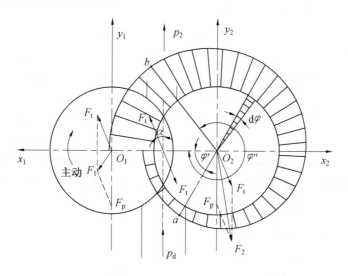

图 2.8 齿轮圆周压力的近似分布曲线

根据经验和计算,齿轮泵的径向力近似为

$$F=(7.5 \sim 8.5)D_e \Delta pB \tag{2.4}$$

式中 D_e——齿顶圆直径,cm;

  Δp——高低压压差,Pa;

  B——齿轮齿宽,cm。

通过以上分析,列举减小径向力的措施如下。

(1)合理选择结构参数。一般而言,低压泵 $B/m=6 \sim 10$(m 为模数),中、高压泵 $B/m=3 \sim 6$。

(2)缩小压油口并扩大高压腔径向间隙来实现径向补偿。

(3)在满足出液要求的情况下,增大吸油口的尺寸,只留 1、2 个齿起密封作用。

2.3.6 齿轮泵的泄漏

外啮合齿轮泵高压腔的压力油可以通过侧板与齿轮侧面间隙、齿顶圆与壳体之间的径向间隙、泵体内孔及齿轮啮合线处的间隙泄漏到低压腔去。因此,泄漏分为以下三种。

(1)轴向泄漏。轴向泄漏也称端面泄漏,此处间隙大并且间隙封油长度短,故占总泄漏量的 $70\% \sim 75\%$。

(2)径向泄漏。径向泄漏是指压力油沿齿顶圆与壳体之间的径向间隙发生的泄漏,由于其方向和齿轮转动方向相反,且通道较长,故占总泄漏量的 $10\% \sim 15\%$。

(3)其他泄漏。其他泄漏包括泵体内孔及齿轮啮合处泄漏。由于结构设计,这部分泄漏量很小。

无论在端面间隙或径向间隙中,油液的泄漏和黏性摩擦都将引起功率损失。间隙增大虽能使黏性摩擦减小,但泄漏量会增加;间隙减小虽可使泄漏减小,但黏性摩擦会增大。当功率损失最小时,相对应的间隙即为最佳间隙。目前,在固定间隙的齿轮泵中,小排量泵的间隙 s

一般在 0.01～0.03 mm 范围内；大排量泵的间隙 s 一般在 0.03～0.05 mm 范围内。

2.3.7 提高齿轮泵压力的措施

提高齿轮泵的压力，必须减少泄漏量，轴向泄漏是重点关注的部分。尽管在加工时可以将间隙加工得很小，但是随着泵的运行，磨损会使间隙增大，泄漏现象依旧存在。所以必须设计一种自动补偿机构来保证间隙在合理的范围内。对于中、高压齿轮泵，一般采用轴向间隙自动补偿的设计方法。宗旨就是将和齿轮端面相接触的端面做成可以轴向移动的机构，并将高压腔的油液通过设计引至移动机构的外侧，使移动机构始终以一定的间隙压紧齿轮端面，从而保证了泵的轴向间隙能在工作压力的条件下长期稳定。这个可以移动的机构可以是浮动的轴套或者浮动的侧板，如图 2.9 所示即为浮动轴套式轴向间隙补偿方式结构图，其中，F_1 为轴套外侧合力，F_f 为轴套内侧反推力。同时，可采用弹性侧板进行端面间隙补偿，利用侧板烧结的一层磷青铜在压力作用下产生的挠性变形来实现补偿。

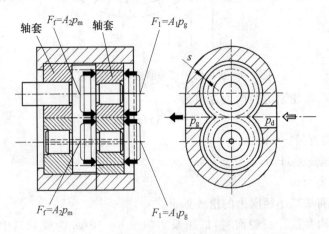

图 2.9　浮动轴套式轴向间隙补偿方式结构图

同时，不平衡径向力的存在也是影响齿轮泵压力提高的一个重要因素。如何减小径向力已经在 2.3.5 小节中进行了说明。

2.3.8 齿轮泵的润滑

润滑是提高齿轮泵寿命的重要方式。目前高压齿轮泵的润滑方式可以根据润滑油的来源进行分类。

(1)高压腔提供润滑油。将齿轮端面的间隙泄漏引到轴承油腔对轴承进行润滑。该种润滑的优点：润滑油流量大，结构简单，多用于滚动轴承的润滑；缺点：油温高，黏度小，从而降低了轴承的承载能力，消耗高压油而使容积效率降低，传热不充分，容易烧伤轴瓦。

(2)低压腔提供润滑油。油温较低，改善了油膜的形成条件，通过循环将热量带走，且提高了容积效率。与高压腔提供润滑油相比，不能获得很大的润滑油流量。

目前，螺旋式吸油低压润滑综合性能最高。其工作原理是，当轴旋转时，利用轴承孔内螺旋槽的作用将轴承外的油液吸入轴承，通过润滑和冷却后，经轴承内端的出口流进刚脱开啮合的一对齿轮的根部。这种润滑克服了普通低压油润滑油量少的缺点，油液黏度也大，形成的油膜质量高，同时有大量油液去填补困油现象带来的脱空，避免了气穴的产生，有效地抑制了振动和噪声。

2.3.9　内啮合齿轮泵简介

内啮合齿轮泵分为渐开线型内啮合齿轮泵和摆线型内啮合齿轮泵(又名转子泵),结构示意图分别如图 2.10 和图 2.11 所示。

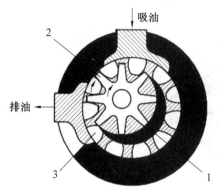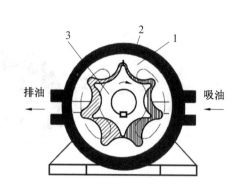

图 2.10　渐开线型内啮合齿轮泵　　　　图 2.11　摆线型内啮合齿轮泵
1—月牙隔板;2—转子;3—定子　　　　　1—定子;2—外壳体;3—转子

对于渐开线型内啮合齿轮泵,小齿轮转子和内齿轮定子之间要安装一块月牙隔板,将吸油腔和排油腔分离。这种齿轮泵压力级较高(可达 30 MPa),但加工困难。对于摆线型内啮合齿轮泵,小齿轮齿数比内齿轮少 1 个,因而不需要安装隔板即可将吸油腔和排油腔隔离开来。以上两种典型内啮合齿轮泵,小齿轮均为主动齿轮。

虽然工作方式和外啮合齿轮泵大同小异,但是内啮合齿轮泵没有困油现象,吸油面积大,压力油从内齿底部孔引出去,无气蚀现象,流量脉动小,噪声低。同时,油液在离心力的作用下充满齿槽间隙,因此允许高速旋转,容积效率高。高压腔小,轴承受力小,摩擦表面小。在压力为 30 MPa,转速 n 为 1 800 r/min 时,容积效率为 96.5%,总效率达到 90%。

内啮合齿轮泵齿形曲线比较复杂,加工精度要求高,因此价格较高。

2.4　叶　片　泵

叶片泵根据转子每转一周的吸油、排油次数可以分为单作用叶片泵和双作用叶片泵。单作用叶片泵转子每转一周,完成吸油、排油各一次。双作用叶片泵转子每转一周,完成吸油、排油各两次。叶片泵具有寿命长、噪声低、流量均匀、体积小、质量轻的优点,但它对污物敏感,由于叶片的甩出力、磨损、吸油速度等因素的影响,泵的转速要受到一定的限制,一般为 600～2 000 r/min,压力最高为 21 MPa。

2.4.1　单作用叶片泵

(1)工作原理。

单作用叶片泵的工作原理如图 2.12 所示。该泵由转子、定子、叶片、配油盘、端盖和泵体组成。转子和定子的圆心不在同一点,存在偏心距 e。叶片可以在转子的凹槽内部灵活滑动,在离心力或者叶片根部区域所通高压油的作用下向上压紧,在定子的内表面形成一个个封闭容积。

当转子如图 2.12 所示逆时针旋转时,叶片向外伸出,封闭容腔体积逐渐增大形成真空,于是吸油口通过右侧配油盘吸油,叶片脱离配油盘区域后在图左侧,叶片由于定子的限位向内缩进,封闭腔的体积减小,油液经过配油盘的左侧出口连通压油口输到系统中去。这种泵在转子转动一圈过程中,完成吸油和排油各一次,故称为单作用叶片泵。

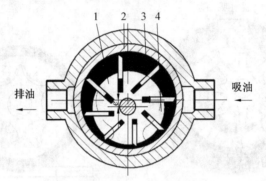

图 2.12　单作用叶片泵的工作原理
1—转子;2—定子;3—叶片;4—配油盘

(2)排量计算及流量脉动。

单作用叶片泵的排量可以近似表示为

$$V = 2\pi beD \tag{2.5}$$

式中　b——转子和定子的宽度;

　　　e——转子和定子之间的偏心距;

　　　D——定子内圆直径。

另外,虽然没有给出瞬时流量公式,但是单作用叶片泵和齿轮泵一样,存在流量脉动,且奇数叶片的流量脉动要小于偶数叶片的流量脉动,所以单作用叶片泵的叶片数量总是选取为奇数,一般为 13 或者 15。

(3)特点。

①可以通过改变定子和转子之间的偏心距来改变流量,这也是变量叶片泵的基本原理。另外,反转时,吸油、排油的方向随之改变,但是由于叶片顶部的设计,叶片泵一般不改变方向。

②由于叶片顶部的斜坡设计,其处于压油腔时,顶端会受到高压油的挤压作用使叶片产生脱空现象。因此,为了使叶片顶部牢牢地与定子内表面贴合,压油腔一侧的叶片底部需要设计特殊的油槽与压油腔相通,克服压差。

③由于偏心的设计,转子会受不平衡的径向液压作用力的影响。

2.4.2　双作用叶片泵

(1)工作原理。

图 2.13 所示为双作用叶片泵的工作原理。从原理上讲,与单作用叶片泵类似,只是转子转动一圈,完成吸油、排油各两次。当轴带动转子逆时针转动时,插在转子里的叶片在离心力的作用下甩出并靠在定子的内表面上滑动。形成的封闭容积会在 4 个配油盘处完成两次吸油

和两次排油。由于两对配油盘对称配置,所以作用在转子上的液压力径向平衡,该泵又称为平衡式叶片泵。

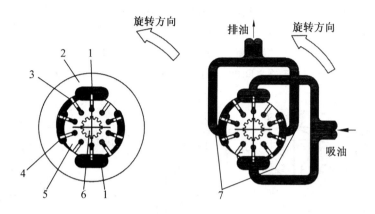

图 2.13　双作用叶片泵的工作原理

1—吸油腔;2—定子壳体;3—叶片;4—配油盘;5—转子;6—轴;7—排油腔

(2)排量计算及流量脉动。

双作用叶片泵的瞬时排量可以表示为

$$Q_{sh} = B\omega \left[(R^2 - r^2) - \frac{2S}{\cos\theta} \sum \left(\frac{\mathrm{d}\rho}{\mathrm{d}\varphi} \right)_i \right] \tag{2.6}$$

式中　Q_{sh}——泵的瞬时流量;

　　　B——叶片和定子的轴向宽度,m;

　　　ω——转子的角速度,rad/s;

　　　R——定子曲线大半径,m;

　　　r——定子曲线小半径,m;

　　　S——叶片的垂直厚度,m;

　　　θ——叶片安放角和转角的函数,近似为常数;

　　　ρ——叶片矢径,m;

　　　φ——叶片转角;

　　　i——叶片序号。

与齿轮泵一样,叶片泵也存在着流量不均匀系数。叶片泵流量的均匀性取决于定子曲线的形状与泵的叶片数 z。为了减少流量脉动给叶片泵带来的不利影响,定子曲线需要采用修正的阿基米德螺线,叶片泵需要使叶片不产生脱空现象(在压油腔),脱空会使叶片和定子产生碰撞并产生噪声,甚至会破坏密封造成流量的严重脉动,使泵无法正常工作。另外,只有在过渡区的叶片数为偶数时,才可使流量均匀。

(3)设计的注意事项和关键点。

双作用叶片泵在工作时,为保证吸、排油腔不相通,应使叶片间的夹角小于配流窗口的夹角,即 $\beta_1(\beta_2) > \frac{2\pi}{z}$,配流窗口要小于大、小圆弧中心角(避免困油)。对于定子曲线,也需要做相应的要求,应保证所有叶片的径向瞬时速度之和为常数;保证叶片不脱空,特别是排油腔;避免叶片与定子冲击。常用的定子曲线有:阿基米德螺线、正弦曲线、等加(减)速曲线等。叶片数至少为 4，加上两个过渡区应为 6，通常取 10、12、16 等。叶片的厚度不应太薄，也不应太厚，太薄时叶片易折断；太厚时叶片泵排量减小，底部作用力大，与定子的接触应力大。叶片通常不是沿转子轴向安装的，其有一定的安放角，主要是减小叶片的压力角，利于滑动。同时，还需要控制泄漏，配流盘与叶片间的轴向间隙、叶片与叶片槽的侧向间隙都要认真考虑。可采用平衡法，即使叶片底部和顶部基本保持平衡，另外，还可采用阶梯形叶片(中高压泵)、子母式叶片、双叶片等形式来减小叶片与定子之间的压力，其结构图如图 2.14 所示。

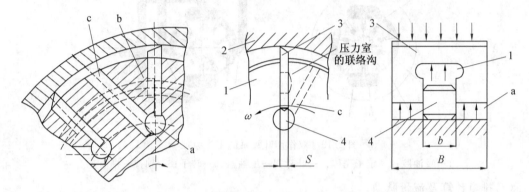

图 2.14　减小叶片与定子之间压力的结构图
1—转子；2—定子；3—子叶片；4—母叶片；a—压力平衡腔；b—中间油腔；c—平衡通路

2.4.3　变量叶片泵

变量叶片泵多为单作用叶片泵，定子、转子(奇数)均为圆截面，有偏心，靠改变偏心距 e 来变量。根据变量的驱动力来源可以分为外反馈式和内反馈式。根据调节物理量的不同可以分为限压式变量叶片泵和稳流量式变量叶片泵等多种形式。

图 2.15 所示为外反馈式限压式变量叶片泵的工作原理。该种变量叶片泵可以根据外负载的压力变化自动调节其排量。图中转子的中心是固定不动的，定子可以通过变量机构实现左右运动。当该变量叶片泵的转子逆时针旋转时，其上部为压油腔，下部为吸油腔，右侧有一个压力反馈柱塞，其油腔与负载压力油相通。当左图偏心距处于最大位置时，定子在左侧弹簧

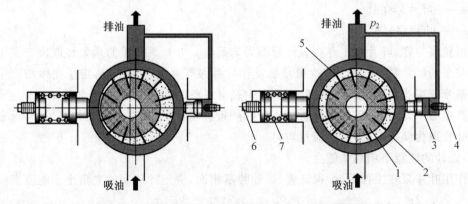

图 2.15　外反馈式限压式变量叶片泵的工作原理
1—转子；2—定子外壳；3—变量活塞；4—流量调节螺钉；
5—叶片；6—预紧力调节螺钉；7—调压弹簧

预紧力和右侧反馈柱压力作用下处于平衡状态。当系统的压力 p 逐渐增大时,左侧弹簧压缩量增大来平衡右侧的液压力,此时定子向左运动,偏心距 e 逐渐减小。压力越高,偏心距越小,当偏心距为 0 时,变量叶片泵的输出流量为 0,此时,其压力也达到了极限,所以,这种变量叶片泵被称为限压式变量叶片泵。外反馈则表示对定子反馈的压力是来源于反馈柱塞的外侧(负载)。

限压式变量叶片泵与定量泵相比,结构更加复杂,相对运动的结构件增多,存在较大的泄漏和噪声问题,容积效率和机械效率都较低。但是,限压式变量叶片泵可以按照负载压力自动进行流量调节,更加灵活地运用了功率的变化,从而减少了油液的发热问题。因此,多应用于具有快速工进、慢速退回以及保压环节的液压系统中。

2.5　柱塞泵

柱塞泵是依靠柱塞在缸体内部往复运动所形成的容积变化进行吸油和排油的容积式液压泵。由于柱塞和泵内孔均为圆柱表面,故可以做到精度较高的配合,密封性能好,进而实现高压条件下的高效率,其机械效率为 $88\% \sim 93\%$,工作压力一般为 $14 \sim 40$ MPa,超高压泵甚至可以达到 100 MPa。工作转速高(最高可达 5 000 r/min),功率质量比大于其他类型液压泵,可以达到 1.7 kW/kg。基于以上优点,柱塞泵在工业部门获得广泛应用,尤其在高压和大功率液压系统中,基本都采用柱塞泵。

根据柱塞在孔内的布置方式可分为轴向柱塞泵和径向柱塞泵。径向柱塞泵由于结构复杂,径向尺寸大,自吸能力差,限制了转速和压力的进一步提升,因此在许多场合下已经逐步被轴向柱塞泵代替。本节将着重介绍轴向柱塞泵,简单介绍径向柱塞泵。

2.5.1　轴向柱塞泵

轴向柱塞泵可分为斜盘式和斜轴式两种,其中斜盘式应用较广,做重点介绍。

(1)工作原理。

轴向柱塞泵工作原理图如图 2.16 所示,沿斜盘周向布置若干柱塞,柱塞的另一端插在缸体周向分布的柱塞孔中,柱塞可以在孔内实现往复运动。工作过程中右侧斜盘保持静止,中间缸体和柱塞在轴的带动下旋转,柱塞在斜盘的牵拉作用下由下侧向上侧运动过程中向右运动,泵体内的封闭容积逐渐增大,产生真空,再通过进油口配油盘实现吸油。完成吸油后,柱塞在向下转动的半周内,在斜盘的作用下向左运动,封闭容积逐渐减小,压力升高,通过配油盘将高压油送至排油口,至此,吸排油由柱塞运动产生,一个柱塞在旋转一周的过程中,完成了一次吸油和一次排油。显然,当改变斜盘倾斜角 α 时,轴向柱塞泵的流量随之改变。由于点接触时,柱塞与斜盘承受很大的挤压应力,所以经常添加滑靴结构将点接触改为面接触,并使用液体润滑,加弹簧,保证有自吸能力。

通过工作原理可以看出,轴向柱塞泵摩擦副多,对油液的污染较敏感,滤油要求高,对材质的加工精度均有较高的要求,因此价格较贵。

(2)排量及流量脉动计算。

根据工作原理,轴向柱塞泵的排量 q 可以表示为

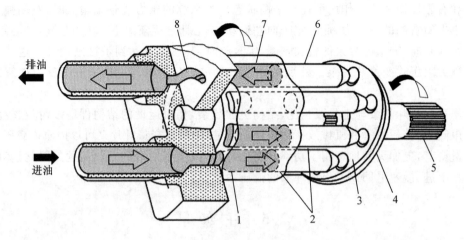

图 2.16　轴向柱塞泵工作原理图

1—工作油腔;2,6—柱塞;3—滑靴;4—斜盘;5—传动轴;7—缸体;8—配油盘

$$q = \frac{\pi}{4} d^2 D z \tan\theta \tag{2.7}$$

式中　d——柱塞直径;

　　　D——柱塞在缸体上的分布圆直径;

　　　z——柱塞数目;

　　　θ——斜盘倾角。

实际上,轴向柱塞泵也是存在流量脉动的,其曲线如图 2.17 所示。

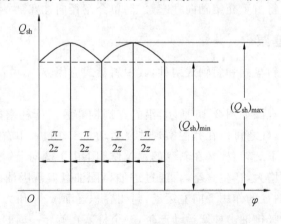

图 2.17　轴向柱塞泵流量脉动曲线

当柱塞数目是偶数时,流量不均匀系数可以表示为

$$\delta_Q = \frac{(Q_{sh})_{max} - (Q_{sh})_{min}}{Q_t} = \frac{2\pi}{z} \tan\frac{\pi}{2z} \tag{2.8}$$

当柱塞数目是奇数时,流量不均匀系数可以表示为

$$\delta_Q = \frac{(Q_{sh})_{max} - (Q_{sh})_{min}}{Q_t} = \frac{\pi}{2z} \tan\frac{\pi}{4z} \tag{2.9}$$

从流量不均匀系数随柱塞数量的变化(表 2.2)中可以看出,柱塞数量为奇数的轴向柱塞

泵可以显著降低流量脉动,而且柱塞数量越多,流量脉动越低。一般工业上的轴向柱塞泵柱塞数量取 7~11 个。

表 2.2　流量不均匀系数随柱塞数量的变化

柱塞数量 z	5	6	7	8	9	10	11
流量不均匀系数 $\delta_Q/\%$	4.98	13.9	2.53	7.8	1.53	4.98	1.02

(3)变量机构。

轴向柱塞泵的变量机构用来调节斜盘的倾角,进而改变几何排量和流量。图 2.18 所示为轴向柱塞泵及其变量原理,通过操纵变量装置来改变斜盘的倾角 α,进而实现排量的变化。

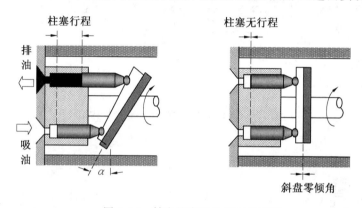

图 2.18　轴向柱塞泵及其变量原理

鉴于众多形式的变量机构,这里列举几种代表性变量机构。

①手动机械式变量机构。CY-14-1 型号轴向柱塞泵是柱塞泵的典型代表,其变量机构结构图如图 2.19 所示。手动变量机构靠外力转动手轮达到变量的目的。旋转左侧上端螺帽,带动螺杆进而带动变量活塞轴向移动,同时带动变量机构的头部绕中心转动,达到变量的目的。当达到所需要的流量时缩进螺帽紧固,顺时针旋转螺帽时流量减小,逆时针旋转螺帽时流量增大。其百分数值可以粗略地从刻度盘上读出。需要注意的是,工作时改变流量必须进行卸荷操作。所以这种控制机构只适用于不频繁进行变量的系统,且不需要远距离操作的工作情况。

②自能源液控式变量机构。机械式调节需要的控制力较大,为了减少控制力,可以利用液压能来驱动变量头。自能源液控式变量机构如图 2.20 所示,当拉杆向下运动时,高压油通过接泵出口的管路流经单向阀进入 A,通过差动变量活塞中的通道作用在伺服阀芯(伺服阀 a 通高压,b 通 B,c 通低压回油),高压油通过开口进入 B,由于 B 面积大于 A 面积,所以活塞在压差的作用下向下运动,通过铰接机构,带动斜盘倾角增大,排量变大,当操纵杆下降至新的位置时,阀口关闭,变量机构静止,完成变排量。同理,当操纵杆向上运动时,高压油通过接泵出口的管路流经单向阀进入 A,通过差动变量活塞中的通道作用在伺服阀芯,此时,b 通道与 B 连通,进而与油箱连通,活塞在 A 的高压作用下向上运动,通过铰接机构,带动斜盘倾角减小,排量变小,直到阀芯关闭,变量机构静止,完成变排量。

在该种伺服变量机构中,由于差动的液压力可以产生很大的助推力,所以外力只需要克服

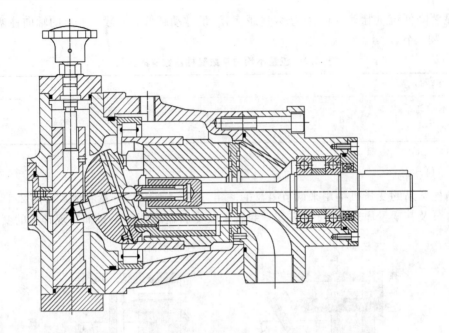

图 2.19　CY—14—1 型号轴向柱塞泵变量机构结构图

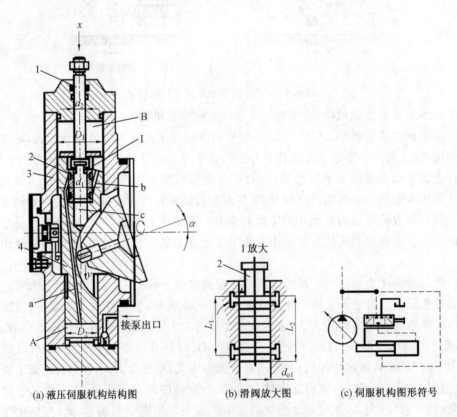

(a) 液压伺服机构结构图　　　　(b) 滑阀放大图　　　　(c) 伺服机构图形符号

图 2.20　自能源液控式变量机构

1—拉杆;2—滑阀;3—阀套;4—活塞;A—活塞小端油腔;

B—活塞大端油腔;a,b—油孔;c—回油通道

拉杆的摩擦力即可实现拉杆运动,进而通过铰接机构拉动斜盘摆动,以达到变量的目的。

③外接式伺服变量机构(由伺服阀控制液压缸来实现变量)。前述两种通过外力或者利用自身液压能进行调节的泵在完成调节之后就相当于定量泵。以此推演,如果根据不同的应用场合,把泵的压力、流量作为变量控制的信号反馈到泵的调节机构,并与外界基于的目标信号进行比较,再利用偏差对泵进行调节,就可以得到预期的功率、流量或者压力。工程中最常见的就是保持泵的功率、流量和压力恒定,也就是所谓的恒功率变量泵、恒流量变量泵和恒压变量泵,从宏观角度来看,相当于三种自动控制系统。

轴向柱塞泵各种变量控制方式及其特性曲线见表 2.3。在恒压变量机构中,负载使泵的工作压力达到调整值后,在输出流量从最大到零的变化中,泵的工作压力基本不变。在恒功率的变量机构中,当泵转速恒定时,泵在工作过程中通过压力反馈使其输出的液压功率保持不变,所以泵的流量随着压力的增大而减小,从而使这种变量机构应用于某些场合,如小负载高速、大负载低速的场合。

表 2.3　轴向柱塞泵各种变量控制方式及其特性曲线

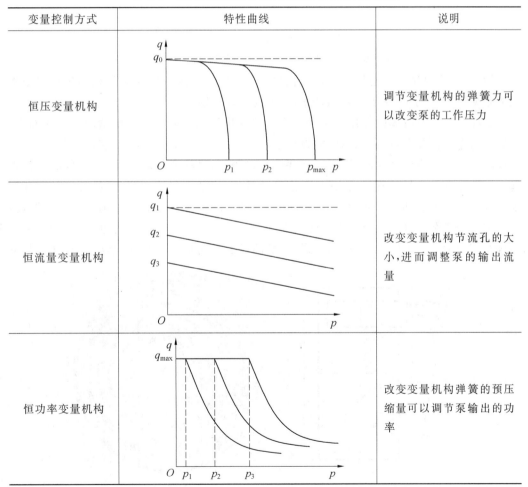

变量控制方式	特性曲线	说明
恒压变量机构		调节变量机构的弹簧力可以改变泵的工作压力
恒流量变量机构		改变变量机构节流孔的大小,进而调整泵的输出流量
恒功率变量机构		改变变量机构弹簧的预压缩量可以调节泵输出的功率

(4)主要部件受力分析。

在轴向柱塞泵中,列举几个典型的部件进行受力分析,以便指导轴向柱塞泵的设计工作。

①柱塞和滑靴。柱塞和滑靴组件结构图如图 2.21 所示,柱塞在受到滑靴的支撑力、返回弹簧的弹力、液压力以及缸壁与柱塞的摩擦力下保持平衡。通常情况下,需要产生剩余压紧力以使滑靴压在斜盘上,同时也要在滑靴和斜盘之间建立一定厚度的油膜,防止无油摩擦(干摩擦)。

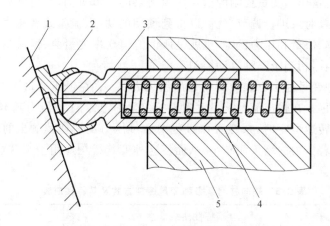

图 2.21　柱塞和滑靴组件结构图
1—斜盘;2—滑靴;3—柱塞;4—返回弹簧;5—缸体

在设计中,滑靴主要考虑以下几点:增设内外辅助支撑;采用间隙阻尼槽与螺旋阻尼槽并串联的阻尼形式。同时,对于滑靴和柱塞,材料要一软一硬。

②缸体。斜盘对缸体的作用力及力矩要考虑变量机构改变角度时的情况。总体而言,缸体的受力力学特性复杂,可参阅专门的设计手册。

③配油盘。当主轴转动时,连杆与柱塞内壁接触,通过柱塞带动缸体旋转,同时连杆带动柱塞在缸体柱塞孔内做往复运动,通过配油盘的吸油、排油窗口完成吸油、排油。轴向柱塞泵的配油盘分为平面配油盘和曲面(球面)配油盘两种。球面配油盘有良好的自定位性能,但是力学分析十分复杂。这里只介绍平面配油盘的性能,即配油盘与缸体之间的液压力。配油盘的结构及其受力分析如图 2.22 所示。通常,配油盘加三角槽均匀过渡,以减小配油盘与缸体

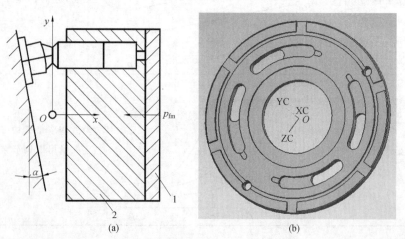

图 2.22　配油盘的结构及其受力分析
1—配油盘;2—缸体

之间的作用力,并避免困油现象。两者之间的摩擦力需要注意,在设计中给予重点考虑。

2.5.2　径向柱塞泵

与轴向柱塞泵不同,径向柱塞泵的柱塞轴线与缸体轴线垂直,按照配油方式的不同可分为阀配油式、轴配油式及轴/阀联合配油式。本节以轴配油式为例进行说明。

(1)工作原理。

图 2.23 为轴配油式径向柱塞泵的工作原理。衬套紧贴于转子内孔,并且随着转子一同转动,此时,配油轴不动,由于定子和转子之间存在偏心距 e,柱塞转到上半周时,在离心力的作用下伸出,缸内的工作容积逐渐增大,形成了真空,将油液从配油盘上侧吸油腔吸入柱塞后封闭容积。当柱塞转动到下半周时,柱塞向内侧运动,油液被压缩后送入配油盘下侧排油腔。这样,每个转子在一周内完成一次吸油和一次排油。

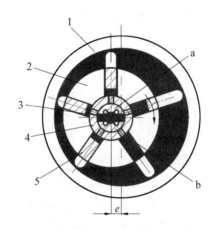

图 2.23　轴配油式径向柱塞泵的工作原理
1—定子;2—转子;3—配油轴;4—衬套;5—柱塞;a—吸油腔;b—排油腔

通过改变定子和转子之间的偏心距就可以改变该柱塞泵的排量,具体工作过程参照叶片泵的分析。值得注意的是,径向柱塞泵的偏心距可以从正值变成负值,也就意味着改变方向之后,其吸油腔和排油腔互换,即实现了双向作用。但是如前所述,径向柱塞泵尺寸大,结构复杂,自吸能力差,并且配油轴受到不平衡的液压力作用,磨损很大,限制了其转速和压力的提高,也就限制了其应用范围。径向柱塞泵常应用于船舶、大型压力机等大功率系统。

(2)排量计算和实际流量计算。

对于径向柱塞泵,其偏心距为 e,则柱塞在缸孔内的最大行程为 $2e$,柱塞数目为 z,柱塞直径为 d,则泵的排量为

$$q=\frac{\pi}{4}d^2 2ez \tag{2.10}$$

实际上径向柱塞泵的流量也是脉动的,与轴向柱塞泵的情况类似,即柱塞数量为奇数的流量脉动要远远小于柱塞数量为偶数的柱塞泵。与此同时,为了改变排量,径向柱塞泵也可以安装多种变量机构来控制偏心距 e。

如果径向柱塞泵的转速为 n,容积效率为 η_V,则此时其实际流量可表达为

$$Q=\frac{\pi}{4}d^2 2ezn\eta_V \tag{2.11}$$

2.6 液压马达

液压马达作为典型的液压执行机构把液压泵输出的压力能转化为机械能输出,以驱动相应的负载和工作部件。从大体原理上讲,液压泵可以作液压马达用,两者在流动理论上是相反的两个过程,但实际中有如下原因,不能互逆使用。

(1)液压泵低压腔压力一般为真空,为了改善吸油性能和提高抗气蚀的能力,通常把进油口做得比排油口大,而液压马达回油腔的压力稍高于大气压力。

(2)液压马达需要正反转,结构应对称,而液压泵单向旋转。

(3)对于轴承选择及润滑方式,应保证在很宽的速度范围内都能正常工作。如低速时采用滚动轴承、静压轴承,而高速时采用动压轴承。

(4)液压马达最低稳定转速要低,最低稳定转速是液压马达的一个重要技术指标。

(5)液压马达要有较大的启动扭矩。如齿轮马达的轴向补偿压紧系数要比泵的轴向补偿压紧系数取的小得多,以减小摩擦。

(6)液压泵要求有自吸能力,液压马达无这一要求。

(7)叶片泵是靠叶片跟转子一起高速旋转产生的离心力使叶片与定子贴紧起到封油的作用,形成工作容积。若将其当液压马达用,无力使叶片贴紧定子,起不到封油的作用,进油腔和压油腔会连通,无法启动。

由于上述原因,很多类型的泵和液压马达不能互逆通用。以上逐条原因也简要地概括了液压马达的特点和工作原理。液压马达的单位质量或者单位体积的功率很大,广泛应用于注塑机械、起扬机、工程机械、建筑机械、矿山机械、冶金机械、船舶机械、石油化工、港口机械等。在某大型隧道掘进机的设计中,作为心脏部件的刀头就是用液压马达实现驱动,此设计解决了复杂地形容易卡机的难题。图2.24所示为典型液压马达实物图,左侧为径向柱塞式液压马达,右侧为齿轮液压马达。

(a) 径向柱塞式液压马达　　　　　　(b) 齿轮液压马达

图 2.24　典型液压马达实物图

2.6.1　液压马达的分类

根据液压马达的高、低压油的方向可将其分为单作用液压马达和双作用液压马达;根据排量是否可变可将其分为可变量液压马达和定量液压马达。这四类液压马达的图形符号如图2.25所示。

本书按照液压马达的额定转速进行分类,将液压马达分为高速液压马达(额定转速大于

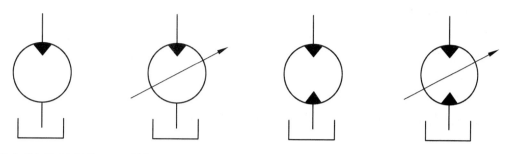

(a) 单作用定量液压马达　(b) 单作用可变量液压马达　(c) 双作用定量液压马达　(d) 双作用可变量液压马达

图 2.25　四类液压马达的图形符号

500 r/min)和低速液压马达(额定转速小于 500 r/min)。高速液压马达包括齿轮液压马达、叶片式液压马达、螺杆液压马达和轴向柱塞式液压马达,高速液压马达转动惯量小,便于启动、制动,输出扭矩不大,扭矩范围在 10～100 N·m。低速液压马达包括曲轴连杆式液压马达、径向柱塞式液压马达等,其特点是排量大、体积大、转速低、输出扭矩大,也称低速大扭矩液压马达,扭矩范围在 10～10 000 N·m。

2.6.2　液压马达主要工作参数和使用性能

液压马达的工作参数和使用性能很多,下面进行逐一讲述。

(1)输入参数。

在不考虑泄漏的情况下,液压马达主轴每旋转一周,按照几何尺寸计算所需要流入它的油液体积称为排量 V_m,也称为几何排量或者理论排量。理论流量 q_{mt} 是在不考虑液压马达泄漏的情况下由液压马达的转速 n_m 以及排量 V_m 计算而得

$$q_{mt} = n_m V_m \tag{2.12}$$

进口压力 p_{mi} 是指输入液压马达高压油液的实际压力,也称为液压马达的工作压力,大小取决于液压马达的负载。出口压力 p_{mo} 是指液压马达输出的实际压力,也称为液压马达的背压,大小取决于液压马达出口的实际情况。因此,液压马达进口与出口的压差为 Δp。

(2)转速。

液压马达的转速包括理论转速 n_{mt}、实际转速 n_m、额定转速 n_e、最低稳定转速 n_{min} 和最高转速 n_{max}。在不考虑泄漏的情况下,液压马达实际输入流量产生的转速为理论转速 n_{mt}。而实际转速是指在考虑了泄漏的条件下,液压马达由于实际输入流量产生的转速。可以表达为

$$n_m = \frac{q_m - \Delta q}{V_m} = \frac{q_{mt}}{V_m} \tag{2.13}$$

额定转速 n_e 是指液压马达长时间在某个转速下可以稳定工作的最高转速。一般在铭牌上出现的转速即为额定转速。

由于液压马达的工作特殊性,在转速较低时容易出现爬行现象,所以定义液压马达在不出现低速爬行现象并且能够平稳运行的最低转速为最低稳定转速 n_{min}。出现低速爬行的原因:摩擦力大小不稳定、理论扭矩不均匀、泄漏量不稳定。实际工作时,一般希望最低稳定转速越小越好,这样就可以扩大液压马达的变速范围。不同形式液压马达的最低稳定转速大致如下。

①多作用内曲线液压马达为 0.1～1 r/min。

②曲轴连杆式液压马达为 2～3 r/min。

③静液压马达为 2～3 r/min。

④轴向柱塞式液压马达为 30～50 r/min,有的可低至 2～5 r/min。

⑤高速叶片式液压马达为 50～100 r/min。

⑥低速大扭矩叶片液压马达约为 5 r/min。

齿轮液压马达的低速性能最差,其最低稳定转速一般为 200～300 r/min,个别的转速为 50～100 r/min。

最高转速 n_{max} 是指在液压马达的工作过程中,在不受任何异常损坏的情况下能达到的最高转速。最高转速受使用寿命限制,转速提高,泵的磨损加剧。同时,也受机械效率的限制,转速提高后,q_{mt} 增大,水力损失增加。某些液压马达的转速受到背压限制(如曲轴连杆液压马达),转速太高时,回油腔无背压,易发生脱空和撞击等。

(3)转矩与启动特性。

对于液压马达来说,动力性能体现在转矩上面。相关参数包括理论输出转矩 T_{mt}、实际输出转矩 T_m。理论输出转矩 T_{mt} 是指在不考虑摩擦损失的情况下,液压马达将液压泵提供的功率全部转化为输出功率时的转矩,记为 $T_{mt}=\dfrac{\Delta pq}{2\pi}$。

但是由于存在动摩擦损失和静摩擦损失,实际输出转矩低于理论输出转矩,记为 $T_m = T_{mt}\eta_m$,其中 η_m 为机械效率。

(4)效率。

由于液压马达存在泄漏现象,所以输入液压马达的实际流量 q_m 一定会大于理论流量 q_{mt},故此定义容积效率为 $\eta_V = \dfrac{q_{mt}}{q_m}$。

由于液压马达工作时存在摩擦,所以它的实际输出转矩 T_m 一定小于理论转矩 T_{mt},故此定义机械效率为 $\eta_m = \dfrac{T_m}{T_{mt}}$。

因此,液压马达的总效率可以定义为 $\eta = \eta_m \eta_V$。

(5)功率。

对于液压马达,输入功率指的是高压油输入时具有的功率,当背压为 0 时,输入功率为 $P_{in} = p_m q_m$。输出功率是指液压马达轴所输出的功率,可以定义为 $P_{out} = 2\pi n_m T_m$。

(6)启动与制动特性。

液压马达的启动特性由启动扭矩和启动机械效率来描述。启动扭矩是指液压马达由静止状态启动时其轴上输出的扭矩。其值在 Δp 一定的条件下小于运行状态下的扭矩。定义液压马达的启动效率为 $\eta_{m0} = \dfrac{T_0}{T_m}$。实际工作中,都希望启动性能好一些,即希望启动扭矩和启动机械效率尽可能大一些。

将液压马达的进出油口切断后,理论上,输出轴应完全不转动,但此时负载力为主动力,在负载力的作用下,液压马达变为泵工况,泵工况的回油口为高压腔,油从此腔向外泄漏,使液压马达缓慢转动(滑转),密封性好则转动速度低,柱塞式液压马达的制动性能最好。因为不能避免完全无泄漏,所以在大部分的液压马达中,需要另加制动装置。

(7)工作平稳性及噪声。

液压马达的工作平稳性用理论扭矩的不均匀系数 δ_m 来评价。流量的脉动导致扭矩的不均匀,同时也取决于负载的性质和工作条件。同时,噪声作为液压马达的一个重要评价指标,也需要在设计和制造中给予考虑。一方面,由于液压马达的松动、碰撞、偏心等,噪声来源于机械传动、振动;另一方面,压力、流量脉动、困油容积变化、摩擦气蚀也会产生液压噪声。有时将液压马达的泄漏口放在壳体的最上端,使转动部分浸在油中。这样虽然增加了一些搅动损失,但数值很小,相反,由于明显增大了抗振阻尼,可在一定程度上减弱液压马达的振动和噪声。

2.6.3　高速液压马达

根据前面介绍的液压马达分类,本节将逐一介绍齿轮液压马达、轴向柱塞式液压马达和叶片式液压马达的工作原理和各自的特点及应用范围。

(1)齿轮液压马达。

齿轮液压马达的脉动很大、低速稳定性差、噪声大,因而限制了它的应用范围,但其结构简单、尺寸小、质量轻,高速运转时转矩损失与负载的扭矩相比很小,所以主要应用在农林机械和工程机械上。齿轮液压马达的外形图如图 2.26 所示。

图 2.27 所示为齿轮液压马达的外形示意图,其基本构成与齿轮泵极为相似。下部通道为高压油进口,处于高压腔内的所有轮齿均受到压力油的作用,每个齿轮上处于高压腔的各个齿面所受切向力对轴的力矩是不平衡的。根据齿轮受力分析和啮合情况,两个齿轮分别在液压力的作用下实现顺时针转动和逆时针转动,进而实现了连续转动。定义右侧齿轮为扭矩输出齿轮,左侧则为空转齿轮。输出齿轮通过轴连接将扭矩和转速输出给负载。当进口、出口改变方向时,齿轮液压马达可以轻松地实现反转,即为双向液压马达。

图 2.26　齿轮液压马达的外形图

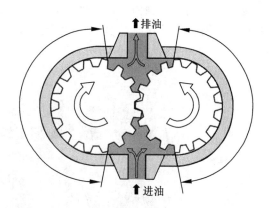

图 2.27　齿轮液压马达的外形示意图

尽管在结构上齿轮液压马达与齿轮泵极为相似,但还是存在如下差异。

①齿轮液压马达具有更加对称的机构以便满足正反转的要求。

②齿轮液压马达具有更多的齿数($z>14$),减小转矩的脉动,进而提高其启动转矩效率。可采用滚针轴承,滚针轴承比滑动轴承的启动力矩小得多。

③齿轮液压马达必须有单独的泄漏通道,将轴承部分的泄漏油引到壳体外,因其回油压力略高于大气压力,如果引入到低压腔,则所有与泄漏通道连接的元件均受回油压力,可能使轴

端的回转密封失效。当齿轮液压马达反转时,原来的回油腔变成了高压腔,该泄漏通道及轴端的密封条件就更恶劣了。

(2)轴向柱塞式液压马达。

图 2.28 所示为斜盘式轴向柱塞式液压马达的工作原理图。与轴向柱塞泵相同,由于有高压油把柱塞推向斜盘,故该液压马达没采用回程弹簧。斜盘和配油盘是固定不动的,缸体在高压油的作用下带动该液压马达输出轴将机械能输出。当压力油通过配油盘的窗口流进缸体内的柱塞孔时,柱塞在压力油的作用下顶出并且顶向斜盘。斜盘所受力 F 的分力 F_y 对缸体产生了右侧剖视图中逆时针方向的转矩,此时,缸体边进行了旋转,通过轴将机械能输出。需要注意的是,为了适应液压马达正反转的需求,配油盘配有腰形窗口需要完全对称布置,大小和形状必须完全统一。

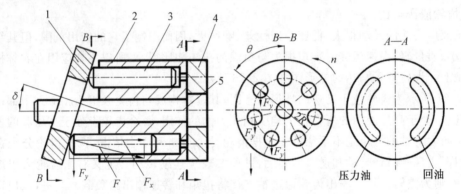

图 2.28 斜盘式轴向柱塞式液压马达的工作原理图
1—斜盘;2—缸体;3—柱塞;4—配油盘;5—马达轴

图 2.29 所示为轴向柱塞式液压马达作为某工程机械行走动力机构的结构爆破图。可以发现,轴向柱塞式液压马达具有结构紧凑、体积小巧、质量轻、易变量等优点。目前已经在航空、运输和工程机械中得到广泛应用。

图 2.29 轴向柱塞式液压马达作为某工程机械行走动力机构的结构爆破图

(3)叶片式液压马达。

与叶片泵类似,叶片式液压马达也可以分为单作用与双作用。单作用叶片式液压马达转子旋转一周完成吸油和排油各一次,其排量也可以调节,但是由于结构限制,径向力不能平衡,所以较少使用。双作用叶片式液压马达是一种定量叶片马达,转子旋转一周完成吸油和排油各两次,此类型产品较多。

图 2.30 所示为双作用叶片式液压马达的工作原理。当高压油经过两个配油口流进 1 号叶片和 7 号叶片中时,对于这两个叶片,分别在两侧作用着高压油和低压油,1 号叶片伸出的面积大,故产生一个顺时针旋转的力矩。同理,对于 3 号叶片和 4 号叶片也进行分析,同样会产生一个顺时针的力矩。在两组叶片共同受力的情况下,叶片顺时针旋转,连续供油,该液压马达就可以连续运转。当进油和回油的方向改变时,双作用叶片式液压马达就实现了反转。

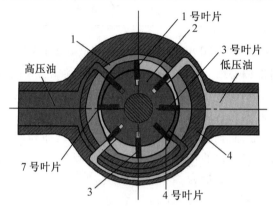

图 2.30　双作用叶片式液压马达的工作原理
1—定子;2—转子;3—叶片;4—壳体

叶片式液压马达在结构上具有以下特点。

①为了保证高压腔和低压腔的分离,其叶片用弹簧(燕式)推出,形成高压腔和低压腔,也确保了能顺利启动。有时叶片底部通高压油,保证与定子可靠接触,克服倒角产生的反推油压。

②为了实现正转和反转,叶片安放角需要设定 $\theta = 0°$,顶端对称倒角。

③叶片数目通常为偶数,并且在定子中对称布置,这样工作中转子受到的径向力平衡,轴承受力最小,有利于延长寿命。

2.6.4　低速大扭矩液压马达

(1)单作用连杆型径向柱塞式液压马达。

该类型液压马达又称为曲轴连杆式液压马达,国际上称为斯达发(Staffa)液压马达。图 2.31 所示为该液压马达原理图。此类液压马达外壳体不动,配油口不动,曲轴转动,并采用轴配油的方式进行配油,左侧部分为配油轴的剖视图。5 个油腔沿周向对称分布,并通过连杆与转子相连,连杆上端通过球头与柱塞中心的球窝相连,转子下端的鞍形面紧贴曲轴的偏心圆,两侧有挡圈套住,使它不脱离圆表面。配油轴和曲轴通过十字接头连接,随着曲轴一同转动。

如图 2.31 所示,高压油通过左侧配油轴流入缸体 1 和缸体 2,缸体 5 处于过渡状态,缸体 3 和缸体 4 与排油腔低压油相连。根据机械原理中曲轴连杆的工作原理,受压力油作用的柱塞将会产生一个作用方向通过转子中心 o 的合力,其分力 F 将对曲轴的中心产生力矩,推动曲轴绕着中心 o' 旋转。由于配油轴的安装方向和 oo' 在一条直线上并且随着曲轴一同旋转,所

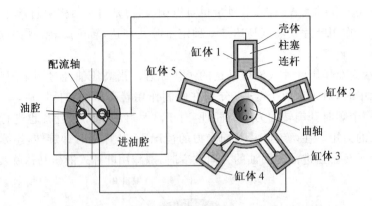

图 2.31 单作用连杆型径向柱塞式液压马达原理图

以,配油轴颈的进油口对准偏心线 oo' 一边的三个或者两个油缸,吸油口对着另一侧的油缸,故此,会产生连续的切向分力驱动转子沿着同一方向转动,完成该液压马达的旋转。与此同时,改变偏心距 oo' 可改变该液压马达的排量。

以上讨论的是壳体固定、曲轴旋转的情况,如果直接将进油和回油管安装在配油轴中,则可以实现曲轴固定、外壳旋转的目的,应用在特殊的工业场景。

当柱塞数目为奇数时,瞬时流量为

$$M_{\text{sh}} = \rho \frac{\pi}{4} d^2 e \left[\frac{\cos\left(\frac{3}{2}\beta - \varphi_1\right)}{2\sin\frac{\beta}{2}} + \frac{1}{2} \frac{e}{r+a} \frac{\sin(2\varphi_1 - \beta)}{2\cos\beta} \right] \tag{2.14}$$

当柱塞数目为偶数时,瞬时流量为

$$M_{\text{sh}} = \rho \frac{\pi}{4} d^2 e \frac{\cos(\beta - \varphi_1)}{\sin\beta} \tag{2.15}$$

当油缸数为 5 时,不均匀系数为 7.5%;当油缸数为 6 时,不均匀系数为 14%;当油缸数为 7 时,不均匀系数为 2.8%。

单作用连杆型径向柱塞式液压马达的优点是结构较为简单、工作可靠、价格低廉、成型产品型号丰富;缺点是体积和质量大,转矩脉动比较大,低速稳定性能较差。

(2)多作用内曲线柱塞式液压马达。

为了降低流量、扭矩脉动,内曲线液压马达相继被设计和制造,其具有尺寸小、质量轻、径向受力平衡、扭矩脉动小、启动效率高等特点,并能在很低的转速下稳定工作,在矿山、运输、冶金、船舶等领域广泛运用。

图 2.32 所示为法国某公司出品的多作用内曲线径向柱塞式液压马达的工作原理示意图。该液压马达定子的内表面由若干段形状相同、分布均匀的曲面组成。它的吸油和排油作用次数就是曲面的数目。将每一凹形曲面从顶点处对称地分为两半,一半为进油区段,此区段液压马达向外输出转矩,另一半为回油区段,低压油流出回油箱。

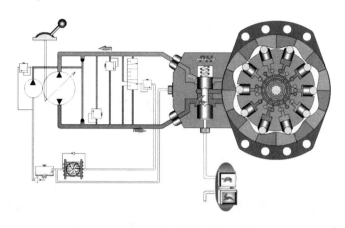

图 2.32　多作用内曲线径向柱塞式液压马达的工作原理示意图

思考与练习

2.1　容积式液压泵的工作原理是什么？

2.2　液压泵在工作中的损失有哪些？

2.3　试说明齿轮泵的工作原理、困油现象以及解决方式。

2.4　说明柱塞泵设计中的要点和关键。

2.5　为什么要选择柱塞数目为奇数的柱塞泵？

2.6　比较说明齿轮泵、叶片泵、柱塞泵各自的特点。

2.7　说明柱塞泵中三种变量机构的基本原理。

2.8　液压泵和液压马达相比较在结构上存在哪些差异？

2.9　为什么齿轮液压马达不宜用作低速液压马达？

2.10　高速液压马达分为几种？说明各自的工作原理。

2.11　已知某齿轮泵的转速 n_1 为 1 450 r/min，效率为 0.92%。在实验测量中，当设置背压出口压力 p_1 为 0 时，测得流量 q_1 为 150 L/min；当设置背压出口压力 p_2 为 2×10^6 Pa 时，流量 q_2 为 140 L/min。求：(1)此齿轮泵的容积效率。(2)如果此时该齿轮泵的转速下降到 1 000 r/min，并且在额定压力下工作时，此时的流量 q_3 为多少？此时的容积效率为多少？

2.12　某液压外啮合齿轮泵的模数 m 为 4，齿数 z 为 11，齿宽 b 为 16 mm。在额定压力下工作时，实际输出流量 q 为 25 L/min，转速 n 为 1 500 r/min。求该齿轮泵的容积效率为多少？

第3章 液压控制阀

3.1 概 述

液压控制阀是液压系统中规格最多,种类最全,应用最广泛、最灵活的液压元件。通过灵活的组合可以完成系统中所需实现的功能,如压力控制、流动换向等。

3.1.1 液压控制阀的分类

液压控制阀是控制系统中液流的压力、流量和方向的元件。它在一定程度上决定了整个液压系统的性能。本章主要介绍液压系统中常见的控制阀的工作原理和结构特点。表3.1为根据不同分类方法对控制阀的分类。

表3.1 根据不同分类方法对控制阀的分类

分类方法	种类	详细类型
按照控制阀的用途	压力控制阀	溢流阀,减压阀,顺序阀,电液比例溢流阀,电液比例减压阀
	流量控制阀	节流阀,调速阀,电液比例流量阀
	方向控制阀	单向阀,换向阀,电液比例方向流量阀
按照液压阀的控制方式	开关或定值控制阀	借助于手轮、电磁开关等开、闭液流通路
	比例控制阀	根据输入信号的大小或比例连续远距离控制
	伺服阀	根据信号(电气、机械、气动)及反馈量连续控制系统的压力、流量大小的阀类
按照控制阀的结构	滑阀	圆柱阀芯
	锥阀	圆锥阀芯,喷嘴挡板阀
	射流管阀	
按照控制阀与外部的连接方式	管式连接阀	利用螺纹直接与油管连接,质量轻,方便,连接分散
	板式连接阀	利用连接板(单层、双层)连接组成系统,集中操纵方便
	集成连接阀	集成块,叠加阀,插装阀

3.1.2 系统对液压控制阀的基本要求

液压控制阀的优劣与性能好坏直接影响着液压系统的功能,其必须具备以下基本要求。

(1)使用可靠,动作灵敏,严格防止液压控制阀产生气穴现象。

(2)液压控制阀的流动损失要控制得很小,提高整个系统效率。

(3)液压控制阀的启、闭特性要好,密封性能好,进而保证系统的安全性。

(4)结构紧凑,安装、使用、拆卸、维修方便,通用性强一些。

(5)液压控制阀控制鲁棒性好,不易受外部的干扰。

3.2 压力控制阀

压力控制阀利用阀芯上的液压力和自身结构产生的弹簧力的平衡原理来实现压力的控制,作用为控制液压系统中油液的压力,如溢流阀、减压阀、顺序阀等。

3.2.1 溢流阀

溢流阀在液压系统中起到安全保护和稳定压力的作用,是液压系统中最重要的控制阀之一。溢流阀通过阀口的溢流使被控系统或者回路的压力保持恒定,从而实现稳压、调压和限压的作用。溢流阀与定量泵联合使用可以构成恒压油源,起过载保护作用的控制阀称为安全阀。溢流阀要求在保证过流流量的同时,实现调压范围大、偏差小和动作灵敏等特性。溢流阀可分为直动型和先导型,前者调节压力比较低,后者调节压力比较高。溢流阀的图形符号如图 3.1 所示。

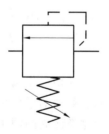

图 3.1 溢流阀的图形符号

(1)直动型溢流阀。

液压力与弹簧力、滑阀自重及摩擦力直接平衡的溢流阀,称为直动型溢流阀。从结构上来分,直动型溢流阀可分为球阀式、锥阀式和滑阀式。球阀式溢流阀目前应用较少;锥阀式溢流阀由于惯性小,动作灵敏,常用于安全阀;滑阀式溢流阀由于工作稳定性高,适合作为调压阀来稳定系统的压力。直动型溢流阀调压范围较小,在 0.5~15 MPa 以内。直动型溢流阀的实物图和结构图如图 3.2 所示。

图 3.3 所示为直动型溢流阀(球阀式)的工作原理图。旋转调压螺钉来控制弹簧的预紧力 F_s,使阀芯在弹簧力的作用下紧贴阀口,封闭油路,这时进油口与回油口处于切断状态。随着压力油压力的提升,当进油口压力大于 F_s 时,弹簧力被克服,阀芯上移,回油口打开并与高压油接通,溢流阀开始溢流。当系统压力下降到 F_s 时,阀芯将会在弹簧力的作用下再次闭合,切断回油路。所以,直动型溢流阀为常闭阀。由于直动型溢流阀的原理是弹簧直接与高压油相

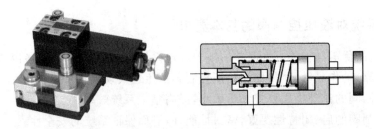

图 3.2　直动型溢流阀的实物图和结构图

平衡的,所以压力稳定性差,动作时有振动和噪声。由于溢流阀的工作原理是基于弹簧力和进口压力平衡,所以在需要很高的卸荷压力的时候,要求弹簧的刚度很大或是阀芯作用面积很小,而通常迫于结构形式的限制,只能采用增大弹簧力(刚度)的办法,这样,在阀芯位移相同的情况下,弹簧力变化很大,导致溢流阀的启、闭特性很差,所以一般情况下,直动型溢流阀用于压力小于 2.5 MPa 的场合。

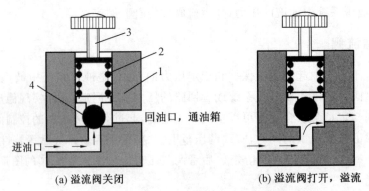

(a) 溢流阀关闭　　　　　　(b) 溢流阀打开,溢流

图 3.3　直动型溢流阀的工作原理图
1—阀体;2—弹簧;3—调压螺钉;4—阀芯

(2)先导型溢流阀。

先导型溢流阀在很大程度上克服了直动型溢流阀的缺点,可以用在高压和大流量的场合。先导型溢流阀利用主阀芯两端的压差和弹簧力的平衡来实现压力控制。它由导阀和主阀两部分组成,导阀为直动式,多为锥阀。先导型溢流阀的调压范围可达 30 MPa,并且可实现远程控制,其工作原理图如图 3.4 所示。压力油 p_1 通过下部的进油口流入阀体,通过主阀阀芯的阻尼孔流入导阀下侧。当油液压力较小时,作用在导阀阀芯的液压力不足以克服导阀的弹簧的预紧力,此时导阀处于关闭状态,主阀阀芯在主阀弹簧的作用下也保持关闭,进、回油口切断,溢流阀处于关闭状态。当油液的压力继续增大,足以克服导阀弹簧的预紧力 F_s 时,导阀阀芯上移,油液通过回油通道回油,此时,高压油流经主阀阻尼孔后产生的压降变为 p_3,主阀在两侧压力差的作用下,克服主阀弹簧的预紧力、阀芯自重和阀芯摩擦力向上移动,主阀打开,进油口与回油口相连,溢流阀完成溢流。此时,主阀阀芯稳定工作,溢流阀进油口处的压力为 $p = p_3 + F_s/A$。由于 p_3 与导阀的弹簧受力平衡,所以在设计之初已经确定为定值,主阀阀芯可以用刚度较小的弹簧,所以 F_s 变化较小,因此,溢流阀压力 p 在流量变化时变动很小。在图 3.4 中,还可以发现在导阀阀芯处通有遥控口,该功能可以将远程的高压油或者信号引入,从而实现远程调压或液压泵卸荷,不启用此功能时封闭即可。

①利用遥控口进行远程调压。将遥控口连接到另一个直动型溢流阀的进油口,可以利用

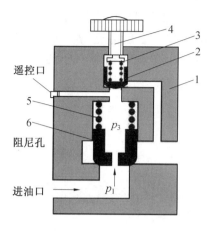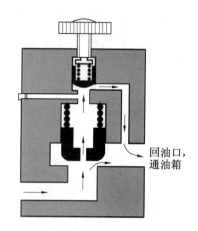

图 3.4　先导型溢流阀工作原理图

1—主阀阀体；2—导阀阀芯；3—导阀弹簧；4—调节螺钉；5—主阀弹簧；6—主阀阀芯

该直动型溢流阀进行远程调压。此时远程的直动型溢流阀代替了先导型溢流阀进行工作，调节远程溢流阀的弹簧力，就可以调节先导式溢流阀的工作压力。注意，远程调压的溢流阀的调定压力必须小于先导型溢流阀本身的调定压力，否则不起作用。

②液压泵卸荷功能。即将遥控口直接接到油箱，这时候背压接近大气压力，由于先导型溢流阀主阀弹簧刚度很低，所以只要进油口存在一定压力 p_1，则主阀阀芯打开，泵的流量全部流回油箱，实现卸荷。

先导型溢流阀克服了直动型溢流阀的缺点，调压弹簧力先作用在先导阀上，由于导阀尺寸不受流量的影响，因此可以选得较小，调压弹簧可选得较弱，或提高工作压力。因此将其应用于大流量和高压力的场合，并且可以轻松地实现远程控制。图 3.5 所示为先导型溢流阀的实物外形图。

图 3.5　先导型溢流阀的实物外形图

(3)溢流阀的性能指标。

①压力调节范围。压力调节范围指在某一变化范围内，系统的压力通过调节可以平稳地变化，无剧烈波动和迟滞现象。通过更换弹簧，调压范围为 0.5～35 MPa。

②启、闭特性。开启与闭合过程中，通过溢流阀的流量 Q 与控制压力 p 之间的关系如图

3.6所示。图中 p_k 为开始溢流时的开启压力；p_b 为停止溢流时的闭合压力；p_s 为额定流量下的调定压力。对于不同类型的溢流阀，通过无量纲变量开启压力比（p_k/p_s）和闭合压力比（p_b/p_s）来定量比较启、闭特性，以上二值越大，即开启和闭合压力比越接近，溢流阀的启、闭特性越好。

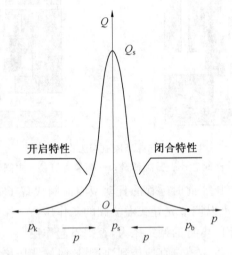

图 3.6　溢流阀的启、闭特性曲线

③响应性和密封性。用作安全阀时，要求开启迅速、响应快，关闭时，闭合要严，不得出现泄漏，要求密封性好，指标用内泄量来衡量。

④卸荷压力。当溢流阀作卸荷阀时，额定流量下的压力损失称卸荷压力。卸荷压力越小越好。

⑤最大流量和最小稳定流量。最大流量和最小稳定流量决定了溢流阀的流量调节范围，范围越大，应用越广。最小稳定流量取决于压力平稳性的要求，一般规定为额定流量的15％。

⑥动态性能。从零压变成额定压力、额定流量溢流时，出现压力冲击，Δp 越小越好，Δt 越小越好。卸荷信号发出后，从额定压力降至卸荷压力所需要的时间称为卸荷时间。从卸荷压力回升至额定压力所需要的时间称为压力回升时间。这两个时间越短，溢流阀的动态性能越高。一般要求从零压变成额定压力的时间为 0.5～1 s。

⑦压力稳定性。用作定压阀时，供油脉动、负载波动引起溢流阀压力波动，称为压力振摆，用压力表指针摆动衡量。压力振摆越低，溢流阀越稳定。

3.2.2　减压阀

在液压系统中，油源往往压力恒定，但是对于执行机构，却需要不同的压力。减压阀利用节流的方法可以为液压系统中的低压回路提供一种或者几种低压油。减压阀的进口油压力称为一次压力，出口油压力称为二次压力。减压阀分为定压减压阀、定比减压阀和定差减压阀。定压减压阀控制出口压力为定值，应用最广，常称为减压阀。定比减压阀控制进、出口压力保持调定不变的比值。定差减压阀控制进、出口压力差为定值，多和节流阀串联组成调速阀使用，由于它可以保证节流阀前后的压力差不变，因此通过调速阀的流量稳定性好。

（1）定压减压阀。

定压减压阀也分为直动式和先导式。常见的定压减压阀都实行先导阀调压，主阀减压，先导阀多为锥阀,主阀则为滑阀。直动式减压阀的结构图和符号如图 3.7 所示。高压油(p_1)流经主阀减压后,通过阀内部流道流回主阀阀芯底部,当主阀阀芯在主阀弹簧和压力油作用下达到平衡时,输出稳定低压 p_2,如图 3.7(c)所示,起到了减压的作用。

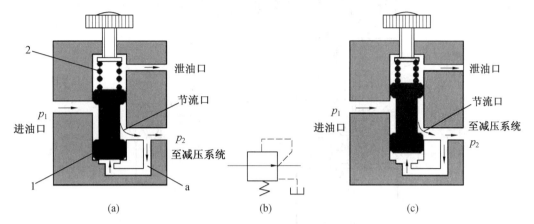

图 3.7　直动式减压阀的结构图和符号
1—主阀阀芯;2—主阀弹簧

也有一些液压三通式减压阀,其图形符号如图 3.8 所示。

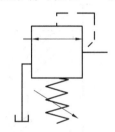

图 3.8　液压三通式减压阀图形符号

对于先导式减压阀,其工作原理如图 3.9 所示,系统的高压油(p)经过进油口流入减压阀,经过缝隙 a 减压后,p_1 从回油口流出送往下一级油路或者执行机构。与此同时,p_1 也经过主阀阀芯中的油道通过节流孔流入主阀阀芯上端油腔,压力变为 p_2,经过导阀的通道 b 进入锥阀的左腔 c,克服锥阀内弹簧的预紧力,锥阀打开,保持 p_2 恒定。导阀内的泄漏流动,使主阀阀芯内产生了压差 $\Delta p = p_1 - p_2$,当压力 p_2 低于主阀阀芯的弹簧预紧压力时,主阀阀芯开启,减压口开度减小并保持 p_1 恒定。当来流高压油压力大于调定值时,阀口开度将减小,使阀口阻力增大,出口压力便下降;反之,当来流压力下降时,主阀阀芯开口增大,阻力减小,出口压力增大。故此,来流压力在一定范围内变化时,出口可以保持预设压力 p_1。但是进口压力下降到一定程度时,阀口全开,就起不到减压的作用了,所以,减压阀的进、出口压差要控制在 0.5 MPa 以上,以保证减压效果。因此,减压阀后面如果接二次回路的话,减压阀可以保证出口压力恒定,不受进油压力的影响。

（2）定差减压阀。

定差减压阀的出口压力低于进口压力,并且保证进、出口压力差为常数。其结构图和图形符号如图 3.10 所示。泵源的高压油(p_1)通过进油孔和节流孔节流流入阀芯下端,压力为 p_2,其中一部分通过主阀阀芯通孔作用在阀芯上腔。此时,液压力和阀芯上腔的弹簧弹力相平衡,

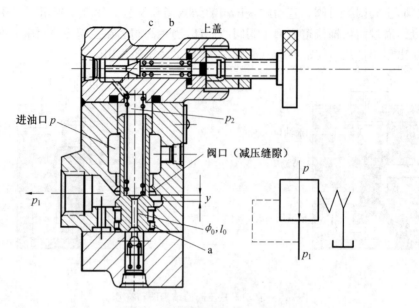

图 3.9　先导式减压阀工作原理(管式)

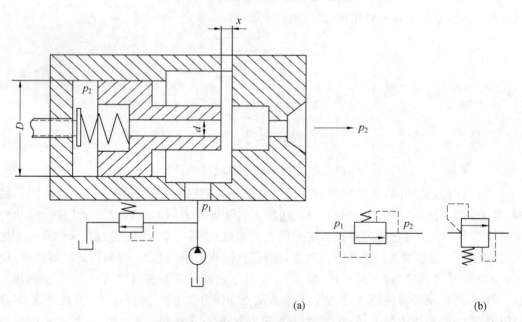

(a)　　　　　　　　　　　　　　　(b)

图 3.10　定差减压阀结构图和图形符号

可得：

$$\Delta p = p_1 - p_2 = \frac{k(x+x_c)}{\frac{\pi}{4}(D^2-d^2)} \tag{3.1}$$

式中　k——阀芯弹簧的刚度；

　　　x——弹簧在压力油作用下的开口；

　　　x_c——弹簧的预压缩量；

　　　D、d——图 3.10 中阀芯上下端的端面直径。

定差减压阀由于可以保证前后的压差稳定,故经常用于组合阀中(如调速阀),用来保证压力恒定进而获得稳定的流量。

3.2.3 顺序阀

顺序阀,顾名思义,利用该阀来控制液压系统各执行元件的先后顺序动作。当控制压力达到预设值时,阀芯开启,流体流过顺序阀。顺序阀分为直接调压型顺序阀(调节压力低,结构简单,反应灵敏,启、闭特性差,在系统压力高时弹簧变粗变硬,不灵敏,泄漏量大)和先导型顺序阀。它常与单向阀配合使用,用作安全阀,防止油压失稳。按照压力控制方式可以分为内控式和外控式。内控式顺序阀用阀的进口压力油作为驱动力控制阀的启、闭;外控式顺序阀利用外来的或者远程的控制力来驱动阀芯运动。

图 3.11 所示为直动型内控式顺序阀的结构图与图形符号。高压油(p_1)从进油口流入主阀阀芯,同时通过内控口流入主阀阀芯下端,当 p_1 升高到超过弹簧的预紧力时,阀芯上移,阀口打开,进油口与回油口相通,压力油经过节流后以压力 p_2 流出阀体,如图 3.11(c)所示。

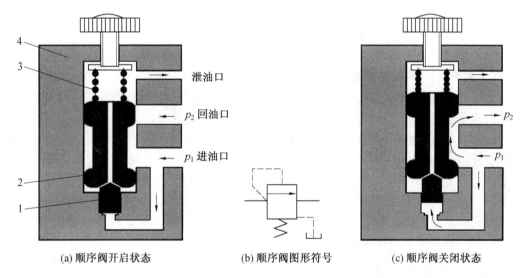

(a) 顺序阀开启状态　　(b) 顺序阀图形符号　　(c) 顺序阀关闭状态

图 3.11　直动型内控式顺序阀的结构图与图形符号
1—主阀阀芯下端;2—主阀阀芯;3—弹簧;4—阀体

顺序阀在液压系统中可以完成以下功能。

(1)与单向阀组成平衡阀,使垂直放置的液压缸不因重物的重力作用而下降。

(2)在双泵系统中使用外控顺序阀来实现流量变化时的供油需求。

(3)使用内控顺序阀接在液压缸回油路中,由于背压的存在,因此活塞运动稳定。

3.3　流量控制阀

在液压控制系统中,流量控制阀(以下称为流量阀)是在一定的压差作用下,通过改变液阻来改变液体通过阀口的流量,进而调节执行机构的液压控制阀。流量阀是液压系统中重要的控制阀,需要配合溢流阀一起使用,将多余的流量排回油箱。流量阀包括节流阀、调速阀、分流节流阀、溢流节流阀等,本节主要讲述前两者。

3.3.1 节流口流量特性与形式

结合工程流体力学相关知识,流体经过薄壁小孔、细长孔等节流口时会产生较大的液阻,通过控制该液阻也就是改变节流口的大小或形式,就可以改变流量,这就是节流阀的基本原理。

对于薄壁小孔产生的局部阻力而引起的流量变化,可以表达为

$$Q = C_0 A \sqrt{\frac{2}{\rho} \Delta p} = k_1 A \Delta p^{\frac{1}{2}} \tag{3.2}$$

对于细长孔节流,流量可以表达为

$$Q = \frac{\pi d^4 \Delta p}{128 \mu l} = k_2 A \Delta p \tag{3.3}$$

实际中,液压控制阀的阀口形式介于两者之间,所以不同节流口流量特性可以统一表达为

$$Q = k_c A \Delta p^m \tag{3.4}$$

式中 k_c——流量系数,由节流口的形式、尺寸和流体的性质决定;

A——节流口通流面积;

m——压差的指数项,对于薄壁小孔 $m=0.5$,对于细长孔 $m=1$。

在流量阀设计过程中,需要达到以下要求。

(1)调速比要大,也就是流量调节范围要大,并且可以实现微量调节。

(2)流量需要稳定,在温度和流体黏性变化时,流量保持不变。

(3)具备足够的刚性,在节流阀后负载发生变化时,压差也发生变化,流量保持稳定。进一步定义节流阀的刚度为

$$T = \frac{\mathrm{d}\Delta p}{\mathrm{d}Q} = \frac{\Delta p^{1-m}}{k_c A m} \tag{3.5}$$

(4)具有较好的抗阻塞性。当控制阀的压差一定时,阀口面积减小到一定值时出现的断流现象称为阻塞,也称为爬行现象。

3.3.2 普通节流阀

节流阀实际上为一个可变液阻的局部阻力损失机构,利用阀芯的轴向位移来改变阀口的通流面积,从而达到节流的目的。普通节流阀的实物图、图形符号及工作的两个状态如图3.12所示。流体由进油口流入阀体,由于锥阀将流道封闭,此时流量为零。随着外部旋钮的上旋,锥形阀芯上移,流道面积逐渐增大,高压油经过节流后通过回油口流出阀体。通过旋转调节手把,控制阀芯的位移,进而改变流道的通流面积,实现流量的调节。

可以看出,普通节流阀虽然具有结构简单、体积小等优点,但是它只适用于负载和温度变化不大的场合或者对于执行机构稳定性要求不高的场合。并且,在流量较小时,油液中含有的杂质或者极化分子会附着在节流口附近,形成阻塞,出现阻塞现象的原因如下。

(1)油中有污物,节流口小不能带走。

(2)极化分子和金属表面的吸附现象。

解决措施如下。

(1)精密过滤。

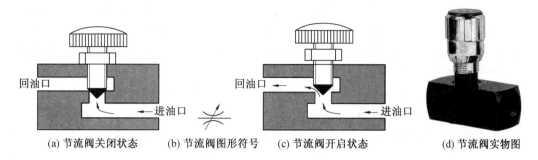

(a) 节流阀关闭状态	(b) 节流阀图形符号	(c) 节流阀开启状态	(d) 节流阀实物图

图 3.12　普通节流阀的实物图、图形符号及工作的两个状态

(2)选择合理的压差 Δp 为 $0.2\sim0.3$ MPa。

(3)采用大水力半径的薄壁小孔口。

(4)正确使用油液,避免极化分子的产生。

(5)多级串联,减小进、出口压差 Δp。

节流阀的作用有:①节流调速作用,在定量泵的系统中,和溢流阀共同起到调速的作用,进而调节执行元件的速度;②负载阻尼作用,对于某些液压系统,流量是相对恒定的,因此改变节流阀的开度会导致阀前后压差变化,此时,节流阀就起到了背压(负载阻尼)的作用,也就是所谓的液阻,用于液压元件的内部油路;③缓冲压力作用,如开关可调式压力表,利用节流阀来延缓压力冲击。

3.3.3　调速阀

为了改善普通节流阀带来的流量不稳定,可对节流阀增加压力补偿,一般情况是将节流阀和定差减压阀串联组成调速阀;也可以将溢流阀和节流阀串联起来形成溢流节流阀。本节重点讲述调速阀的工作原理和注意事项。

(1)调速阀的工作原理。

如图 3.13 所示调速阀的工作原理图及图形符号,该调速阀为定差减压阀串联节流阀。油液进入调速阀后,先经减压阀阀口(面积 A_1)使 p_1 减至 p_2(常开),再经节流口(面积 A_2)降至出口压力 p_3,节流阀前后压力 p_2 和 p_3 引至阀芯两端,压差 p_2-p_3 产生的液压力与阀芯下端

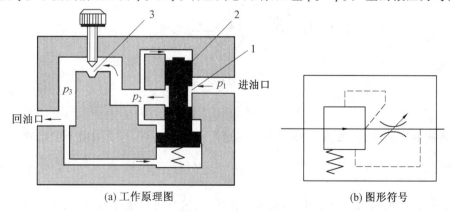

(a) 工作原理图	(b) 图形符号

图 3.13　调速阀的工作原理图及图形符号

1—定差减压阀节流口;2—定差减压阀阀体;3—节流阀阀口

的弹簧力以及稳态液动力相平衡。若 p_3 增大, p_1-p_3 减小(阀芯来不及动作),流量减小; p_2-p_3 减小,阀芯向上运动,减压阀的阀口面积增大; p_1-p_2 减小,即 p_2 增大, p_2-p_3 增大,当 p_2-p_3 恢复到原来数值,减压阀处于新的平衡位置,维持 p_2-p_3 不变,进而保持流量稳定。

(2)调速阀的流量稳定范围。

前一节已经分析了,由于结构原因,调速阀的流量稳定范围是有限的,接下来定量分析调速阀在进油路和回油路的流量稳定范围。

①调速阀放在进油路,如图 3.14 所示。油源通过调速阀后驱动液压缸向右侧运动,测试调速阀位于进油路。弹簧力 p_t 调定后, p_2-p_3 为定值,此时 $\Delta p = p_2-p_3 = \dfrac{p_t}{A}$。当 p_3 上升时,由于压力油的补偿,保持 p_2-p_3 不变;当 $p_3 = p_1 - \dfrac{p_t}{A}$ 时,减压阀不起作用,节流阀的 Δp 下降, Q 下降;当 $p_3 = p_1$ 时, $Q=0$;只有当 $p_3 < p_1 - \dfrac{p_t}{A}$ 时,流量才能稳定,为了增大流量的调节范围,希望 $\dfrac{p_t}{A}$ 小,但 $\dfrac{p_t}{A}$ 必须足以克服阀芯摩擦力,否则阀芯会卡死。

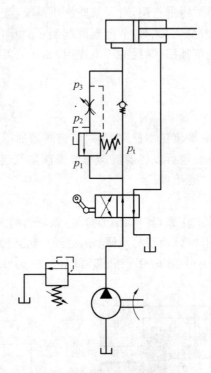

图 3.14　调速阀放在进油路

②调速阀放在回油路,如图 3.15 所示。调速阀位于回油路,当负载增大引起调速阀 p_1 下降时,由于定差减压阀的压力补偿作用, $\Delta p = p_2-p_3$ 保持不变,即 $p_2 = \dfrac{p_t}{A}$;当 p_1 下降至 $p_1 = \dfrac{p_t}{A}$ 时, $p_2 < \dfrac{p_t}{A}$,定差减压阀阀口全开,不起减压作用,通过节流口的流量减小;当 $p_1=0$ 时, $Q=0$;只有当 $p_1 > \dfrac{p_t}{A}$ 时,流量才能稳定,减小 $\dfrac{p_t}{A}$ 对系统是有利的。

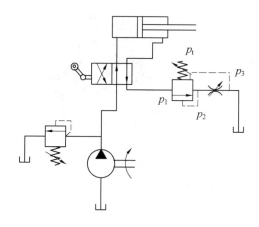

图 3.15　调速阀放在回油路

(3)调速阀使用注意事项。

①定差减压阀反向流动不起作用,因此,只能单向使用。

②调速阀中定差减压阀是常开的,而一般的定差减压阀是常闭的。

③调速阀的流量稳定是有限的,即对进出口压力的变化有一个限制,否则不能正常工作。

④与单向阀并联可以组成单向调速阀。

3.4　方向控制阀

在液压系统中,方向控制阀通过控制油液的通断或者改变油液的流动方向来控制液压执行机构的停止和启动,或者改变液压执行机构的运动方向。常见的方向控制阀包括单向阀和换向阀。

3.4.1　单向阀

单向阀用来控制液压油路连通或者关闭,从而实现油液只可单方向通过,而相反方向不能通过的液压控制阀。根据阀芯的类型可以分为球阀和锥阀,球阀结构简单,密封易失效,振动、噪声较大,可以实现板式连接;锥阀结构复杂,密封好,工作平稳,通常采用管式连接。

常用的单向阀分为普通单向阀和液控单向阀。

(1)普通单向阀。

普通单向阀分为直通式(锥阀)和直角式(球阀),常与其他控制阀组成单向控制阀,如单向调速阀、单向减压阀、单向顺序阀等。普通单向阀的实物图和图形符号如图 3.16 所示。

普通单向阀的工作原理示意图如图 3.17 所示。单向阀的球形阀芯在弹簧预紧力作用下紧贴阀体的阀口,形成密封,阻断了液压油路。当高压油从左侧 A 口流入阀体,压力低于弹簧预紧压力时,阀口依旧处于关闭状态。当压力升高到克服了弹簧弹力时,阀芯右移,阀口打开,高压油经过阀孔通过出口 B 流出,该流动方向称为正向。当反向流动时,压力又从右侧 B 口流入阀体,与作用在阀芯的液压离合弹簧弹力共同作用,使阀口关闭,密封作用使得油液不能从 A 口流出,所以,普通单向阀不允许油液反向流动。

普通单向阀的作用主要是在油路中限制液流方向,所以要求其正向阻力小,使得液流正向

(a) 直通式单向阀　　　　　　　(b) 直角式单向阀　　　　　　　(c) 图形符号

图 3.16　普通单向阀的实物图和图形符号

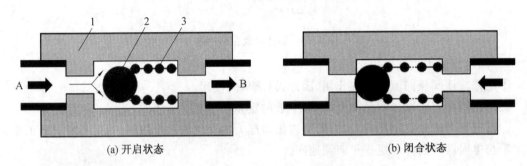

(a) 开启状态　　　　　　　　　　　　　　　(b) 闭合状态

图 3.17　普通单向阀的工作原理示意图
1—阀体;2—阀芯;3—弹簧

流动时压降损失少,同时需要反向泄漏少来保证液流的反向切断。因此,需要选择刚度较小的弹簧来获得较小的正向阻力。所以,普通单向阀的正向开启压力都很小,通常设计为 0.03~0.05 MPa。阀芯的压降一般设计为 0.1~0.3 MPa。

(2)液控单向阀。

液压系统中,有时根据负载的需要在允许液流单向通过的同时若满足预定信号也可以反向通过,因此,液控单向阀应运而生。它可以通过控制口接收远程控制指令驱动的压力油,实现液流的反向通过。液控单向阀的工作原理图及图形符号如图 3.18 所示。液控单向阀在普通单向阀的基础上增加了控制口 C。当控制口 C 不控制油时,该阀为普通单向阀,油液只能从 A 口流入,B 口流出,反向流动截止。当控制口 C 通入压力油时,控制活塞克服了弹簧的弹力和自身的摩擦力向上运动,将阀芯向上顶起,阀口打开,此时,该阀导通,油液可以从 B 口进入,从 A 口流出,实现了反向流动。

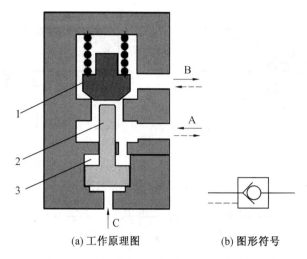

(a) 工作原理图　　　　　(b) 图形符号

图 3.18　液控单向阀的工作原理图及图形符号

1—主阀体;2—控制活塞;3—控制油油路

3.4.2　换向阀

换向阀为方向控制阀中类型最多的控制阀,通过控制阀芯与阀体的相对运动来实现油路的接通、断开、变换方向,从而驱动执行机构完成相关动作。

换向阀分为转阀、锥阀和滑阀。转阀阀芯径向力不易平衡,密封性差,低压小流量。锥阀的动作灵敏,密封性好,但只能实现二位二通。滑阀的动作可靠,工艺性好,容易实现多种功能,所以滑阀应用最广泛。换向阀还可分为多路换向阀和逻辑阀。

换向阀的功能主要由工作位置数和通路数共同决定。图 3.19 所示为典型的换向阀,其中图 3.19(a)、图 3.19(b)和图 3.19(c)所示的阀有两种工作位置,所以是二位阀;图 3.19(c)所示的阀外接 4 条通路,故为二位四通阀。同理,图 3.19(d)所示的阀为三位四通阀,图 3.19(e)所示的阀为三位五通阀。

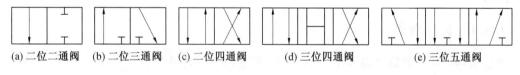

(a) 二位二通阀　(b) 二位三通阀　(c) 二位四通阀　(d) 三位四通阀　(e) 三位五通阀

图 3.19　典型的换向阀

图 3.20 所示为换向阀的工作原理图。P 表示高压油输入通路,A 和 B 为两个输出通路,与执行机构相连,T 口又称 O 口,是回油通路。图 3.20(a)中,阀芯在左侧工位,此时 A 通路为高压油,从执行机构的回油通过 B 口流回阀体,通过 T 口回油箱。图 3.20(b)中,阀芯在右侧工位,此时 B 通路与高压油连接,将高压油送至执行机构,回油通过 A 通路流经 T 口回油箱。在换向阀中,所有 T 口通过内部连接通路将回油流回油箱。

换向阀按换向操作方式又可以分为手动换向阀、液动换向阀和电磁换向阀,分别对应的图形符号如图 3.21 所示。

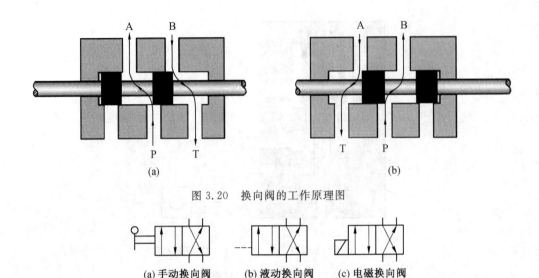

图 3.20　换向阀的工作原理图

(a) 手动换向阀　　(b) 液动换向阀　　(c) 电磁换向阀

图 3.21　不同换向操作方式的换向阀图形符号

3.5　液压控制阀的主要形式

　　液压控制阀作为液压控制系统中的最小控制单元,能够接受机械量(力、位移等)并将其转化为能够驱动执行机构的液压量(流体压力)。通俗来讲,液压控制阀即为一种放大元件,能够完成机械能到液压能的转换。跟第2章中的液压泵不同,液压泵属于容积型放大元件而液压控制阀属于节流型放大元件。通过控制节流口的大小和方向来控制液压油的压力和流量。

　　本节讲述阀控系统主要控制元件的结构形式、工作原理和特性。液压控制阀从工作结构上可以分为三类:圆柱滑阀、喷嘴挡板阀和射流管阀。三种阀的工作原理不同,却可以进行组合,构成不同场景下使用的液压控制阀,例如,圆柱滑阀可以和喷嘴挡板阀、射流管阀分别组成两级电液伺服阀。

3.5.1　圆柱滑阀

　　圆柱滑阀的几种典型分类如图3.22所示,按进出阀的通道数可分为二通滑阀、三通滑阀和四通滑阀。常用的是四通滑阀,二通滑阀、三通滑阀只有一个负载通道,只能控制差动缸的往复动作,如图3.22(d)(e)所示。

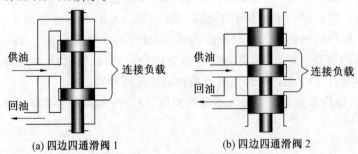

(a) 四边四通滑阀1　　　　　(b) 四边四通滑阀2

图 3.22　圆柱滑阀的几种典型分类

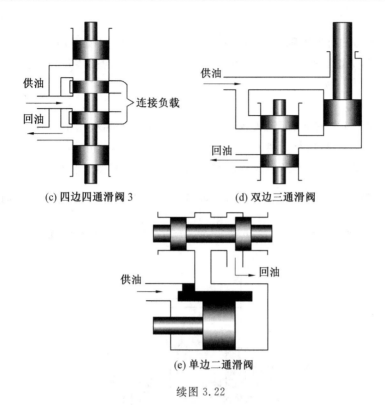

(c) 四边四通滑阀 3　　　　(d) 双边三通滑阀

(e) 单边二通滑阀

续图 3.22

　　圆柱滑阀根据工作节流棱边的数目可分为单边滑阀、双边滑阀和四边滑阀,如图 3.22(c)(d)(e)所示。

　　圆柱滑阀根据阀芯的凸肩与阀套槽宽的不同组合,可分为正开口(负重叠)、零开口和负开口(正重叠)三种,滑阀的三种不同开口形式如图 3.23 所示,不同开口形式的流量增益特性如图 3.24 所示。由于零开口滑阀具有良好的线性特性,因而在伺服系统中得到广泛的应用。负开口滑阀具有流量死区,会引起稳定性问题。正开口滑阀在零位的功率损耗大,用于流量要求稳定的特定场合。

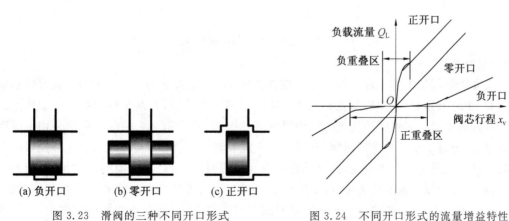

(a) 负开口　　(b) 零开口　　(c) 正开口

图 3.23　滑阀的三种不同开口形式　　　　图 3.24　不同开口形式的流量增益特性

3.5.2　喷嘴挡板阀

　　与圆柱滑阀不同,喷嘴挡板阀属于外流动阀。喷嘴挡板阀由喷嘴、可动挡板和固定节流口构成。

喷嘴挡板阀常用的有单喷嘴挡板阀和双喷嘴挡板阀两种,双喷嘴挡板阀更为常用。由于是外流动阀,其抗污染能力强、运动惯性小、动作灵敏、响应快,但是零位泄漏大,适合小功率场合应用。

(1)单喷嘴挡板阀。

单喷嘴挡板阀的工作过程如下:喷嘴和可动挡板构成一个可变节流口,在固定节流口与可变节流口之间为控制腔,与执行元件相连。单喷嘴挡板阀输入量为挡板的位移 x_f(机械量),相当于正开口三通阀。图 3.25 所示为单喷嘴挡板阀的结构原理图,输出量为 Q_c、p_c。

设 $A_n = 2A_r$,当 $x_f = x_{f0} = 0$ 时,$p_c = \frac{1}{2}p_s$,油缸活塞处于平衡位置;当 $x_f > 0$ 时,$p_c > \frac{1}{2}p_s$,$\dot{y} > 0$,油缸活塞向右运动;当 $x_f < 0$ 时,$p_c < \frac{1}{2}p_s$,$\dot{y} < 0$,油缸活塞向左运动。

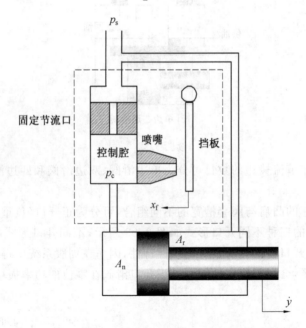

图 3.25　单喷嘴挡板阀的结构原理图

(2)双喷嘴挡板阀。

双喷嘴挡板阀的工作原理与前述单喷嘴挡板阀类似,输入量为挡板位移 x_f(机械量),输出量为 Q 和 p(液压量)。双喷嘴挡板阀两个喷嘴共用一个挡板,有两个控制腔。其工作过程与单喷嘴基本相同。双喷嘴挡板阀的结构原理图如图 3.26 所示。它的两个喷嘴分别控制两个负载通道,类似于正开口四通滑阀,利用两个固定节流口和两个可变节流口实现液压缸的双向运动。它的挡板可以绕支点偏转,当挡板在中间位置时,它与喷嘴之间的间隙相等,因而液压阻力相等,两个控制腔的压力相等,此时输出流量与压力差均为零。当有输入控制信号时,挡板偏离中间位置,两边喷嘴与挡板之间的间隙不相等,形成了两个不相等的流体阻力,故有流量和压力差输出。

喷嘴挡板阀的挡板一般是安装在溢流腔的内部,体积和惯性极小,并且在动作过程中几乎不受摩擦力。因此喷嘴挡板阀响应快、惯量小。喷嘴挡板阀的优点是抗污染能力强,也不需要

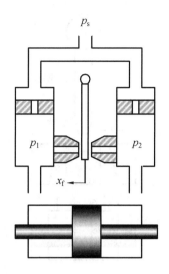

图 3.26 双喷嘴挡板阀的结构原理图

有严格的制造公差,因此成本低;其缺点为零位泄漏大,功率小,一般适合用作第一级功率放大。

3.5.3 射流管阀

射流管阀由射流管与接受器构成,其结构原理图如图 3.27 所示。射流管出口为一个喷嘴,接受器上有两个接受孔。工作过程:液压源的高压油由 p 口输入,进入到射流管,喷嘴喷射出高速液流(即将液压能变成动能)进入接受器后,经扩散管,又将液压动能变成压力能,推动负载运动。

当 $x_Q = 0$ 时,$p_1 = p_2$,此时液压缸静止,即 $\dot{y} = 0$。

当 $x_Q > 0$ 时,$p_1 > p_2$,此时液压缸向右运动,即 $\dot{y} > 0$。

当 $x_Q < 0$ 时,$p_1 < p_2$,此时液压缸向左运动,即 $\dot{y} < 0$。

射流管阀喷嘴较大,因此对于油液中的污染不敏感。即便在发生堵塞的情况下,射流管阀也可以回到中位,避免了控制过程中的完全失效。因此,相较于其他控制阀,具有较好的可靠性和安全性。射流管阀由于零位泄漏大,特性不易稳定,因此应用受到限制。并且温度的变化将引起液体黏度的变化,从而影响射流管阀的动态特性。

总结起来,三种液压控制阀都可以完成机液信号转换,实现功率放大,即使阀芯产生位移所需的功率小,而阀的输出功率大。在放大信号的同时,实现控制作用,即输入量对输出量有控制作用。三种阀的区别和特点归纳如下。

圆柱滑阀最常使用,是最基本的液压控制阀,对圆柱滑阀的分析方法、思路也适用于其他控制阀。所以,本章以圆柱滑阀为重点进行分析。

喷嘴挡板阀的响应快,但零位有泄漏,大功率场合不宜使用,所以作为前置放大级使用。

射流管阀零位泄漏大,特性不易预测,但其抗污染能力强,近年来受到了重视,一般也作为前置放大级使用。

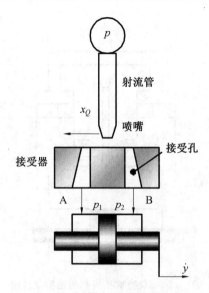

图 3.27 射流管阀的结构原理图

3.6 液压控制阀的特性分析

3.6.1 一般性分析

因为零开口四通滑阀具有优良的线性流量特性,因此在液压控制系统中应用广泛。本节以此阀作为案例,介绍零开口四通滑阀的静态特性、液动力、功率和效率,所用的方法及原理也适用于其他形式的液压控制阀。

如图 3.28 所示为零开口四通滑阀的结构图及流量关系,在外力 F 的作用下,阀芯向下运动,形成了 4 个节流口,分别对应 4 个流量,进而构成了类似图 3.28(b)所示的等效桥路,类似电路中的惠斯通电桥。

以下分析基于两点假设,即四个节流窗口是匹配、对称的。

阀口匹配是指

$$\begin{cases} A_1 = A_3 \\ A_2 = A_4 \end{cases}$$

即两个阀口的开度完全一致。

阀口对称是指在阀芯向上和向下移动 x_v 之后,阀口面积相等,即

$$\begin{cases} A_1(x_v) = A_2(-x_v) \\ A_3(x_v) = A_4(-x_v) \end{cases}$$

根据图 3.28,高压油 p_s 从阀口 1 流入阀体,同时,一部分泄漏从阀口缝隙 2 流出。经过阀体后流入负载通道,做功后以压力 p_2 回油,通过阀口 3 回油至油箱。建立压力和流量的基本方程如下:

$$\begin{cases} p_L = p_1 - p_2 \\ Q_L = Q_1 - Q_4 = Q_3 - Q_2 \\ Q_s = Q_1 + Q_2 = Q_3 + Q_4 \end{cases} \tag{3.6}$$

根据流体力学流量公式,可以得出 4 个流量关系为

$$\begin{cases} Q_1 = C_{d1}A_1\sqrt{\dfrac{2}{\rho}(p_s - p_1)} \\[2mm] Q_2 = C_{d2}A_2\sqrt{\dfrac{2}{\rho}(p_s - p_2)} \\[2mm] Q_3 = C_{d3}A_3\sqrt{\dfrac{2}{\rho}p_2} \\[2mm] Q_4 = C_{d4}A_4\sqrt{\dfrac{2}{\rho}p_1} \end{cases} \tag{3.7}$$

同时,通过反证法可以得出式(3.7)中 4 个流量的流量系数相等,即 $C_{d1} = C_{d2} = C_{d3} = C_{d4} = C_d$。

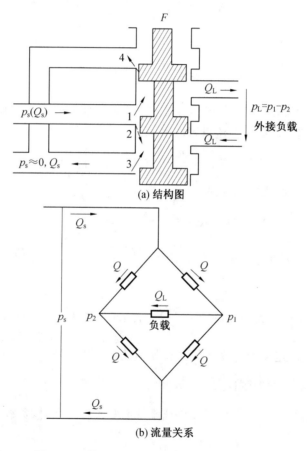

图 3.28　零开口四通滑阀的结构图及流量关系

如果 4 个系数相等,根据公式流量关系则有

$$\begin{cases} Q_1 = Q_3 \\ Q_2 = Q_4 \end{cases} \tag{3.8}$$

下面利用反证法对式(3.8)进行证明。

若 $Q_1 > Q_3$,则 $Q_2 < Q_4$,进而 $p_s - p_1 > p_2$,同时 $p_s - p_2 < p_1$,相互矛盾。所以 4 个流道的流量系数相等。根据式(3.6)可知:

$$\begin{cases} p_1 - p_2 = p_L \\ p_s = p_1 + p_2 \end{cases}$$

即

$$\begin{cases} p_1 = \dfrac{1}{2}(p_s + p_L) \\ p_2 = \dfrac{1}{2}(p_s - p_L) \end{cases}$$

当外接负载为 0 时,即 $p_L = 0$,则 $p_1 = p_2 = \dfrac{1}{2} p_s$。如果加上负载时,一个管路中压力升高,另一个管路中压力降低,且升高与降低值相等。由以上流量公式可得

$$\begin{cases} Q_L = C_d A_1 \sqrt{\dfrac{1}{\rho}(p_s - p_L)} - C_d A_2 \sqrt{\dfrac{1}{\rho}(p_s + p_L)} \\ Q_s = C_d A_1 \sqrt{\dfrac{1}{\rho}(p_s - p_L)} + C_d A_2 \sqrt{\dfrac{1}{\rho}(p_s + p_L)} \end{cases} \tag{3.9}$$

3.6.2 阀的线性化分析与三系数

一般情况下,阀的流量 $Q_L = f(x_v, p_L)$ 是非线性的。将其在某一工作点 $A(Q_L, x_v, p_L)$ 处进行泰勒级数展开,略去高阶小项流量可以表示为

$$Q_L = Q_{LA} + \frac{\partial Q_L}{\partial x_v}\bigg|_A \Delta x_v + \frac{\partial Q_L}{\partial p_L}\bigg|_A \Delta p_L \tag{3.10}$$

得到阀的增量形式的线性化方程:

$$\Delta Q = Q_L - Q_{LA} = \frac{\partial Q_L}{\partial x_v}\bigg|_A \Delta x_v + \frac{\partial Q_L}{\partial p_L}\bigg|_A \Delta p_L \tag{3.11}$$

(1)根据式(3.11)可以定义流量增益 $K_q = \dfrac{\partial Q_L}{\partial x_v}$,表示在 p_L 一定时,阀芯位移引起的负载流量变化的大小。

(2)可以定义流量—压力系数,$K_c = -\dfrac{\partial Q_L}{\partial p_L}$,表示在阀芯位移不变时,负载流量对负载压力的变化率。由于系数的定义为正数,而 $\dfrac{\partial Q_L}{\partial p_L} < 0$,因此在前加负号"—"。$K_c$ 小表示 x_v 一定时,阀抵抗负载变化的能力大,即刚性大。

(3)定义压力增益 $K_p = \dfrac{\partial p_L}{\partial x_v}$,表示在负载流量不变或者为 0 时,负载压力随阀芯位移的变化率。

以上三个阀系数的关系可以表示为 $K_p = \dfrac{K_q}{K_c}$。

根据以上三个阀系数,可以将流量表示为

$$\Delta Q_L = K_q \Delta x_v - K_c \Delta p_L \tag{3.12}$$

(1)流量增益 K_q 直接影响系统的开环增益,因此对系统的稳定性、响应特性和稳态误差有直接影响。K_q 决定了阀控制流量的灵敏度,K_q 增大,稳定性下降,响应性变快,对减少系统误差有利。

（2）流量－压力系数 K_c 直接影响（液压马达或者缸）阻尼比和速度刚性。K_c 决定阀控制流量的柔度，K_c 增大，刚度降低，阻尼系数增大，阀波动能力变大。

（3）压力增益 K_p 表示液压动力元件有启动大惯量或大摩擦负载的能力。K_p 越大越好，K_p 大，调节负载的灵敏度上升，拖动能力增大。

对于控制阀，零位是其最重要的工作点（$Q_L = x_v = p_L = 0$），因为系统经常在零位附近工作，而此时阀的 K_q 最大，系统的增益最高；K_c 最小，阻尼最低。因此，从稳定性的角度来说，这一工作点是最关键的，如果系统在零位稳定，则在其他工作点也是稳定的。另外，在零位的阀系数称为零位阀系数，记为 K_{q0}、K_{p0}、K_{c0}。

3.6.3　零开口四通滑阀的分析

零开口四通滑阀流量具有良好的线性特性，因而在液压控制系统中广泛应用。在后面讲到的电液伺服阀中，通常作为主阀芯使用。本节将针对零开口四通滑阀进行静态特性的分析。

首先，为了简化分析过程，在分析零开口四通滑阀时做如下假设。

（1）零开口四通滑阀是理想的零开口，加工无任何误差，没有任何径向间隙。当然，在实际中，径向间隙为 $1 \sim 3\ \mu m$，关于这部分的分析将在下一节中阐述。

（2）零开口四通滑阀的节流边为理想的锐边，没有圆角。

图 3.28 所示的零开口四通滑阀在假设条件下，两处泄漏为零：

当 $x_v > 0$ 时，$A_2 = A_4 = 0$；$Q_2 = Q_4 = 0$。

当 $x_v < 0$ 时，$A_1 = A_3 = 0$；$Q_1 = Q_3 = 0$。

进而负载流量可以表示为

$$\begin{cases} Q_L = C_d A_1 \sqrt{\dfrac{1}{\rho}(p_s - p_L)} & (x_v > 0) \\ Q_L = -C_d A_2 \sqrt{\dfrac{1}{\rho}(p_s + p_L)} & (x_v < 0) \end{cases} \tag{3.13}$$

可以将负载运动方向不同的两个方程用同一方程来表示：

$$Q_L = C_d |A| \frac{x_v}{|x_v|} \sqrt{\frac{1}{\rho}\left(p_s - \frac{x_v}{|x_v|}p_L\right)} \tag{3.14}$$

若节流窗口为矩形，其面积梯度为 W，则过流面积为 $A = Wx_v$，式（3.14）变成

$$Q_L = C_d W x_v \sqrt{\frac{1}{\rho}\left(p_s - \frac{x_v}{|x_v|}p_L\right)} \tag{3.15}$$

令 Q_0 为在零位（即 $p_L = 0$，$x_v = x_{vmax}$）时零开口四通滑阀的最大空载流量。可以得到

$$Q_0 = C_d W x_{vmax} \sqrt{\frac{1}{\rho}p_s} \tag{3.16}$$

对式（3.15）中的 Q_L 利用式（3.16）中的 Q_0 进行无量纲化。

无量纲化后的流量、开度和压力分别为

$$\overline{Q_L} = \frac{Q_L}{Q_0}, \quad \overline{x_v} = \frac{x_v}{x_{vmax}}, \quad \overline{p_L} = \frac{p_L}{p_s} \tag{3.17}$$

进而，根据式（3.15）和式（3.16），可以得到

$$\overline{Q_L} = \overline{x_v} \sqrt{1 - \frac{x_v}{|x_v|}\overline{p_L}} \tag{3.18}$$

该式即为零开口四通滑阀的压力－流量特性关系,根据此式,可以得到零开口四通滑阀的压力－流量特性关系,如图 3.29 所示。可以看出,在 $|\overline{p}_L| \leqslant \dfrac{2}{3}$ 时,曲线线性化程度高,因此希望四通滑阀可以在此区域内工作。

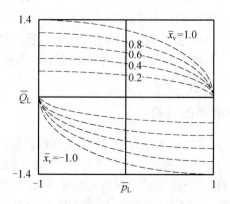

图 3.29　零开口四通滑阀的压力－流量特性关系

根据负载流量公式 $Q_L = C_d W x_v \sqrt{\dfrac{1}{\rho}\left(p_s - \dfrac{x_v}{|x_v|}p_L\right)}$（$W$ 为面积梯度）可知,压力和流量的关系为非线性的。由于压力－流量特性关系中有较强的线性特性,这里采用线性化理论分析动态特性,将其在工况点进行全微分,得到在该工况点的线性化方程:

$$\begin{cases} \Delta Q_L = K_q \Delta x_v + K_c \Delta p \\[2mm] K_q = \dfrac{\partial Q_L}{\partial x_v} = C_d W \sqrt{\dfrac{1}{\rho}(p_s - p_L)} \\[2mm] K_c = -\dfrac{\partial Q_L}{\partial p_L} = \dfrac{C_d W x_v \sqrt{\dfrac{1}{\rho}(p_s - p_L)}}{2(p_s - p_L)} = C_d W x_v / [2\sqrt{\rho(p_s - p_L)}] \end{cases} \quad (3.19)$$

式中　K_q——流量增益系数,表示负载压力一定时,位移引起的负载流量变化的大小;

　　　K_c——压力系数,表示开口一定时,负载流量对压力的变化率。

另外,定义 $K_p = \dfrac{K_q}{K_c} = \dfrac{2(p_s - p_L)}{x_v}$ 为压力增益。

K_p、K_c 和 K_q 被称为阀系数,是液压控制阀重要的参数并随着工作点的位置而变化。在液压控制系统中,控制阀多在零位附近工作,所以零位阀系数尤其重要。通过以上三个系数的表达式可以得到三个零位阀系数分别为

$$\begin{cases} K_{q0} = C_d W \sqrt{\dfrac{p_s}{\rho}} \\[2mm] K_{c0} = 0 \\[2mm] K_{p0} = \infty \end{cases}$$

实际上,K_{c0}、K_{p0} 和实验相差很大,它们主要来源于零位阀泄漏,需要重新进行计算和实验得出合理的值。

3.6.4　实际零开口四通滑阀的分析

在上一节中,对零开口四通滑阀做了理想假设,即不存在泄漏和间隙。然而在实际加工

中,阀芯处于零位时,每个节流窗口的压降和泄漏量均存在,并且为 $p_s/2$ 和 $Q_s/2$。以 Q_c 表示两个间隙总的泄漏量:

$$Q_c = \frac{\pi W r_c^2}{32\mu} p_s \tag{3.20}$$

式中　r_c——阀芯与阀套的径向间隙。

因此,由 Q_s 和 Q_L 的表达式可知,流量压力系数为

$$\begin{cases} K_{c0} = \dfrac{\partial Q_s}{\partial p_s}\bigg|_{x_v=0} = -\dfrac{\partial Q_L}{\partial p_L} = \dfrac{\pi W r_c^2}{32\mu} \\[3mm] K_{p0} = \dfrac{K_{q0}}{K_{c0}} = \dfrac{32\mu C_d \sqrt{\dfrac{p_s}{\rho}}}{\pi r_c^2} \end{cases}$$

将液压控制阀和相关的流动参数代入后,可以估算出在供油压力 p_s 为 6.9 MPa 时,K_{p0} 的经验值为 3×10^{11} Pa/m。

3.6.5　圆柱滑阀液动力分析

液压控制阀通常由力矩马达等驱动,本节讨论圆柱滑阀的驱动力。

图 3.30 所示为简化的阀芯受力原理图,为了在工作中顺利驱动它,必须克服各种阻力,如液动力、黏性摩擦力、液压卡紧力等。其中,液动力数值最大,对系统的动态性能影响最大。

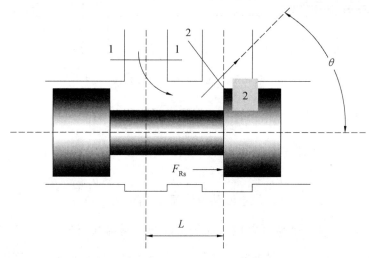

图 3.30　简化的阀芯受力原理图

在阀操作的过程中,液动力分为稳态液动力和瞬态液动力。稳态液动力指在定常流动下,液流速度的大小和方向随流道空间变化产生的力。瞬态液动力指在非定常流动的情况下,液流速度的大小和方向随时间变化产生的液动力。若圆柱滑阀的驱动力为 F_i,可以表示为

$$F_i = m_s \frac{d^2 x_v}{dt^2} + B_f \frac{dx_v}{dt} + K_f x_v + F_t \tag{3.21}$$

式中　F_i——圆柱滑阀的驱动力;

　　　m_s——阀芯的质量;

　　　B_f——阀芯的黏性阻尼系数,与速度成正比;

K_f——弹性力的刚度系数；

F_t——任意负载力。在研究液动力时,假定 $F_t=0$。

根据式(3.21),总的轴向液动力分为两部分,即 $F_R=F_{Rs}+F_{Rt}$,其中 F_{Rs} 为稳态液动力,F_{Rt} 为瞬态液动力。

阀芯流动受力分析图如图 3.31 所示,取阀芯内侧包含阀的进出口为控制体进行分析。根据动量定理,液体受力分为轴向和周向。假设稳态液动力为 F_j,所以阀体对控制体合力为 $-F_j$,因此,控制体水平方向分力为 $F_1=F_{Rs}=-F_j\cos\theta$。由于节流窗口沿着周向对称分布,故周向分力抵消,因此,$F_2=-F_j\sin\theta=0$。

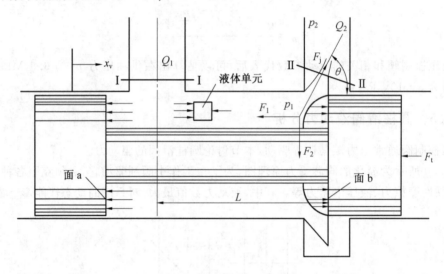

图 3.31 阀芯流动受力分析图

根据动量定理,$F_{Rs}=-F=-\rho Q v_2\cos\theta$,其中 $Q=Q_1=Q_2=C_d W x_v\sqrt{\dfrac{2}{\rho}(p_1-p_2)}$,$v_2=\dfrac{Q_2}{A_2}=\dfrac{Q_2}{C_c W x_v}$,$C_d$ 为断面收缩系数,$C_d=C_c C_v$。可以得到液动力的表达式:

$$F_{Rs}=-2C_d C_v W x_v(p_1-p_2)\cos\theta \tag{3.22}$$

式中 "$-$"号——F_{Rs} 与 x_v 反向,稳态液动力使阀口关闭。

一般情况下 $w\gg x_v$,故流动可以做二元假设。关于射流角,进一步研究表明,当 $\dfrac{x_v}{r_c}>20$ 时,$\theta=69°$,即 $\cos 69°=0.358$。另外取 $C_d=0.61$,$C_v=0.98$,$\Delta p=p_1-p_2$。则以上稳态液动力表达式变为 $F_{Rs}=-0.43W\Delta p x_v=K_f x$。可以看出,稳态液动力与节流窗口的面积梯度、阀口压力降和阀芯位移成正比。式中的负号表示稳态液动力指向窗口关闭的方向。由于稳态液动力大小与阀芯位移成正比,其作用与阀的对中弹簧的作用完全类似,故它是一种由液体引起的弹性力,弹性系数 $K_f=0.43W\Delta p$。

对于瞬态液动力的分析如图 3.31 所示,当阀芯以某一速度运动时,节流窗口面积发生变化,流量也发生变化,因此液体在环形腔内将做加(减)速运动。由于作用力和反作用力,液体将对阀芯产生力,即为瞬态液动力。根据牛顿第二定律可以得到瞬态液动力的表达式为

$$F'_{Rt}=ma=\rho LA\frac{\mathrm{d}(Q/A)}{\mathrm{d}t}=\rho L\frac{\mathrm{d}Q}{\mathrm{d}t} \tag{3.23}$$

式中　$Q = Q_1 = Q_2 = C_d W x_v \sqrt{\dfrac{2}{\rho}(p_1 - p_2)}$。

可以看出，流量随时间变化包含了速度和压力对时间的变化率，大量的实验已经证明，速度项更为重要并在瞬态液动力中起决定性作用，因此，由式（3.23）可以求出瞬态液动力 F_{Rt}，表达式如下：

$$F_{Rt} = -F'_{Rt} = -C_d W L \sqrt{2\rho\Delta p} \frac{dx_v}{dt} \tag{3.24}$$

瞬态液动力 F_{Rt} 相当于一个阻尼力，与 L 有关，负号表明 F_{Rt} 与液流加速度的方向相反，L 为正阻尼长度。反之，F_{Rt} 与液流加速度的方向一致，则 L 为负阻尼长度，起不稳定作用。一般情况下，阀是由几个串并联组合窗口组成的，为保证阀的稳定性必须使正阻尼长度之和大于负阻尼长度之和。

以上分析是基于零开口四通滑阀展开的，正开口滑阀的液动力比零开口滑阀的液动力大一倍，因此，正开口滑阀需要更大的驱动力。

3.6.6　圆柱滑阀的设计及主要参数

（1）圆柱滑阀结构形式的选择。

根据通道数目可以将圆柱滑阀分为三通滑阀和四通滑阀。三通滑阀只有一个轴向关键尺寸和一条负载通道，故结构简单，工艺性好，但其压力增益只有四通滑阀的一半，且必须与差动缸配合使用，故只在要求不高的伺服系统中使用，大多数情况下采用四通滑阀。对于阀芯凸肩数的选择，二凸肩阀受力不平衡，中间位置处于不稳定状态，四凸肩阀改善了密封和阀芯定心条件，但由于阀芯长导致加工困难。对于节流口的形式，圆口加工方便，但具有非线性，一般选择矩形窗口（对称）。除非特殊流量增益要求，一般情况下采用零开口形式，正开口形式一般用于高温且工作时间较长（保持油温）及恒流量伺服系统中。

（2）阀口最大过流面积 A_{vmax} 的确定。

设计阀口最大过流面积的出发点是需要 Q_0 和 p_L 能够满足负载工作的要求。在油源压力 p_s 已经确定的条件下，根据空载流量 Q_0 便可以通过 $Q_0 = C_d A_{vmax} \sqrt{\dfrac{p_s}{\rho}}$ 求出 A_{vmax}：

$$A_{vmax} = \frac{Q_0}{C_d \sqrt{\dfrac{p_s}{\rho}}} \tag{3.25}$$

（3）阀口最大位移 x_{vmax} 以及阀口宽度 W 的确定。

在阀口面积确定的条件下，阀口最大位移 x_{vmax} 以及阀口宽度 W 需要根据系统不同的需求进行逐一确定。对流量增益要求严格的首选 W，保证通流的顺利；对流量增益要求不严格的首选 x_{vmax}，提高阀的稳定性。一般来说，根据流量大致范围可以提供相应的 x_{vmax} 参考范围，表 3.2 为阀流量和开口的对应关系参考列表。

表 3.2　阀流量和开口的对应关系参考列表

阀流量 Q_L/(L·min^{-1})	阀口最大位移 x_{vmax}/mm
≤40	0.125～0.25
≤200	0.4～0.75
400～800	2.5～4

由于阀腔内流速快,压力损失大,需要避免流量饱和现象。另外阀芯颈部 d_r 的直径至少为 $0.5d$,以满足阀芯具有足够的强度。通道面积至少是阀口面积的 4 倍,即 $\frac{\pi}{4}(d^2 - d_r^2) > 4wx_{vmax}$,其中,$d_r = 0.5d$ 时,$x_{vmax} < 0.147\frac{d^2}{w}$,当使用全部周边开口时,这个条件很难满足。因为此时,根据面积梯度 $W = \pi d$,为了防止流量饱和现象,最大行程降为 $0.047d$,或者说是阀芯直径的 5%,这样的开口过小。因此,圆柱滑阀经常被设计成两个或者四个对称分布的矩形窗口来减小面积梯度值。

(4)其他尺寸。

一般来说,对于四通滑阀要求阀芯的总长度 $L \approx 2d$。总的阻尼长度约为 $2d$,并且一定要正阻尼长度不小于负阻尼长度,以保证运行的稳定性。

3.6.7　圆柱滑阀的功率与效率

在液压控制系统,尤其是阀控液压控制系统中,性能指标要求较高,如稳定性、快速性等,而液压控制阀的效率在伺服系统中是次要的。本节将针对四通滑阀液压控制系统进行功率和效率的分析。

在阀控液压系统中,控制阀利用阀口的节流作用对流量和压力进行调节,从而实现控制。负载的功率由负载压力和流量决定 $N_L = p_L Q_L$。输入功率由油源的压力和流量共同决定 $N_s = p_s Q_s$。

正位移的零开口阀,负载流量为

$$Q_L = C_d W x_v \sqrt{\frac{1}{\rho}(p_s - p_L)} \tag{3.26}$$

进而可以得到滑阀的功率为

$$N_L = p_L Q_L = C_d W x_v p_s \sqrt{\frac{p_s}{\rho}} \left(\frac{p_L}{p_s}\right) \sqrt{1 - \frac{p_L}{p_s}} \tag{3.27}$$

根据系统特性可知,当 $p_L = p_s$ 时,$N_L = 0$,此时执行机构停止不动;当 $p_L = 0$ 时,因负载不要求功率输出,$N_L = 0$。所以根据 N_L 的表达式(3.27),在 $p_L = p_s$ 和 $p_L = 0$ 两者之间必存在极值。

因此,对 N_L 求 p_L 的偏导数,可得 $\frac{\partial N_L}{\partial p_L} = C_d W x_v \left[\dfrac{\frac{1}{\rho}(2p_s - 3p_L)}{2\sqrt{\frac{1}{\rho}(p_s - p_L)}}\right]$,令其等于 0,可得

$p_L = \frac{2}{3}p_s$。也就是说,在负载压力为供油压力的 66.7% 时,功率达到极大值,即为 p_s。

图 3.32 给出了负载功率随负载压力变化的无因次曲线。

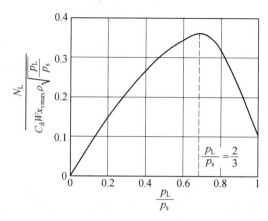

图 3.32　负载功率随负载压力变化的无因次曲线

由于实际工作过程的复杂压力经常变化，只有一段时间满足 $p_L=\dfrac{2}{3}p_s$，所以输出功率经常低于最大值。

系统的效率依据系统能源形式变化而变化。如果系统是将定量泵作为恒压油源，供油压力和流量不变，最小供油流量不能小于最大负载流量，此时的系统效率可以表示为

$$\eta=\frac{p_L Q_L}{p_s Q_s}\leqslant\frac{\dfrac{2}{3}p_s C_d W x_{vmax}\sqrt{\dfrac{1}{\rho}\left(p_s-\dfrac{2}{3}p_s\right)}}{p_s C_d W x_{vmax}\sqrt{\dfrac{p_s}{\rho}}}=38\%$$

该式表明，在定量泵和控制阀作为能源形式条件下，系统效率低于 38%。

如果采用变量泵作为恒压油源，可以将泵的流量控制为和负载流量相等，即 $Q_L=Q_s$，此时控制阀在最大输出功率时的效率最大可以达到

$$\eta=\frac{\dfrac{2}{3}p_s Q_s}{p_s Q_s}=66.7\%$$

从两种能源系统对比可以看出，节流型控制阀效率普遍低于变量泵系统。

3.7　电液伺服阀

电液伺服阀于 20 世纪 50 年代问世，可以将电气信号转变为液压信号，从而实现流量和压力的控制。由于独特的工作原理，其具有连接方便、传递信号快、适用于远距离控制、易于测量和校正等优点，结合输出动力大、惯性小等优点，其成为了液压控制系统的核心控制元件。电液控制系统主要由电气元件、电液伺服阀和液压执行元件构成，电液伺服阀内部组成结构原理及工作流程如图 3.33 所示。其中，电气元件作为系统的比较环节、放大环节、校正环节、反馈环节及信号检测环节，电液伺服阀将输入的小功率电信号转换成液压信号，并放大为大功率液压能传递给执行元件带动负载运动。

电液伺服阀内部按照所完成功能的不同分为三部分：力马达或力矩马达，完成电信号至力、力矩信号的转换；弹簧或弹簧管，完成力、力矩信号向位移信号的转换；圆柱滑阀完成位移

信号到液压信号的转换。图 3.33 展示了电液伺服阀的工作原理和所完成的信号转换。

图 3.33　电液伺服阀内部组成结构原理及工作流程

　　根据结构和形式,电液伺服阀可分为单级电液伺服阀和多级电液伺服阀。

　　单级电液伺服阀分为动铁式电液伺服阀和动圈式电液伺服阀。但是单级电液伺服阀定位刚度差,稳定性取决于负载,常用于小流量低压场合。

　　目前,液压系统多采用二级以上液压放大器。根据电液伺服阀的不同形式可分为直接反馈式电液伺服阀、弹簧对中式电液伺服阀、机械反馈式电液伺服阀和力反馈式两级电液伺服阀。

3.7.1　电液伺服阀的工作原理

　　图 3.34 所示为力反馈式两级电液伺服阀的工作原理图。当控制线圈无电流输入时,磁通 $\Phi_a = 0$,力矩马达无力矩输出,衔铁由弹簧管支撑,处于中间位置,$x_f = 0$(挡板位移),喷嘴挡板

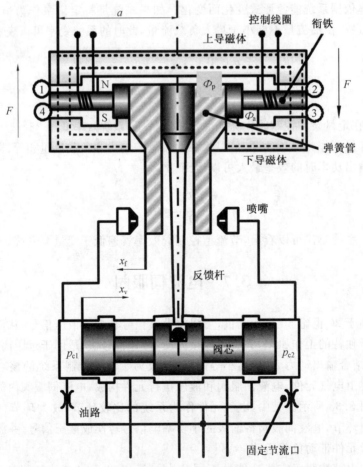

图 3.34　力反馈式两级电液伺服阀的工作原理图

阀的控制压力 $p_{cl}=0$，所以阀芯在反馈杆小球的约束下，处于中间位置。$x_v=0$，无流量输出。当有电流时，$\Phi_a \neq 0$（其大小方向决定于电流的大小和极性），衔铁受到顺时针方向的力矩。1、3 处磁通大于 2、4 处磁通，使衔铁产生顺时针的偏转角 θ，同时，带动挡板离开中位向左偏移，挡板左侧间隙减小，右侧间隙增大，使喷嘴挡板阀输出的控制压力 $p_{cl}=p_{c1}-p_{c2}>0$，阀芯向右移动，反馈杆产生弹性变形，对衔铁挡板组件施加一个逆时针的反力矩。当作用在衔铁组件上的磁力矩、弹簧管的反力矩、喷嘴挡板的反力矩达到平衡时，滑阀阀芯停止运动，x_v 与输入 i 成正比，如果此时 $i=0$，阀芯在反馈杆反力矩的作用下回到中位，伺服阀处于不工作状态，力反馈式伺服阀属于流量伺服阀。由上可知，输出级的 x_v 是通过反馈杆变形力反馈到衔铁上使诸力矩平衡，称为力反馈，由于利用两级液压放大器，故称为力反馈式两级伺服阀。另外，伺服阀也具有单级和三级的，三级伺服阀主要用于大流量场合。

3.7.2　力反馈式电液伺服阀

（1）永磁力矩马达。

永磁力矩马达由永久磁铁、衔铁、控制线圈、导磁体、弹簧管和非导磁体支架组成。永磁力矩马达的输入电流由电子伺服放大器给出。电子伺服放大器的输入端为电压信号，输出端为电流信号。该电流信号输入力矩马达，可以分为动铁式和动圈式。动铁式的惯量小，弹性管刚度大，频率高（15 倍），输出力大（7 倍），但是非线性强。

永磁力矩马达的传递函数方块图如图 3.35 所示。

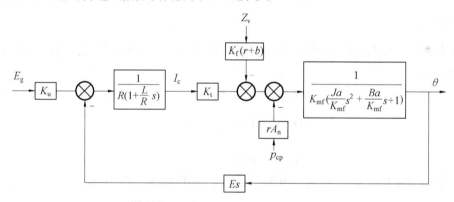

图 3.35　永磁力矩马达的传递函数方块图

（2）双喷嘴液压放大器。

双喷嘴液压放大器通常作为力反馈式伺服阀的前置级，属于机构液压转换装置，将 x_f 转换为 x_v。下面将通过方程进行分析并作方块图。

①流量方程。

$$Q_{Lp}=K_p x_f - K_{cp} p_{Lp} \tag{3.28}$$

②连续性方程。

$$Q_{Lp}=A_v \frac{dx_v}{dt}+C_{tc} p_{Lp}+\frac{V_{0p}}{2\beta}\frac{dp_{Lp}}{dt} \tag{3.29}$$

式中　A_v——阀芯端面积；

　　　　V_{0p}——位于中位时是一个腔的容积。

③力平衡方程。

$$p_{\text{Lp}}A_{\text{v}}=m_{\text{v}}\frac{\mathrm{d}^2x_{\text{v}}}{\mathrm{d}t^2}+B_{\text{v}}\frac{\mathrm{d}x_{\text{v}}}{\mathrm{d}t}+K_{\text{f}}[(r+b)\theta+x_{\text{v}}]+0.43(p_{\text{s}}-p_{\text{L}})x_{\text{v}}$$

方程中 p_{L} 及 x_{v} 均为变量,在 p_{L0} 处线性化可得

$$p_{\text{Lp}}A_{\text{v}}=m_{\text{v}}\frac{\mathrm{d}^2x_{\text{v}}}{\mathrm{d}t^2}+B_{\text{v}}\frac{\mathrm{d}x_{\text{v}}}{\mathrm{d}t}+K_{\text{f}}(r+b)\theta+K_{\text{f}}x_{\text{v}}+0.43Wp_{\text{s}}x-0.43Wp_{\text{L}}x_{\text{v0}} \qquad (3.30)$$

对式(3.28)、式(3.29)和式(3.30)取拉普拉斯变换(拉氏变换)。可画出双喷嘴液压放大器的方框图,如图 3.36 所示。

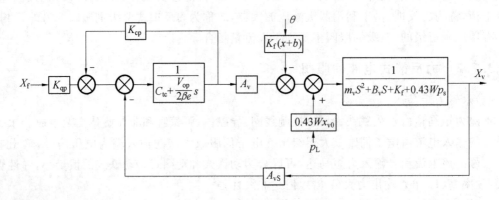

图 3.36 双喷嘴液压放大器的方框图

(3)阀控缸。

对于伺服阀中的执行机构,阀控缸以 $\overline{Y}$ 为输出,以 X_{v} 为输入的动态方程可以通过以下方程组来表示:

$$\begin{cases} Q_{\text{L}}=K_{\text{q}}X_{\text{v}}-K_{\text{c}}p_{\text{L}} \\ Q_{\text{L}}=As\overline{Y}+C_{\text{tc}}p_{\text{L}}+\dfrac{V_0}{4\beta_{\text{e}}}Sp_{\text{L}} \\ Asp_{\text{L}}=mS^2\overline{Y} \end{cases} \qquad (3.31)$$

对以上各式取拉氏变换,可画出滑阀—缸的方框图,如图 3.37 所示。

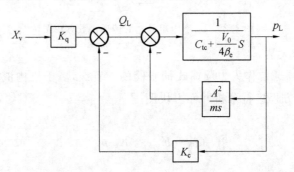

图 3.37 滑阀—缸的方框图

(4)力反馈式两级伺服阀的方块图。

根据以上分析的力反馈式两级伺服阀各部分的方块图和传递函数式(3.28)~(3.31),可

以得到伺服阀系统整体的方块图如图 3.38 所示。

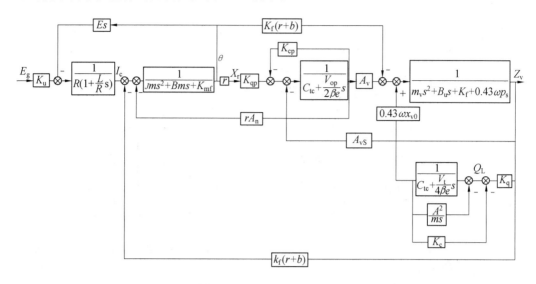

图 3.38　伺服阀系统整体的方块图

(5)力反馈式伺服阀传递函数。

根据力反馈式两级伺服阀的方块图,即图 3.38,可以得到力反馈式伺服阀传递函数为

$$\frac{X_{\mathrm{v}}}{I_{\mathrm{c}}}=\frac{\dfrac{K_{\mathrm{t}}}{(r+b)K_{\mathrm{f}}}}{\left(\dfrac{s}{K_{\mathrm{vf}}}+1\right)\left(\dfrac{s^2}{\omega_{\mathrm{mf}}^2}+\dfrac{2\xi_{\mathrm{mf}}}{\omega_{\mathrm{mf}}}+1\right)} \tag{3.32}$$

从传递函数可以看出:

①当液压控制系统的频率较低时,可看成惯性环节;

②当液压控制系统的频率较高时,可看成振荡环节。

工程上给出的伺服阀的传递函数可以简化成以下方程:

$$\frac{Q_0}{I}=\frac{K_{\mathrm{v}}}{\dfrac{s^2}{\omega_{\mathrm{v}}^2}+\dfrac{2\xi_{\mathrm{v}}}{\omega_{\mathrm{v}}}s+1}\text{ 或}\frac{Q_0}{I}=\frac{K_{\mathrm{v}}}{\dfrac{s}{\omega_{\mathrm{v}}}+1}$$

(6)动态分析。

分析可得,开环传递函数为

$$H_{\mathrm{v}}(s)=\frac{K_{\mathrm{vf}}}{s\left(\dfrac{s^2}{\omega_{\mathrm{mf}}^2}+\dfrac{2\xi_{\mathrm{mf}}}{\omega_{\mathrm{mf}}}s+1\right)}$$

根据开环传递函数,可以得到一般情况下的伺服阀频率特性,力反馈式伺服阀开环伯德图如图 3.39 所示。

(7)静特性。

稳态时,根据力反馈式伺服阀传递函数式(3.32)可得

$$Q_{\mathrm{L}}=C_{\mathrm{d}}W\frac{K_{\mathrm{f}}}{K_{\mathrm{f}}(r+b)}i_{\mathrm{c}}\sqrt{\frac{1}{\rho}(p_{\mathrm{s}}-p_{\mathrm{L}})} \tag{3.33}$$

可以画出在电流变化时力反馈式伺服阀的静态特性曲线,如图 3.40 所示。

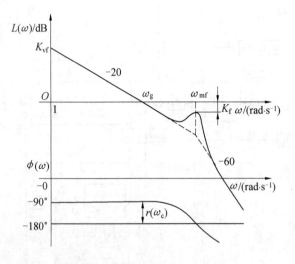

图 3.39　力反馈式伺服阀开环伯德图

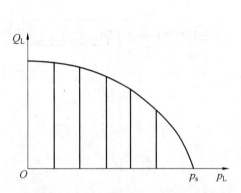

图 3.40　力反馈式伺服阀的静态特性曲线

(8)伺服阀的选择。

根据执行元件所需要的 Q_{Lmax} 及 p_{Lmax}，计算伺服阀的阀压降 Δp_v，再根据 Q_{Lmax}、Δp_v，计算伺服阀样本 Δp_{vs}、Q_{Ls}，最后按样本给出的 Δp_v、Q_{Ls}，确定伺服阀的规格。

①供油压力 $p_s = \dfrac{3}{2} p_{Lm}$。

②阀压降 $\Delta p_v = p_s - p_{Lm} = \dfrac{1}{3} p_s$。

③根据样本的 Δp_{vs} 及 Q_{Lm}、Δp_v 计算 Q_{Ls}，$Q_{Ls} = Q_{Lm} \sqrt{\dfrac{\Delta p_{vs}}{\Delta p_v}}$。

④选定伺服阀的电流 i_{cm}，根据 i_{cm}、Δp_{vs} 及 Q_{Ls} 查伺服阀型号。

(9)伺服阀使用注意事项。

①油管采用冷拔钢管或不锈钢管，管接头处不能用黏合剂。通常高压管流速小于 3 m/s，回油管流速小于 1.5 m/s，油管必须进行酸洗、中和及纯化处理，并用干净空气吹干。

②油管安装完后，在安装伺服阀前，对油路进行冲洗。

③油箱注入新油时，要加 5 μm 的过滤器。

④伺服阀入口设置 5～10 μm 的过滤器。

思考与练习

3.1　按照阀控制的用途对液压控制阀进行分类。

3.2　简述溢流阀的性能指标并重点解释启、闭特性。

3.3　直动型溢流阀与先导型溢流阀的区别在哪里？

3.4　说明调速阀的定差减压阀与前述的定差减压阀有什么区别。

3.5　流量阀的节流口为什么需要采用薄壁大水力半径的孔而不是细长孔？最小稳定流量又是什么？

3.6　对于控制阀来说，"位"和"通"的概念如何解释？

3.7　请简述喷嘴挡板阀的优点。

3.8　在液压控制阀的一般性分析中,三系数的物理意义是什么?

3.9　在液动力分析中,阻尼长度如何定义? 又如何影响系统的稳定性?

3.10　在电液伺服阀中,为什么经常采用喷嘴挡板阀作为第一级液压放大装置?

3.11　图 3.41 所示为某一夹紧回路,左侧溢流阀调定压力为 $p_1 = 4$ MPa,右侧减压阀的调定压力为 $p_2 = 2$ MPa,请计算:(1)在负载为 0 的时候,活塞运动过程中 A、B 两点的压力值;(2)在夹紧工件后,活塞停止运动,此时 A、B 两点的压力值又为多少?

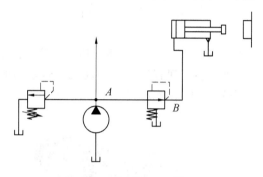

图 3.41　题 3.11 图

3.12　如图 3.42 所示的回路,两腔面积 $A_1 = 100$ cm²,$A_2 = 50$ cm²,调速阀最小压差 0.5 MPa,试求:(1)溢流阀调定压力;(2)当 $F = 0$ 时,回油腔压力 p_2 是多少?

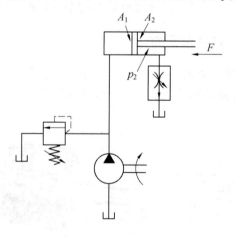

图 3.42　题 3.12 图

第4章 液压缸及液压系统辅件

4.1 液 压 缸

本书第2章讲述了一种液压执行机构——液压马达。本节将介绍另一种液压系统的执行机构,可以把液体压力转换成机械能实现直线往复运动或回转运动的装置——液压缸。由于液压缸结构简单、制造容易、布置方便,在液压系统中广泛应用。图4.1所示为最普通的单作用液压缸实物外形图。

图 4.1　单作用液压缸实物外形图

4.1.1　双作用单活塞杆液压缸

图 4.2 所示为双作用单活塞液压缸的结构原理图。缸筒固定,进、回油口位于缸筒的两侧,通过通入压力油实现油缸活塞的往复运动。液压缸的实物剖视图如图 4.3 所示。

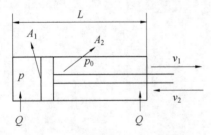

图 4.2　双作用单活塞液压缸的结构原理图

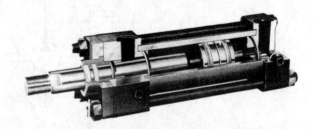

图 4.3　液压缸的实物剖视图

液压缸的特点是占用空间范围小,因为受力面积不等,即 $A_1 \neq A_2$,所以运动速度不同,长度上占有空间为 $2L$。

左侧通入高压油时,右侧回油,活塞速度 $v_1 = \dfrac{Q\eta_V}{A_1}$;

右侧通入高压油时,左侧回油,活塞速度 $v_2 = \dfrac{Q\eta_V}{A_2}$,其中 η_V 为液压缸的容积效率。

由于左右行进速度的不同,可以实现慢速供进,快速退回。

由于活塞杆受压,要有足够的刚度,可以通过活塞的受力分析得出正、反向运动的推力:

$$F = (pA_1 - p_0 A_2)\eta_m \quad (正向)$$
$$F = (pA_2 - p_0 A_1)\eta_m \quad (反向)$$

式中　η_m——液压缸的机械效率。

4.1.2　双作用双活塞杆液压缸

　　同样是双作用的液压缸,如果活塞两侧都有液压杆,则为双作用双活塞杆液压缸,其结构原理图如图 4.4 所示。缸筒固定,进、回油口位于缸筒的两侧,通过通入压力油实现油缸活塞的往复运动。由于活塞两侧受力面积相同,故此向左、向右运动过程中速度和受力相等:

$$v_1 = \frac{Q\eta_V}{A} = \frac{4Q\eta_V}{\pi(D^2 - d^2)} \quad (4.1)$$

$$F = \frac{\pi}{4}(D^2 - d^2)(p - p_0)\eta_m \quad (4.2)$$

　　该液压缸的特点是正、反向运动速度相同,推力相同,长度占有空间约为 $3L$。

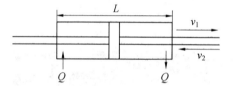

图 4.4　双作用双活塞杆液压缸结构原理图

4.1.3　增压式液压缸

　　增压式液压缸又称增压器,利用活塞和柱塞的有效面积的不同使液压系统中的局部产生高压。增压式液压缸结构原理图如图 4.5 所示,它是由活塞和柱塞缸组成的。活塞侧的直径为 D,柱塞缸侧的直径为 d。当左侧输入压力为 p_1 的液压油时,柱塞缸输出液体压力为

$$\begin{cases} p_2 = \dfrac{D^2}{d^2} p_1 \eta_m \\[2mm] Q_2 = \dfrac{d^2}{D^2} Q_1 \eta_V \end{cases} \quad (4.3)$$

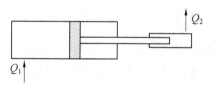

图 4.5　增压式液压缸结构原理图

4.1.4　伸缩式液压缸

　　伸缩式液压缸由两个或者多个活塞套装而成,前一级的活塞杆是后一级缸的缸筒。伸缩式液压缸结构原理简图如图 4.6 所示。

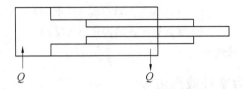

图 4.6　伸缩式液压缸结构原理简图

伸缩式液压缸的特点列举如下。

(1)停止工作时,长度较小,工作时行程较长。

(2)套筒逐渐伸出时,因有效工作面积逐次减小,速度加快,负载恒定时,油压逐渐升高。

(3)开始伸出前,活塞面积最大,油压上升至 p_1 时,克服第一级先伸出至顶端,油压上升至 p_2 时,第二级伸出,伸出顺序从大到小。

伸缩式液压缸伸出速度由慢变快,相应的液压推力由大变小,适合各种自动装卸机械对推力和速度的要求;缩回的顺序一般是由小到大依次缩回,完全缩回时轴向占用空间小,结构紧凑。伸缩式液压缸常用于工程机械和其他行走机械,如起重机、翻斗汽车等的液压系统中。伸缩式液压缸应用场景实物图如图 4.7 所示。

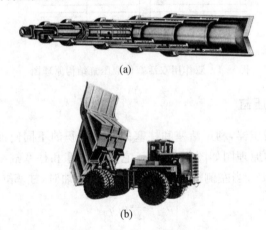

(a)

(b)

图 4.7　伸缩式液压缸应用场景实物图

4.1.5　液压缸的辅助装置

液压缸在安装过程中或者停车时间太长,重新启动后,缸内和管道可能会渗入空气,并且在液压缸运行过程中缸内压力变化以及泄漏等影响下,会在液压缸内产生一定量的气体,使执行元件产生爬行、噪声和发热。一般在液压缸两段盖的上端安装排气装置,液压缸三种典型的排气装置结构如图 4.8 所示。

利用空气密度小的特点,经常将排气口放置在液压缸上侧,要注意油口尽量不要布置在液压缸上侧,以免发生漏油的现象。

液压缸作为实现往复运动的执行元件,在活塞或缸筒运动到接近两端终点时,将运动部件和缸盖之间的油液封住,使油液通过小孔或狭缝流出,从而产生阻力,防止活塞与缸盖、缸底发生机械碰撞,缓冲装置是必须设立的液压缸辅助装置,液压缸两端典型的缓冲装置结构图如图 4.9 所示,理想的缓冲装置应在整个缓冲过程中保持缓冲压力恒定,但是实际的装置很难做到。

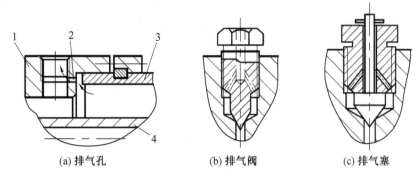

(a) 排气孔   (b) 排气阀   (c) 排气塞

图 4.8   液压缸三种典型的排气装置结构

1—缸盖;2—放气小孔;3—缸筒;4—活塞杆

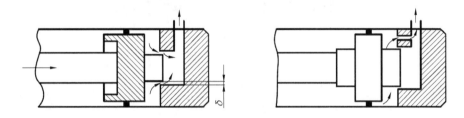

图 4.9   液压缸两端典型的缓冲装置结构图

液压缸的密封也是液压缸重要的组成部分,用于活塞与缸体、端盖与缸体之间,防止液压缸的内部、外部泄漏,常见结构如下。

(1)间隙密封。

间隙密封是指依靠活塞和缸体之间的微小间隙进行密封。它的优点是结构简单、耐高温;缺点是密封性能不好,容易产生泄漏,多用于工作压力低、缸体直径较小的液压缸。液压缸的间隙密封结构图如图 4.10 所示。为了增加密封性能,通常在活塞的间隙密封处开几条平行的沉割槽(0.3 mm×0.5 mm),这样可以使液体的径向力平衡,增大局部阻力,起到自动对中的作用。

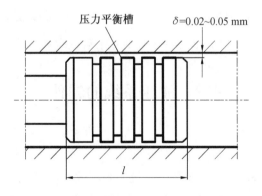

图 4.10   液压缸的间隙密封结构图

(2)活塞环和 O 形密封。

活塞环和 O 形密封的原理图如图 4.11 所示,由青铜或高级铸铁材料铸造的活塞环靠其弹力与缸体的壁面紧密贴合形成密封。但是加工和安装较为复杂,现多用 O 形密封圈取代活塞环进行 O 形密封。在压力高时,要在 O 形密封双侧安装挡圈,防止变形,做到密封。

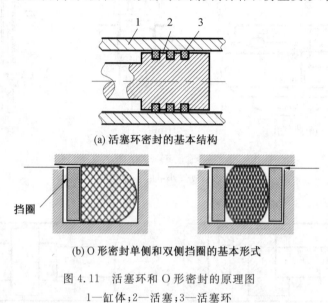

(a) 活塞环密封的基本结构

(b) O 形密封单侧和双侧挡圈的基本形式

图 4.11　活塞环和 O 形密封的原理图
1—缸体;2—活塞;3—活塞环

(3)新型密封件。

随着液压技术和材料科学的发展,一些新型的密封逐渐涌入市场,它们提高了密封的可靠性、运动精度和综合性能。如图 4.12(a)中的星形密封(X 形密封),它有 4 个唇口,在往复运动的时候不会翻转和扭曲,接触应力小,分布均匀,因此在动、静密封中很常用。另外,图4.12(b)所示的 Zucron—L 形密封也是新型密封,它利用高性能聚氨酯作为制造材料,使密封与介质达到更好的相容性和综合性能。

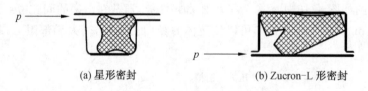

(a) 星形密封　　　　　　　　(b) Zucron-L 形密封

图 4.12　两种新型的密封结构示意图

4.2　液压系统的辅件

4.2.1　密封件

漏油是液压系统中经常发生的,既降低系统的容积效率,又污染环境,要靠密封件来密封,密封过紧时,虽能防止漏油,但动密封会引起很大的摩擦损失,降低机械效率,寿命降低,因此,松紧要适当,保证总效率最高。理想情况下,密封装置应该完成以下功能。

(1)在既定的压力和温度变化范围内,具有良好的密封性能。

(2)密封装置和运动件之间的摩擦力要尽量小,并且摩擦系数需要恒定。

(3)需要有较强的抗腐蚀性,不容易老化。

液压系统中最常用的密封件是 O 形密封圈。当压力超过一定限度时,采用密封挡圈,保证 O 形密封圈不被挤出,挡圈材料常用聚四氟乙烯、尼龙等。这种密封的优点是:结构简单、可靠、体积小、动摩擦阻力小、安装方便、价格便宜;缺点是:启动摩擦阻力大,高速时会漏油,且寿命短。此外还有 Y 形、U 形等密封圈及 J 形骨架密封等。

4.2.2　油管、管接头

在液压系统中,油管和管接头的作用是将液压元件有序地连接起来,以保证液压油的循环流动,进而完成高压到低压的转换。因此,要求油管在油液传输过程中无泄漏、强度高、有良好的密封、压力损失小且拆装方便。

油管的种类有多种,包括橡胶软管、有缝钢管、无缝钢管、耐油塑料管、尼龙管等。需要根据压力、工作需求和各部件的相对位置关系来进行选择。常用的两种油管列举如下。

(1)橡胶软管。橡胶软管最显著的特性是可以用于有相对运动的部件之间的连接,进而吸收液压系统的振动,装配也很方便。但是橡胶软管寿命短,相对成本较高。高压橡胶软管内有钢丝缠绕,可以承受的最高压力为 35~40 MPa;低压软管由内夹帆布的耐油橡胶制造,可以承受 1.5 MPa 的压力,多使用在低压场合。

(2)无缝钢管。无缝钢管在装配后可以长时间保持既定形状,所以广泛应用于高压场合。无缝钢管又分为冷拔钢管和热轧钢管两种。冷拔钢管的外形尺寸精确、质地均匀、强度高,一般多采用 10 号或 15 号冷拔钢管。

(3)耐油塑料管。耐油塑料管由于耐压性能较差,只能用于一些回油管或者泄漏油管路,压力尽量控制在 0.5 MPa 以内。

(4)尼龙管。尼龙管抗腐蚀、耐油性好、耐碱性、耐磨性好,可以承受比橡胶管高 10 倍的压力,可用于中低压油路,目前一些尼龙管的使用压力可以达到 8 MPa。可将其用于汽车的压力制动、动力转向、制动管道、变速箱控制等系统。

选定了油管的类型后,需要对油管进行合理布置,在允许的情况下,尽量选取短、直、大半径的油管,尽量平行布置,少交叉,另外悬伸部分需要支撑。

管接头是油管之间、油管与液压元件之间的可拆卸连接件。应满足易拆装、连接牢固、压力损失小等要求。鉴于繁多的种类和规格,可以查阅技术手册进行选型。常见的有焊接管接头、卡套式管接头。近年来,快速接头也广泛地应用于液压传动系统。

4.2.3　油箱

油箱按照是否与大气相通可分为开式油箱、隔离式油箱和压力式油箱。

(1)开式油箱。

开式油箱的结构示意图如图 4.13 所示。它一般由钢板焊接组成,直接与大气相通,液面高度为油箱高度的 3/4。

①保持液压系统的温度。由于液压系统的容积和机械损失(η_v,η_m)转变为热能,油箱需要保持散热量与发热量的平衡。

②油箱的容积选择。保证设备停止运转时,系统的油液在自重作用下全部流回油箱。油箱的有效容积(液面高度为 80% 油箱高度)通常要大于泵每分钟流量的 3~6 倍。

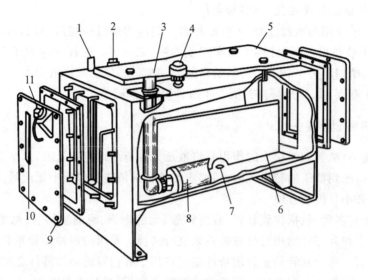

图 4.13　开式油箱的结构示意图

1—回油口；2—泄漏油管；3—泵吸油管；4—空气滤清器；

5—安装台；6—隔板；7—放油孔；8—粗滤器；9—清除用侧板；

10—油面计；11—注油口

③吸油管和进油管要尽量远离，吸油和回油两侧之间需要用隔板分隔，用以增大油箱内油液的循环距离，这样可以释放油液中的气泡，使杂质沉淀。

(2)隔离式(闭式)油箱。

一些特定的场合，不希望现场的污染物混入油液，所以需要将油液与外界隔离，不与大气相接触，避免尘埃混入油液。带挠性隔离器的油箱示意图如图4.14所示，利用挠性隔离器，配合着进、出气口，完成隔离器的膨胀与收缩，从而保持液面上的压力为大气压，进而完成油箱的输油和回油。

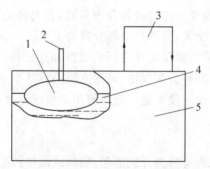

图 4.14　带挠性隔离器的油箱示意图

1—挠性隔离器；2—进、出气口；3—液压；4—液面；5—油箱

(3)压力式油箱。

当泵吸油能力差时采用压力式油箱。压力式油箱结构示意图如图4.15所示。将油箱封闭，并通过减压阀通入过滤的压缩空气，即成为压力式油箱。压力式油箱的压力不宜过高，以免混入过多空气，一般 0.05～0.07 MPa 为宜。

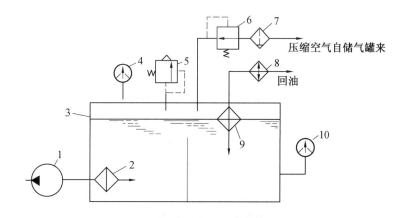

图 4.15　压力式油箱结构示意图

1—液压泵;2—粗滤油器;3—压力式油箱;4—压力表;5—安全阀;
6—减压阀;7—分水滤气器;8—冷却器;9—精滤油器;10—温度计

4.2.4　滤油器、冷却器、加热器

液压油作为液压传动的工作介质,其质量的好坏对液压元件的性能和使用寿命有着重大影响。本节重点介绍如何保持液压油的清洁,以及如何保证液压油正常的工作温度。

(1)滤油器。

在液压系统中,会在初始系统中滞留铁屑、焊渣、铸砂等。外界通过加油口进入系统的灰尘、工作过程中的杂质如运动副摩擦的金属粉尘以及油液在高温下产生的胶状物质和沥青质等,使得液压油被这些物质污染。根据实际生产进行统计,有 75% 以上的故障是因为液压油的污染造成。因此,保持液压油的清洁对于液压系统是非常必要的。利用油箱进行沉淀,可以去除大部分的颗粒物杂质,其余更小粒径的颗粒需要用各种滤油器来进行分离和滤除。因此,滤油器是液压系统必不可少的辅助元件。

一般滤油器由滤芯和壳体组成,由滤芯上的无数微小间隙或小孔构成油液的流通通道。因此,选择滤油器时,应考虑油液中杂质的颗粒尺寸。与此同时,也要考虑滤油器能否满足液压系统对过滤能力的要求,即在一定的压差条件下,允许通过滤油器的最大流量。还需要考虑滤油器能承受的机械强度,以保证在一定的压力下工作而不受到破坏。

滤油器按精度可以分为以下四种。

①粗滤,杂质颗粒直径大于 0.4 mm。

②普通,杂质颗粒直径大于 0.1 mm。

③精滤,杂质颗粒直径大于 0.005 mm。

④特精,杂质颗粒直径大于 0.001 mm。

滤油器的图形符号如图 4.16 所示。

也可以将滤油器按滤芯结构进行如下分类。

①网式(金属网)滤油器。网式滤油器的过滤精度取决于铜丝网层数,即网孔大小,常安装在泵的吸油管上。

②线隙式滤油器。线隙式滤油器的滤芯由缠绕在滤芯支架上的一层金属线组成,依靠金属线之间的小间隙进行滤油,常用在低压管道中,需配合泵的流量进行选型,应大于泵的流量。

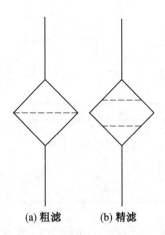

(a) 粗滤　　　(b) 精滤

图 4.16　滤油器的图形符号

③纸式滤油器(微孔滤纸)。纸式滤油器的原理与线隙式的原理相同,但是滤芯则选取为平纹或波纹的酚醛树脂芯,过滤精度高,常用于精过滤。

④磁性滤油器。磁性滤油器的滤芯由永磁铁制成,它可以利用磁力吸附油液中的铁粉、铁屑以及磁性材料。磁性滤油器经常与其他滤油器配合形成复合式滤油器。

⑤烧结式(青铜粉末)滤油器。烧结式(青铜粉末)滤油器的滤芯由金属粉末烧结而成,它可以利用金属颗粒间的微孔挡住杂质通过。改变金属粉末颗粒的大小就可以制成不同过滤精度的滤芯。

滤油器的安装位置需根据实际需求进行选择,一般分为以下三种。

①安装在进油管。如图 4.17(a)所示,将滤油器安装在泵的吸油口和油箱之间,主要用来保护液压泵,但是液压泵产生的污染物仍会进入系统,因此需要滤油器有较大的通油能力和较小的液阻。所以一般选用精度较低的网式滤油器并保证通油能力为泵的 2 倍。

②安装在压油管。针对液压泵出口也有可能产生污染物的问题,将滤油器安装在液压泵

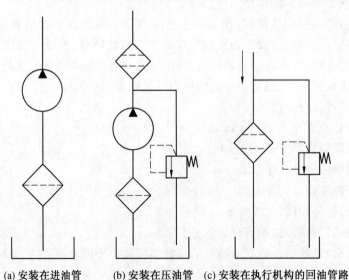

(a) 安装在进油管　　(b) 安装在压油管　　(c) 安装在执行机构的回油管路

图 4.17　滤油器的几种典型安装位置

出口,如图 4.17(b)所示。需要滤油器可以承受油路的工作压力和冲击压力。为了防止滤油器堵塞时液压泵过载,压力油旁路应并联一个溢流阀作为安全阀。

③安装在执行机构的回油管路。如图 4.17(c)所示,将滤油器安装在回油管路,可以滤掉由执行元件磨损后生成的金属屑和橡胶颗粒。由于滤油器后端接油箱,所以可以允许滤油器有较高的压降,进而可以提高滤油器的过滤精度。滤油器的旁路需要安装溢流阀,以防止系统过载。

(2)冷却器和加热器。

系统温升较高时,油箱的散热不能满足系统需求时,应当在系统中安装冷却器。冷却器按照冷却方式可以分为水冷和风冷两种方式。图 4.18 所示为水冷冷却器的结构原理图和图形符号。冷却器要有足够的散热面积,以保证温度可以控制,且冷却器的流动损失要小。冷却器一般安装在回油管路或者低压管路中,需要时也可安装在液压泵的回油口处,构成独立的冷却回路。

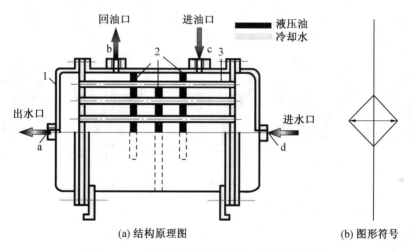

(a) 结构原理图　　　　　　　(b) 图形符号

图 4.18　水冷冷却器的结构原理图和图形符号
1—水通道;2—油流道;3—冷却管道

对于需要油液温度保持恒定的液压系统或某些装备,应在设备启动时使油液达到一定温度,故此,将常用的加热器直接装在油箱中。图 4.19 所示为加热器的结构原理和图形符号。

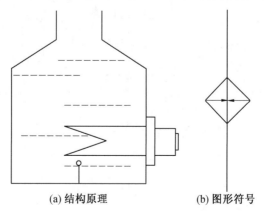

(a) 结构原理　　　　　(b) 图形符号

图 4.19　加热器的结构原理和图形符号

4.2.5　蓄能器

蓄能器是液压系统中的能量储存装置,可将系统中的能量储存起来,并在需要时重新释放。图 4.20 所示为皮囊式蓄能器的 5 个典型工作过程,它们利用气体的膨胀和压缩来储存、释放压力能,其中图 4.20(a)所示过程,上端充气阀打开将高压气体注入皮囊内部;图 4.20(b)所示过程,下端菌形进油阀开启,高压油进入吸能器,由于皮囊的隔离,气体与液体分离;图 4.20(c)所示过程为过渡状态,等待系统指令;图 4.20(d)所示过程需要释放能量,下端菌形进油阀开启,高压油在高压气体的作用下流出蓄能器回到图 4.20(e)所示初始状态。

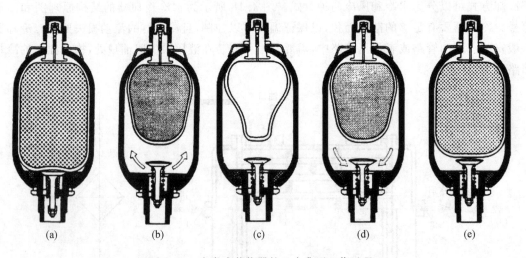

图 4.20　皮囊式蓄能器的 5 个典型工作过程

蓄能器的主要用途包括以下几点。

①蓄能器作为辅助动力源。液压机冲模过程需要快速工进并且慢进保压。图 4.21 所示

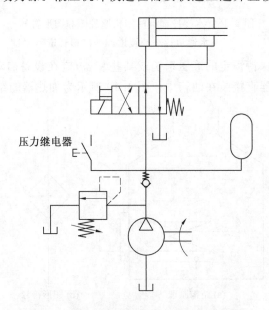

图 4.21　蓄能器作为辅助动力源工作的原理图

为蓄能器作为辅助动力源工作的原理图。针对速度不同、要求流量不一样的情况,不用流量 Q 的大小来选择液压泵。当速度低、流量小时,多余压力油进入蓄能器;需要流量大时,蓄能器放油,满足控制元件的需要。当慢进或保压时,一部分油进入蓄能器,压力油被储存起来;当冲模向工件移动或加工完时,蓄能器和泵同时供油,使液压缸快速运动。

　　压力继电器的作用是:当蓄能器储满,压力达到一定数值时,触点断开,关闭电机和泵,蓄能器向控制元件供油;当压力低于某一值时,泵投入运行。

　　②蓄能器作为应急动力源。某些系统要求当液压泵发生故障时,执行元件必须继续完成相应的任务。例如有些系统为了安全起见,必须将液压缸的活塞杆缩进缸体中,类似的场合需要蓄能器作为应急的动力源来使用。

　　蓄能器作为紧急动力源的液压系统如图 4.22 所示。当泵正常工作时,蓄能器不工作,存储压力;当电源切断或者泵停止工作时,蓄能器将储存的压力油放出,由于右侧单向阀的存在,所有存储动力通过左侧单向阀供给执行元件,完成相应动作。这样可以避免因突发动力源切断情况下系统的卡死,防止出现故障和危险。

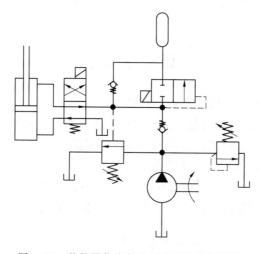

图 4.22　蓄能器作为紧急动力源的液压系统

　　③吸收压力脉动与液压冲击。如果液压系统的动力源选择柱塞数目较少的柱塞泵时,管路内流动会产生压力的波动。在液系统中添加蓄能器能够使液体流速变化率减小,冲击压力得到缓冲,可以吸收与减小压力脉动。用蓄能器吸收系统中压力脉动的系统如图 4.23 所示,在动力源和负载之间并联了蓄能器,可起到降低压力脉动的作用。

　　④保压及补偿泄漏。在某些液压系统中,为了使执行元件在某一个位置长时间不动,需要压力保持恒定的系统来实现。图 4.24 为蓄能器用于保压及补偿泄漏的系统,它可利用蓄能来保持压力并补充泄漏。

　　当蓄能器达到一定压力之前时,泵运转;当达到夹紧力时,顺序阀打开,二通阀接通,泵通过溢流阀卸荷,蓄能器保压及补偿泄漏;当泄漏多时,压力过低,顺序阀关闭,切断溢流阀遥控口使溢流阀关闭,泵重新供油,压力恢复到要求的数值。

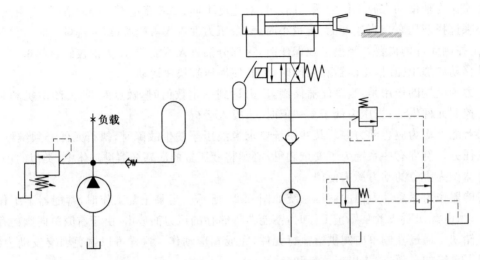

图 4.23　用蓄能器吸收系统中压力脉动的系统　　图 4.24　蓄能器用于保压及补偿泄漏的系统

思考与练习

4.1　油箱分为几种？各自的应用场合有哪些？

4.2　通常情况下,滤油器的安装位置有哪些？各自的特点如何？

4.3　蓄能器如何吸收管路的液压冲击？应该如何安装？

4.4　如图 4.25 所示,已知液压缸活塞直径 $D=100$ mm,活塞杆直径 $d=70$ mm,进入液压缸的油液流量 $q_V=4\times10^{-3}$ m³/s,进油压力 $p_1=2$ MPa,回油背压 $p_2=0.2$ MPa。试计算图 4.25中(a)、(b)、(c)三种情况的运动速度大小、方向及最大推力。

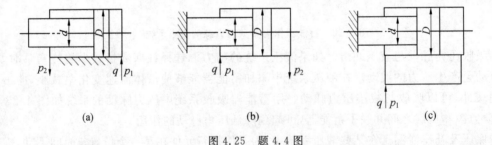

(a)　　　　　　　　　(b)　　　　　　　　　(c)

图 4.25　题 4.4 图

第5章 液压传动系统

机械设备所具有的液压传动系统不论如何复杂,都是由基本回路组成的。例如,用于控制系统中压力的调压回路,控制执行元件运动速度的调速回路等。本章将在回路的基本构成、工作原理和应用场合方面进行展开,通过结合具体的回路案例,分析控制元件、动力元件和执行元件,掌握回路的基本知识。

5.1 液压传动系统的分类

5.1.1 开式系统与闭式系统

根据液压传动系统的吸油和回油方式,可以将其分为开式系统与闭式系统。开式系统的泵自油箱吸油,回油流回油箱。闭式系统中泵的进、出口与液压马达进、出口分别用管道相连,形成一个闭合回路。

图5.1所示为开式系统的系统原理图,其为典型的开式系统,特点为结构简单,油液在油箱可很好地散热、冷却及沉淀杂质,因此需要较大容积的油箱,不能吸收惯性能。

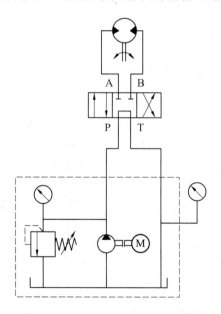

图5.1 开式系统的系统原理图

当换向阀由左位移至中位时,负开口的换向阀会使液压传动系统产生压力冲击,即液压马达由于惯性转为泵工况,B边的油压高于A边。当负载的惯性较大时,将会产生压力冲击,故必须在A、B边设置双向溢流阀,限制管内制动油压力,消除油压冲击。故开式系统不能回收外负载运动的惯性能量,消耗在制动阀的节流发热中。在重力下降系统中,当出现外负载对系统做功时,液压马达呈泵工况。为防止外负载超速下降,必须在回油管上设置能产生背压的元件,从而引起能耗和发热。

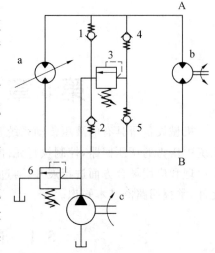

对于闭式系统,操纵泵的变量机构可改变液流的方向,即可以使液压马达正反转。图5.2所示为闭式系统的回路图。阀1~5组成双向安全阀,防止A/B管中油压超过溢流阀3的调定值;为了补充系统的泄漏量,需设置一个较小的补油泵,其工作压力由溢流阀6调定;双向液压马达b所需背压高;泵c的流量应略高于系统的泄漏量。闭式系统的特点:结构复杂,一个油源一般只能为一个执行机构供油,并用双向变量泵调速和换向;与油液交换的油量仅为系统的泄漏量,故油液温升较快,但所需油箱体积小,背压油直接流入泵入口,降低泵对自吸性的要求。

图 5.2　闭式系统的回路图
1,2,4,5—单向阀;3,6—溢流阀

总结而言,开式系统用于功率较小的机构。闭式系统用于外负载惯性较大且换向频繁及结构紧凑的机构,如汽车、舵机等系统。

5.1.2　独立式系统和组合式系统

根据液压系统向执行机构供油的数量可将其分为独立式系统和组合式系统。独立式系统只向一个执行机构供油,如闭式系统即为独立式系统。组合式系统向两个或两个以上的执行机构供油。

5.1.3　并联系统和串联系统

图5.3所示为并联系统原理结构图,液压泵同时驱动两个并联的液压缸,负载变化会引起速度变化,一般适用于负载变化较小或速度要求不严格的场合。

图5.4所示为串联系统原理结构图,后一个执行机构的输入流量等于前一个执行机构的输出流量,运动速度基本不随外负载而变,各执行机构同时动作,互不干扰。

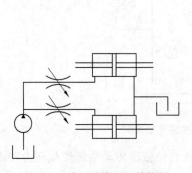

图 5.3　并联系统原理结构图

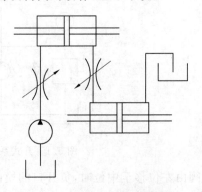

图 5.4　串联系统原理结构图

通过对比两种不同的系统可知,在相同的条件下,串联系统压力大,并联系统流量大。

另外,系统还包括独联系统:每一个换向阀的进油腔与其前面的换向阀中位相通,而各换向阀的回油腔与总回油腔相通。

5.1.4　单泵系统和多泵系统

根据系统中动力源的数量即泵的数量可以对系统进行分类。单泵系统常用于功率较小,工作不频繁,外负载较小的场合。图 5.5 所示为典型双泵系统回路图,采用一个主泵,另一个是辅助泵,用来补充泄漏及冷却。轻载快进时,两泵同时工作;重载慢进时,高压小流量泵工作降低油温,提高系统的刚度。

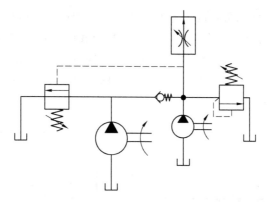

图 5.5　典型双泵系统回路图

为了实现不同的供油流量进而实现不同的速度,也可以利用双泵实现三速供油回路,其回路图如图 5.6 所示,液压泵 1 和液压泵 4 的流量分别为 Q_1 和 Q_2,分别通过单向阀 3 和单向阀 6 连接至调速阀,至负载。当系统需要大流量快速工进时,两个泵同时运行,二位二通阀 2 和二位二通阀 5 均处于下工位,此时,负载流量 $Q=Q_1+Q_2$。如果将二位二通阀 2 调至上工位,液压泵 1 溢流,此时液压泵 4 供油,至系统的油流量为 Q_2;相反,如果二位二通阀 5 处于上工位,则只有液压泵 1 供油,至系统流量为 Q_1。因此,可以利用两个液压泵实现三种流量方式的

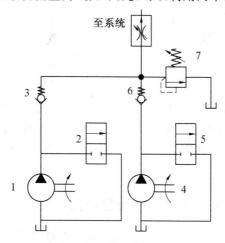

图 5.6　双泵三速供油回路图

1,4—液压泵;2,5—二位二通阀;3,6—单向阀;7—溢流阀

供油。同理,如果是三个液压泵,则可以实现 7 种不同流量方式的供油。

5.2　速度换接回路

通常某机械设备工作时,在不同阶段需要不同的执行速度。速度换接回路的作用就是使液压执行机构在一个工作循环内,切换不同的速度。

5.2.1　利用差动缸实现的快速回路

图 5.7 所示为利用差动缸实现的快速回路图,利用有杆腔和无杆腔之间的面积差来达到正、反向运动的速度差。液压泵将高压油通过二位二通阀送至液压缸,由于液压缸为非对称差动缸,故在液压泵流量一定时,向左运动的速度要快于其向右运动的速度,进而完成快速工进的过程。这种回路可以选择流量较小的液压泵,因其效率较高,故得到了广泛的应用。

除此之外,还可利用重物的自重来实现快速回路,如图 5.8 所示,利用重物作为额外的负载,实现快速下落这一动作。

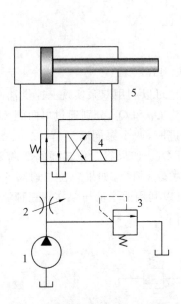

图 5.7　差动缸实现的快速回路图
1—液压泵;2—节流阀;3—溢流阀;4—二位二通阀;5—液压缸

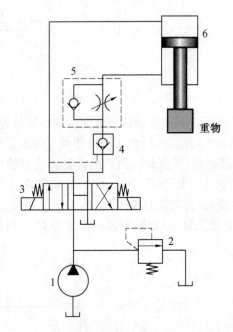

图 5.8　利用重物的自重来实现快速回路
1—液压泵;2—溢流阀;3—三位四通阀;4—液控单向阀;5—单向节流阀;6—液压缸

5.2.2　利用行程开关实现减速的液压回路

为了实现减速,应限制供给执行元件的流量,或者在排油侧增加阻力。可由行程开关或节流阀、减速阀实现减速。图 5.9 所示为利用行程开关实现减速的液压回路。在液压缸向右运动,缸杆顶部运动到行程开关时,行程开关改变工位,此时回油通过节流阀产生压降,流回油箱,由于压降产生了阻力进而使液压缸杆减速运动。将图中的行程开关换为节流阀或减速阀即为利用阀来减速的液压回路。

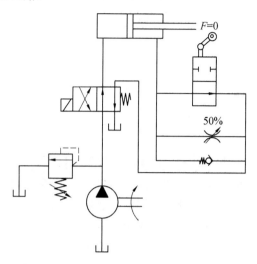

图 5.9　利用行程开关实现减速的液压回路

5.3　调速回路

在功能众多的液压传动系统中,可以实现功率传递的调速回路占有非常重要的地位。调速回路可以通过预先的设计或工作过程中的自动调节来改变执行机构的运行速度。从本质上来说,调速回路调节系统的功率特性决定着系统的动力,所以调速回路的特性基本决定了它所在液压传动系统的特性。

5.3.1　调速回路概述

在液压传动系统中,执行元件一般为液压缸和液压马达。在一般性的分析中,不考虑液压油的压缩性和执行元件的泄漏,液压缸的运动速度和流量有以下关系:

$$v = \frac{q}{A} \tag{5.1}$$

式中　q——流入液压缸的流量;

　　　A——液压缸的活塞有效工作面积。

根据上式可知,如果想要改变液压缸的运动速度,一方面可以改变流量,另一方面也可以改变有效工作面积。而对于液压缸已经选定的液压传动系统而言,改变面积通常是十分困难的,因此,通常的方式是改变流量 q。

对于调速回路,一般情况下,随着负载的增大,执行元件的速度会降低,影响的程度常用速度刚度来表示。图 5.10 所示为典型调速回路中执行元件的速度－负载特性曲线。

定义速度刚度为负载变化对速度变化的影响,即

$$k_v = -\frac{\partial F}{\partial v} = -\frac{1}{\tan \alpha} \tag{5.2}$$

从图 5.10 中可以发现,速度刚度即为速度－负载特性曲线上一点的斜率的倒数,也就是

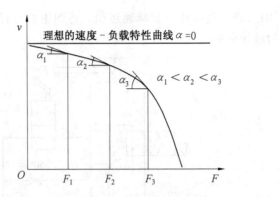

图 5.10　典型调速回路中执行元件的速度－负载特性曲线

说,在负载特性曲线上的斜率越小,速度刚度越大,即机械特性越硬,在负载变化时,速度所受的影响越小,运动越平稳。针对后续分析的回路,速度刚度也是重要的性能指标。

为了改变进入执行元件的流量,可以采用定量泵和溢流阀构成的恒压油源与流量控制阀串联来实现流量的改变,也可以采用变量泵直接改变流量。

根据调速方式的不同,调速回路可以分为节流调速回路、容积调速回路和容积节流调速回路三类。节流调整回路通过阀来控制,通过节流口面积的改变来控制流量进行调速;容积调速回路通过泵控即变量泵来控制流量进行调整;也可以采用容积和节流混合的方式来实现调速。本书将以节流调速回路为主做讲解。

5.3.2　进口节流调速回路

用定量泵和节流阀以及执行元件组成的调速回路为节流调速回路。根据节流阀在油路中安装位置的不同,节流调速回路可以分为进口、出口节流调速回路和旁路节流调速回路。

图 5.11 所示为进口节流调速回路图,该回路将节流阀放在定量泵的出口和执行元件(液压缸)之间,定量泵输出的油液一部分通过节流阀进入液压缸,剩余部分的油液经过溢流阀回流至油箱。由于此时溢流阀处于工作状态,定量泵出口压力恒定。可通过调节节流阀的通流面积,改变进入液压缸的流量,达到调速的目的。

图 5.12 所示为进口节流调速回路的速度－负载特性曲线。三条曲线分别为节流阀在三个不同开度条件下的特性曲线。可以看出在节流阀通流面积一定时,在负载大的区域,$\alpha_1 >$ α'_1,曲线较陡,速度刚性差;在相同负载的工况下,节流阀通流面积越大,即 $\alpha_1 > \alpha_2 > \alpha_3$,速度刚度随着开口变大而逐渐减小。最后负载特性曲线汇聚于横坐标一点,该点的负载力达到最大,这说明速度调节并不会改变液压系统既定的最大承载能力 $F_{max} = pA$,即泵出口压力和调速阀开口的乘积。在该点,液压缸体停止运动,速度和压差都为 0。根据速度刚度的表达式,可以得到 $k_v = -\dfrac{\partial F}{\partial v} = \dfrac{pA - F}{vm}$,其中 m 为节流系数,在 0.5~1 之间。由该式可知,提高系统压力或增大液压缸工作面积都可以提高系统的速度刚度,并且可知系统在小负载或低速运动时,速度刚度大,稳定性好。

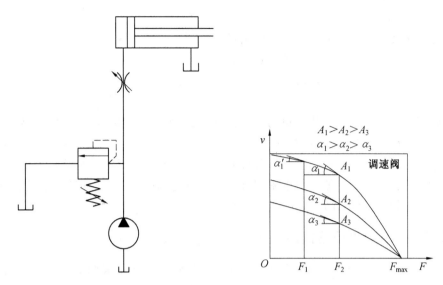

图 5.11　进口节流调速回路图　　图 5.12　进口节流调速回路的速度－负载特性曲线

5.3.3　出口节流调速回路

图 5.13 所示为出口节流调速回路,其将节流阀放置在液压缸的出口和油箱之间。调节节流阀的通油量可以控制流出液压缸的油液量,进而控制流入液压缸的油液量。定量泵多余的流量进入溢流阀回油箱。与进口节流调速回路的区别在于,由于液压缸后有节流阀的作用,相当于在回油路上提供了一定的背压,因此可以承受负载。出口节流回油腔压力较高,降低密封性能。如果系统停留时间较长,液压缸回油腔中将泄漏掉部分油液,形成真空。在重新启动时,液压泵流量全部进入液压缸,使得活塞前冲,产生误动作,但是出口节流调速的油温低,因为在流经节流阀油液发热后,将直接进入油箱冷却。

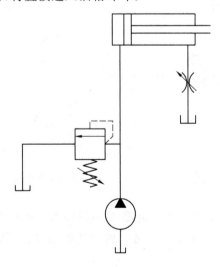

图 5.13　出口节流调速回路

出口节流调速回路和进口节流调速回路的速度－负载特性曲线一致,所以对进口节流调速回路的分析和曲线对出口节流调速回路一样适用。虽然流量特性和功率特性一致,但是两者之间存在着以下几点不同。

（1）可以承受的负载能力不同。由于出口节流调速回路在液压缸回油侧安装了节流阀，相当于产生了背压，进而提高了运行的平稳性。

（2）出口节流调速回路中，节流产生的热量直接由油液带回油箱，而进口节流调速回路则将热量带给了液压缸。

（3）调速性能不同。假设执行机构为单杆液压缸，则在一定的压力作用下，无杆腔的流量大于有杆腔的流量。在液压缸结构和行进速度都一致的情况下，进口节流调速回路的节流阀开口较大，低速时不宜堵塞，因此，进口节流调速回路更适合应用于低速运动工况。

为了提升回路性能，一般情况下采用进口节流调速回路，并且在回路安装背压阀，可在一定程度上起到回路节流的作用。

5.3.4　旁路节流调速回路

图 5.14 所示为旁路节流调速回路，该回路节流阀在旁路用来调节液压泵流回油箱的流量，从而控制进入液压缸的流量。它可通过改变节流阀的阀口大小来实现调速。在这里，溢流阀起安全阀的作用，调定压力为回路最大压力的 $1.1\sim1.2$ 倍。旁路节流调速回路适合用于高速、大负载的场合，并且要求负载变化不大，且对速度稳定性要求不高的场合，与前述两种调速回路不同，故而应用受到限制。

图 5.15 所示为旁路节流调速回路的速度—负载特性曲线。通过图中三条不同节流阀开口面积的曲线可以看出，随着节流面积的逐渐增大，最大承载力由 F_3 减小到 F_1，所以可以说旁路节流调速回路的低速承载能力很差，调速范围较前两者也要小一些。另外，当节流面积一定时，随着负载的增加，速度下降的速率较前两种方法快，因此速度稳定性较差；而在高速重载区域，速度刚度较好，这与前两种回路也恰恰相反。

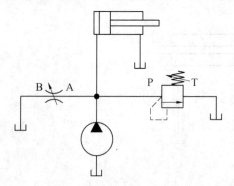

图 5.14　旁路节流调速回路

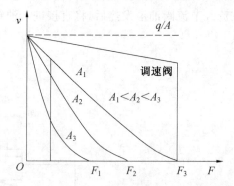

图 5.15　旁路节流调速回路的速度—负载特性曲线

这种回路只有节流损失而没有溢流损失，泵的出口压力随着负载的变化而变化，所以这种回路的效率较前两种回路高。因其在高速重载时速度刚度大，所以用于牛头刨床等大功率系统。

5.4　压力控制回路

　　压力控制回路是控制液压系统整体或者某一部分的压力,以使执行元件获得所需要的动力的回路。压力控制回路包括调压、减压、卸荷、保压、平衡等回路。根据控制方式,可以将压力控制回路分为直接控制(如压力阀)、压力补偿变量泵和次级压力控制(压力达到预定值时,有动作开关元件(顺序阀、卸荷阀等))。

5.4.1　单级调压回路

　　调压回路主要是应用溢流阀使得系统压力满足要求。通常情况下,液压泵的供油可以通过溢流阀来调定。在变量泵系统中,可以用溢流阀来限制变量泵的最高压力,溢流阀起到安全阀的作用,可防止系统过载。

　　(1)单级调压回路溢流阀调压。

　　图 5.16 所示为单级调压回路。定量泵、溢流阀和节流阀共同构成了单级调压回路。节流阀调节定量泵进入液压缸的流量,同时当系统压力达到溢流阀调定压力值时,多余的流量由溢流阀溢流回油箱,与此同时,溢流阀还起到了稳定压力的作用。该回路由溢流阀定压,不同溢流量时,压力调定值有波动。

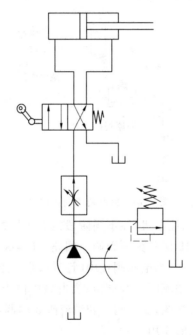

图 5.16　单级调压回路

　　(2)变量泵调压。

　　当采用限压变量泵时,分流最高压力由泵调节,其值为泵无流量时所输出的压力值;当采用恒压泵时,无泄漏损失。图 5.17 所示为限压变量泵调压回路。

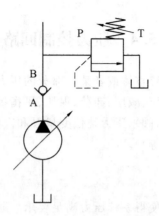

图 5.17　限压变量泵调压回路图

5.4.2　多级调压回路

图 5.18 所示为典型两级调压回路。当二位二通阀不通电时,上侧支路闭死,液压泵出口压力由溢流阀 1 调定。当电磁阀调至上位工作,该支路导通,液压泵至系统的油压由溢流阀 2 调定。但是需要注意的是,溢流阀 2 的调定压力需要小于溢流阀 1 的调定压力,否则,无论电磁阀在哪个工位,压力都由溢流阀 1 确定。

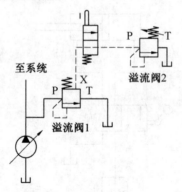

图 5.18　典型两级调压回路

在某些应用领域如压力机和注塑机,在不同阶段需要不同的压力。此种情况可以由多级调压回路进行调压实现。图 5.19 所示为三级调压回路,和两级调压回路的原理一样,其可通过三位四通阀来控制调定的压力。当电磁阀在中间工位,系统压力由溢流阀 1 来调定;当电磁阀位于左侧工位时,系统压力由溢流阀 2 来调定;当电磁阀位于右侧工位时,系统压力由溢流阀 3 来调定。与此同时,也需要注意,溢流阀 2 和溢流阀 3 的调定压力都需要低于溢流阀 1 的调定压力,否则起不到多级调压的作用。

图 5.20 所示为恒压变量泵调压－过载保护回路。正常工作时候,变量泵的流量随执行元件需要变化,没有多余的溢流油,溢流阀关闭。系统过载或故障时,溢流阀溢流,保障了系统安全。

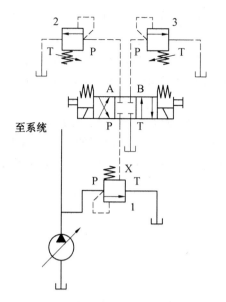

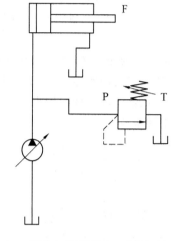

图 5.19 三级调压回路 图 5.20 恒压变量泵调压-过载保护回路

5.4.3 减压回路

在液压系统的某些分支管路上如果实现夹紧、定位、润滑和控制等过程,需要稳定的低压油源,只需要在该支路上串联一个减压阀即可。

图 5.21 所示为单级减压回路图。图中单向阀用于防止主回路压力低于支路压力时的油液倒流,能够短时间地封住支路压力。为了保证系统可靠地工作,减压阀的最小调定方式应该大于 0.5 MPa,最高调定压力比主回路压力低 0.5 MPa。

图 5.22 所示为多级减压回路图。通过二位二通电磁阀的控制来实现远程控制阀的通断,进而实现回路减压。

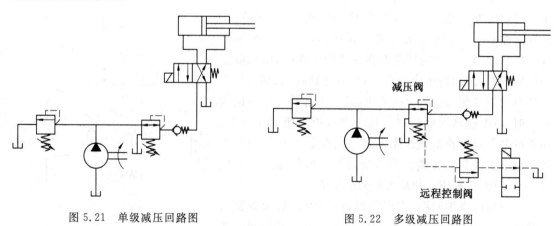

图 5.21 单级减压回路图 图 5.22 多级减压回路图

5.4.4 卸荷回路

液压系统在实际运行过程中,油源一旦启动,一般情况下不进行频繁的停机,因为会造成功率损失并且缩短油源的寿命。在这种情况下,如果需要的压力油流量减少,为了减少压力损失,就需要卸荷回路让液压泵卸荷,即液压泵依然旋转,但是其消耗的能量很少,输出压力很低的压力油直接流回油箱。

可以使用换向阀来卸荷,卸荷回路图如图 5.23 所示。当系统中换向阀处于中位时,油源的出口直接连接油箱,压力油卸荷。当然,在泵的出口并联一个两位两通的换向阀也可以实现卸荷作用。

图 5.24 所示为先导式溢流阀卸荷回路图。需要卸荷时,将二位二通阀(常闭)通电,此时溢流阀远程遥控口与油箱连通,则主阀上腔直接通油箱,由于溢流阀的开启压力很低,这时液压泵输出的液压油将以很低的压力开启溢流阀的溢流口并全部流回油箱,实现了液压泵的卸荷,此时溢流阀全开。

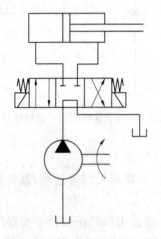

图 5.23　卸荷回路图

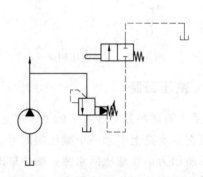

图 5.24　先导式溢流阀卸荷回路图

5.4.5　保压回路

对于压力机、注塑机等机械,在液压缸行程行至终点时,需要让系统在一定时间内保持一定的稳定压力。此时需要保压回路来实现,在保压阶段,液压缸静止,一般用蓄能器进行保压,保压回路图如图5.25所示。当三位四通换向阀在左工位工作时,液压缸运动压紧工件,进油路压力升高,当压力达到调定值时,压力继电器发信号使二位二通阀通电,液压泵卸荷。当单向阀关闭时,由蓄能器给液压缸保压。当液压缸压力不足时,压力继电器复位使液压泵重新向系统供油。保压的时间则取决于蓄能器的容量。调节压力继电器的通断调节区间,即调节液压缸压力的最大值和最小值。

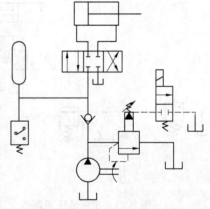

图 5.25　保压回路图

对于高压保压回路,在保压时,由于液压缸和管路的弹性变形以及油液自身的压缩性,也会储存一部分弹性势能。此时在保压完成后,如果压力释放过快,则会使系统产生冲击、振动和噪声。因此对于高压保压系统,保压过程结束后,还需要慢慢地卸荷,在系统设计时值得重视。

5.4.6　平衡回路

图 5.26 所示为平衡回路图。利用单向顺序阀的平衡回路可以防止垂直或倾斜放置的液压缸在工作时因其自重作用而自行下落。利用单向顺序阀中的顺序阀锁紧回油路可以防止液压缸自行下落。平衡回路的工作原理是：当液压泵供高压时，单向顺序阀打开，重物在液压缸下端的高压作用下向上运动；当重物突然下降时，只要单向顺序阀的调定压力大于因液压缸自重等在下腔造成的压力时，就可以将液压缸锁住，进而保证了下降重物的安全。

另一种平衡回路是利用单向节流阀和液控单向阀进行平衡的回路，如图 5.27 所示。当液压缸上腔进油，活塞向下运动时，液压缸下腔回流经单向节流阀产生背压，活塞运动较平稳。当液压泵停止供油或三位四通阀处于中位时，液控单向阀将回油路锁紧，能将液压缸锁住静止，平衡效果好。

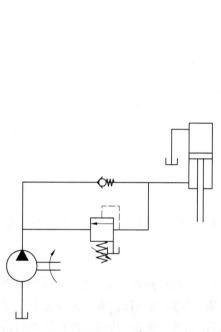
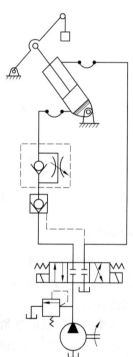

图 5.26　平衡回路图　　　图 5.27　利用单向节流阀和液控单向阀进行平衡的回路

两种方式相比较，从消耗功率的角度上来说，单向顺序阀消耗较大，故利用单向节流阀和液控单向阀进行平衡的回路较为节能。但是从运动平稳性上来说，液控单向阀在活塞下落过程中会因控制油失压而时开时关，导致利用单向节流阀和液控单向阀进行平衡的活塞下降得断断续续。因此，一般情况下会在回油路上串联一个单向节流阀，使回路产生一定的背压，保证运动的稳定性。

5.5　方向控制回路

方向控制回路可控制油路油液的通断或改变油液方向，能满足执行元件的启动、停止及改变运动方向的要求。

5.5.1　方向切换回路

图 5.28 所示为方向切换回路。二位二通电磁阀在图 5.28 所示工位时,液压缸左侧通高压油,在压力差的作用下,液压缸向右运动。当二位二通电磁阀通电动作时,液压缸右侧通高压油,液压缸向左运动,完成运动方向的切换。

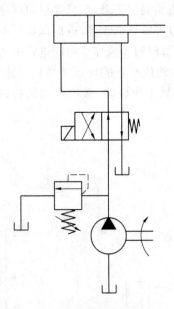

图 5.28　方向切换回路

5.5.2　锁紧回路

在某些场合,需要将回路锁紧,以使液压缸在任意位置可以稳定地停留,并且不会在外力的作用下发生窜动。锁紧方式可以利用单向阀或液控单向阀。

(1)利用单向阀锁紧。

图 5.29 所示为单向阀控制的锁紧回路。当二位二通电磁阀在左侧工位时,由于重物自身重力的作用,下腔压力升高,但是主油路的单向阀锁紧,油液不能回流,所以重物被锁定在某一位置。这种回路简单,但是由于换向阀滑阀环形间隙存在较大泄漏,其保持静止位置的精度不够高,所以一般用于锁紧要求不高或者需要短时间锁紧的回路。

(2)利用液控单向阀锁紧。

图 5.30 所示为液控单向阀控制的锁紧回路。当换向阀处于左、右位置时,两个液控单向阀分别由另一路高压油控制打开来实现液压缸左右运动。当需要对液压缸进行锁紧时,只需要把换向阀调至中位,此时液压泵可以卸荷。两个液控单向阀的控制油均来自油箱,因此两个液控单向阀关闭时,液压缸两腔封闭,进而被锁住。由于液控单向阀密封性能好,泄漏量极少,锁紧精度高,因此又称为双向液压锁,在工程机械设备和起重运输设备中广泛应用。

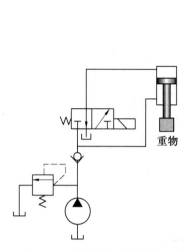

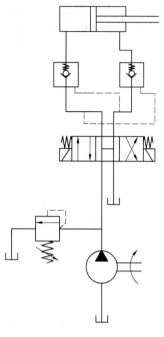

图 5.29　单向阀控制的锁紧回路　　　　图 5.30　液控单向阀控制的锁紧回路

5.6　其他基本回路

5.6.1　顺序动作回路

在一个液压系统中,通常有多个执行元件,需要按照不同的动作要求按顺序进行。例如在液压加工机床中,需要定位、夹紧、加工、退刀一系列工作。

首先介绍利用压力控制的顺序动作回路,如图 5.31 所示。所谓压力控制,就是利用液压系统在工作中的压力变化来控制某些液压元件动作,来达到控制元件的运动顺序。当换向阀处于左侧工位时,液压泵的高压油进入左侧液压缸的左腔,推动液压缸向右运动,此时,由于顺序阀有一定的开启压力,故此,需要在左侧液压缸运动到右侧终点时,压力升高,开启顺序阀,右侧液压缸的左腔可以连通进入高压油,使得活塞杆向右运动。这种顺序变化是依靠油路的压力来实现的,通常需要设定顺序阀的开启压力高于前一个动作 0.8~1 MPa,如果压力差太低,油路的压力波动将会影响顺序阀,造成误动作。因此,这种顺序回路一般用于控制数目较少并且负载波动不大的场合。

为了避免压力脉动带来的误动作,利用电磁阀替代前述的顺序阀来控制运动顺序。图 5.32所示为利用行程阀实现顺序动作的回路图。目前两个液压缸的液压杆都处于左侧位置。当左侧电磁阀不通电时,左侧液压缸向右运动,此时右侧液压缸电磁阀通电,液压缸保持在左侧静止。当左侧液压杆运行到右侧时,将右侧电磁阀通电,则右侧液压缸也向右运动至液压缸最右端。此时接通左侧电磁阀,左侧液压缸向左运动,到达终点后,右侧电磁阀不通电,液压缸向左运动,回到初始状态。至此,通过两个电磁阀的通断来驱动两个液压缸按照顺序运动。这种控制相对简单、准确,可以任意改变液压缸的顺序,因而应用广泛。

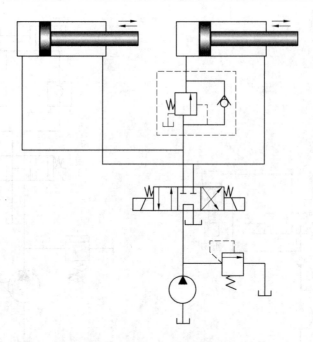

图 5.31　利用压力控制的顺序动作回路

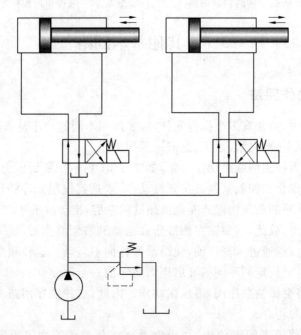

图 5.32　利用行程阀实现顺序动作的回路图

5.6.2　同步回路

同步回路是指在液压系统中要求两个或多个液压执行元件以相同的位移或相同的速度同步运行。在同步回路设计中,由于执行元件所受载荷不均衡,摩擦阻力也不相同,泄漏量也有差别,都会影响同步的精度。同步回路在设计时应当尽量减少外部因素带来的累计误差,满足同步精度要求。图 5.33 所示为通过机械连接结构来实现同步回路。但是这样的连接方式在负载相差大的时候容易卡死,并且制造和安装的难度也高,工作可靠性差。

图 5.34 所示为利用容积控制的同步回路。左侧液压缸的右侧和右侧液压缸的左侧相连,利用左侧液压缸的出油来驱动右侧液压缸,只要两个液压缸的活塞面积相同,则运动速度相同,即实现同步。

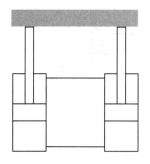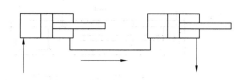

图 5.33　机械连接结构来实现同步回路　　图 5.34　利用容积控制的同步回路

图 5.35 所示为两个调速阀分别控制执行机构的回路。用两个调速阀分别连接在两液压缸的一侧,用调速阀来调节两个液压缸的运动速度,可以实现同步运动。与此同时,这种方式由于调速阀在一定程度上起到了背压的作用,所以调整好的速度不易轻易受到负载波动的干扰。这种方法虽然简单,但是由于调速阀的性质不能完全一样,同时也会受到负载波动和泄漏的影响,同步精度不会很高,效率较低,调节起来较为麻烦。

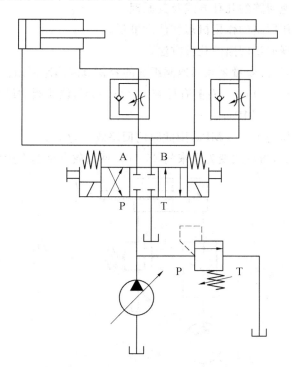

图 5.35　两个调速阀分别控制执行机构的回路

为了提升同步的精度,可以采用同步缸驱动液压缸实现同步过程的回路,如图 5.36 所示。两个同步缸的进(回)油口由同步缸的两个腔来供油。这种回路的同步精度取决于同步缸的制造精度和密封性,一般为 $1\% \sim 2\%$ 的同步精度。正因为对精度的要求,这种同步液压缸一般不宜过大,所以这种回路一般适用于小流量的应用场景。

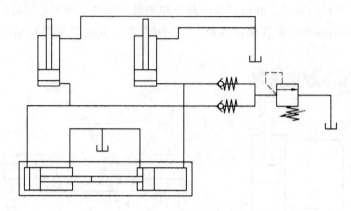

图 5.36　同步缸驱动液压缸实现同步过程的回路

思考与练习

5.1　什么是节流调速回路?有几种形式?

5.2　什么是开式回路?有何特点?

5.3　阐述实现快速回路的几种方式及其原理。

5.4　简述多级调压回路的作用机理和注意事项。

5.5　简述能够实现同步回路的几种方法。

5.6　图 5.37 所示为由变量泵和调速阀组成的容积节流调速回路。已知液压缸活塞两侧的面积为左侧无杆腔 $A_1 = 60 \text{ cm}^2$,右侧有杆腔 $A_2 = 30 \text{ cm}^2$,调速阀的最小压差为 0.6 MPa,液压缸背压阀的调定压力 0.5 MPa,试求:

(1)如果此时泵的压力为 2.5 MPa,则此时的回路效率为多少?

(2)如果泵流量不变,当负载变为原来的 25% 时,回路效率又为多少?

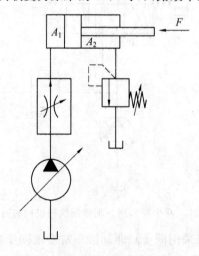

图 5.37　题 5.6 图

5.7　图 5.38 所示的平衡回路,液压缸活塞两侧的面积分别为 $A_1 = 50\ cm^2$, $A_2 = 25\ cm^2$, 重物和活塞共同的质量为 $G = 4\ 000\ N$,运动时活塞受到的摩擦力为 $F_1 = 1\ 500\ N$,求顺序阀和溢流阀各自的调定压力。

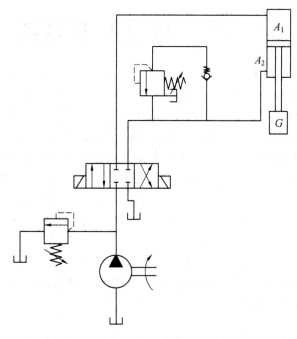

图 5.38　题 5.7 图

第6章 液压控制系统

液压控制是新发展起来的一门学科,它既是液压技术领域的重要分支,也是自动控制技术的重要组成部分。近30年来,许多工业部门和技术领域对高响应、高精度、高功率-质量比和大功率液压控制系统的需求不断扩大,促使液压控制技术迅速发展。特别是控制理论在液压系统中的应用,计算机、电子技术与液压技术的结合,使这门技术不论在元件和系统方面,还是在理论与应用方面都日趋完善和成熟。第二次世界大战时,由于军事上的需要,出现了飞机阻力机液压伺服控制系统,火炮、雷达天线伺服控制系统等。1950年,单喷嘴挡板阀出现,迅速推动了伺服控制的发展,进而在20世纪50年代到60年代,电液伺服控制系统由于响应速度快、低速运行平稳等优点被广泛应用。近几年来,随着对高精度、高响应、大功率伺服系统的需求,伺服控制系统及相关理论迅速发展,并伴随机电伺服控制系统在一些元器件性能上的突破,其应用范围得到了进一步的拓宽,且已经渗透到各行各业,目前液压技术已经在许多部门得到广泛应用,例如冶金、机械等工业部门,飞机、船舶等交通部门,航天、航空、航海高新技术以及近代科学实验、模拟仿真等。

6.1 液压控制系统的工作原理

前几章针对液压传动系统进行了详细的分析,本节将对液压传动系统和液压控制系统进行详细的对比。

图6.1所示为液压传动系统的节流调速系统。当电磁铁b通电时,液压油经单向阀进入活塞杆侧,活塞向左快速运动,其速度由液压泵的流量决定;当电磁铁a通电时,活塞向右运

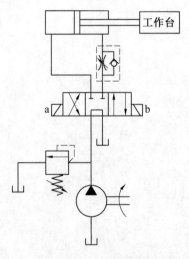

图6.1 液压传动系统的节流调速系统

动,回油流量受调速阀控制,改变阀的开度即可调节活塞的速度。调速阀具有压力补偿或温度补偿作用,但它不能补偿液压缸和单向阀等元件的内泄漏,所以当负载增加时,因漏损增加会使系统的速度减慢。

图 6.2 所示为带电液伺服阀的调速系统。若负载不变,电液伺服阀的输出流量正比于输入电流,方向则取决于电流的极性。通过改变电控信号的大小和极性,很容易实现速度调节。但一般伺服阀没有压力补偿作用,在变动负载作用下,它的性能比一般调速阀还差,当负载力、摩擦力和温度变化时,系统的速度随之改变。

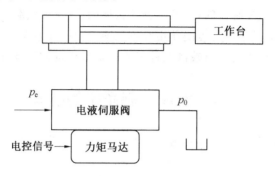

图 6.2　带电液伺服阀的调速系统

图 6.3 所示为电液闭环速度控制系统。它是在图 6.2 的基础上增加两个元件构成的,一个是反馈传感器即测速电机,它产生正比于实际速度的反馈电压;另一个是功率放大器,它把输入信号与反馈信号的差值即偏差信号放大并输给电液伺服阀。

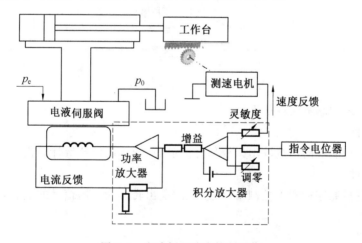

图 6.3　电液闭环速度控制系统

系统在输入信号作用下的调节过程如下:当输入电压调高时,偏差信号增大,电液伺服阀的输入电流增加,该阀开口增大,电液伺服阀输出流量增加,工作台增速。这时,测速电机的反馈电压也相应增加,使偏差信号减小,直到反馈电压与输入电压相接近为止。这时,工作台的速度便增大到与输入电压相适应的数值。若工作台要求速度降低,只需将输入电压调低,工作过程相反。总之,通过调节输入信号的大小和极性就可以实现无级连续地控制负载速度的目的。

以电液闭环速度控制系统为例,系统在负载扰动作用下的调节过程如下:假如外负载力增加,因内泄漏增大,使工作台速度减慢,测速电机输出电压降低,偏差信号增大。同样使电液伺服阀的输入电流增加,开口增大,通过增大电液伺服阀流量来控制工作台速度重新达到给定值;反之,若负载减小,调节过程相反。

比较以上三个系统可见,前面两个系统不能对被控制量进行检测,没有反馈作用,当控制结果与希望值不一致时,无修正能力,故称为开环系统。图 6.3 所示的系统引入反馈回路,即用反馈传感器检测被控制量,并与输入量进行比较得出偏差信号,再用偏差信号控制系统向着减小偏差信号的方向运动,最后使偏差信号保持在尽可能小的范围内,从而实现被控制量按输入信号的给定规律变化的控制目的,并且不管什么样的干扰(外负载力、温度等)使被控制量的实际值偏离希望值时,通过系统的控制作用都可以消除偏差或限制在所要求的精度以内,该系统称为反馈控制系统。包含有液压控制元件和液压执行机构的系统称为液压控制系统。

6.2　液压控制系统的组成

液压控制系统不管多么复杂,都是由一些基本元件组成的,并可用图 6.4 所示的液压控制系统组成原理图表示。

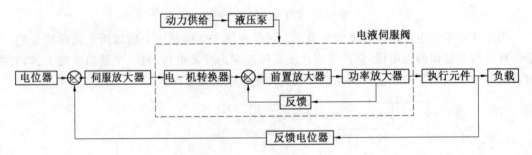

图 6.4　液压控制系统组成原理图

液压控制系统的基本元件如下。

(1)指令元件。

指令元件是指能够向系统发出指令信号的装置(指令电位器等计算机及电器装置)。

(2)反馈元件。

反馈元件是指能够检测被控制量,将系统的输出转换为反馈信号的装置,如测速机及其他类型的传感器。

(3)比较元件。

比较元件相当于偏差检测器,它的输出等于系统输入和反馈信号之差,如加法器等。

(4)液压放大与控制元件。

液压放大与控制元件是指能够接受偏差信号,通过放大、转换与运算(电液、机液、气液转换),产生所需的液压控制信号(流量、压力),控制执行机构运动的装置,如放大器、伺服阀等。

(5)液压执行元件。

液压执行元件,如液压缸。

(6)控制对象。

控制对象是指能够接受系统的控制作用并将被控制量输出的装置,如工作台或其他负载装置。

此外,系统还有校正装置,以及不包括在控制回路内的能源和其他辅助设备。

液压控制元件、执行元件和负载在系统中是密切相关的,把三者的组合称为液压动力机构,把含有液压动力机构的反馈控制系统称为液压控制系统。

下面结合典型液压位置控制系统来说明液压伺服系统的工作原理。

图 6.5 所示为仿形刀架机械液压伺服控制系统示意图,它是由圆柱滑阀、液压缸及反馈机构构成。

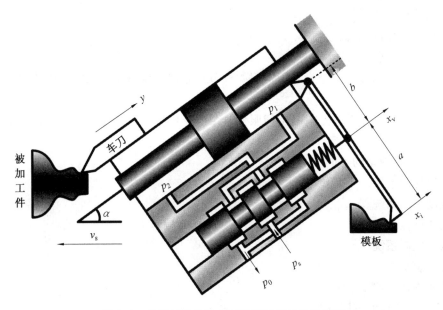

图 6.5 仿形刀架机械液压伺服控制系统示意图

仿形刀架的装配结构是液压缸活塞杠固定安装,缸体移动,阀套与缸体刚性连接。触头与模板接触,触头处输入为 x_i,杠杆带动阀芯位移为 x_v。阀芯与阀套之间的相对位移形成控制节流口的开度,控制进出液压缸的压力油的流量与流动方向。缸体带动刀架运动,与此同时,使控制节流口逐渐变小,直到恢复阀套与阀芯的相对原始位置。控制刀架完全跟踪触头运动。根据该原理可知,车刀上的力要远大于触头的输出力,由于液压能源的存在,仿形刀架实际上是一个力放大器。由此可知,仿形刀架是一个机械液压伺服控制系统,它的输入量是触头的位移 x_i,液压缸体的位移 y 是系统的输出量,即被控制量,伺服阀是比较放大元件,系统的偏差为伺服阀阀芯的位移 x_v,液压缸是执行元件,杠杆是反馈检测元件,该系统职能图如图 6.6 所示。

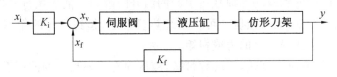

图 6.6 仿形刀架机械液压伺服控制系统职能图

运动方向:通过改变输入信号 x 的方向来控制,x 的方向改变则输出信号 y 的方向改变。

位移的大小;改变输入信号 x 的大小,则改变输出信号 y 的大小。

该控制系统的特点:对温度、泄漏、负载等变化均有自动补偿、调节的作用,是一个负反馈控制系统。

6.3 液压控制系统的分类

(1)按偏差信号的产生和传递性质不同分类。

①机械液压控制系统。

②电气液压控制系统。

③气动液压控制系统。

(2)按液压控制元件的不同分类。

①阀控系统。阀控系统是指利用伺服阀按节流原理来控制流入执行机构的流量或压力的系统。

②泵控系统。泵控系统是指利用伺服变量泵改变排量的方法控制流入执行机构的流量和压力的系统。

(3)按被控物理量的不同分类。

①位置控制系统。

②速度控制系统。

③加速度控制系统。

④压力控制系统。

⑤力控制系统。

⑥其他物理量控制系统。

(4)按输入信号的不同分类。

①伺服系统。输入量不断变化,输出量能够以一定的准确度跟随输入量的变化而变化。

②恒值系统。输入量保持常值,或随 t 缓慢变化,系统能排除扰动力的影响,以一定的准确度将输出量保持在希望的数值上。

6.4 液压控制系统的特点

与其他系统相比,液压控制系统具有以下优点。

(1)液压执行机构的功率-质量比和扭矩-惯量比(或力-质量比)大。液压控制系统加速性好、结构紧凑、尺寸小、质量轻,适用于大功率大负载的场合。电力执行机构的输出力或扭矩受所用磁性材料的磁饱和及功率损耗所引起的温升的限制。液压执行元件可通过提高系统压力来提高系统输出功率,而且液压油可将系统热量带走,起到冷却的作用。另外,液压系统可用提高压力的方法来获得较大的力或扭矩。

(2)液压执行机构响应速度快,系统频带宽,液压固有频率高。油液可看成液压弹簧,其与负载形成一个质量-弹簧谐振系统。由于油液的压缩性小,液压弹簧的刚度大,所以液压固有频率高,因而能快速启动、制动、换向。

(3)液压系统的刚度大,抗干扰能力强,误差小,精度高。由于液体压缩性小,液压执行机构泄漏少,所以稳态速度刚度和动态位置刚度都比气动与电动系统大,具有高精度和快速响应能力。

(4)调速范围宽,速度控制方式多种多样。例如液压控制仿真平台的阀控液压马达转速可以由 4.2 r/min 提高到 210 r/min。

(5)液压控制系统具有良好的自润滑特性和冷却能力,因此在工作时元件磨损小。

此外,液压控制系统还具液压元件寿命长(与气动相比),低速平稳性好,调整范围宽,借助蓄能器能量储存方便,过载保护等优点。

液压控制系统也受以下几点的制约。

(1)液压元件加工精度高,成本高,价格贵。

(2)对密封要求高,易漏油、污染环境、引起火灾。

(3)液压油容易受污染,超过 80% 的液压系统故障与液压油的污染有关。

(4)与气动控制系统相比,易受温度的影响。

(5)液压能源的获得、储存和输送不如电能方便。

(6)对温度变化敏感,温度过高和过低都会引起密封件性能的降低,需要在设计中引起注意,例如飞机控制系统的系统冷却就可以和燃油系统联合设计,以提高安全性。

因此,中小功率的控制系统逐步被电动系统取代,大功率系统仍用液压系统。并且当今工程朝着超大规模发展,在重载领域,液压系统的地位仍然不可取代。

6.5　液压控制系统的应用与发展趋势

随着计算机技术的飞快发展,为了与最新技术保持同步,液压控制技术也必须不断发展和创新。目前,电液伺服控制技术已经深度地与计算机、微电子、高精度传感器以及深度学习和大数据等领域融合,丰富了既有的电液伺服控制技术和电液数字控制技术,也构成了现代化的液压控制主干体系,同时,也会朝着机、电、液、气一体化的方向不断发展。另外,根据现今机电一体化与电子技术的不断发展,可通过液体和气体转化来减少能量的损失,从而进一步改进与完善液压系统性能,使其真正地实现机、电、液、气一体化,并且将朝着智能化、轻量化、集成化和机电一体化的方向继续发展。

(1)智能化。例如,在土木工程施工中,采用挖掘机进行施工的过程中技术人员可以采用高级控制策略来提高工程的施工质量,一方面可以避免挖掘机在工作中遇到的各种难题,提高挖掘机的稳定性;另一方面还可以避免机械设备在开始与结束阶段因振动而损坏的问题。

(2)轻量化。2001 年,为了适应汽车控制要求的提高,F1 赛车首次引进、使用控制系统技术,用于完成转向、油门控制和快速换挡。很多控制元件的体积小、质量轻,但是驱动力和功率都很大,满足赛车要求。

(3)集成化和机电一体化。世界上各大液压公司都展出了各种叠加阀、插装阀、螺纹插装阀、阀块和系统,其特点是:小型化,减少安装空间;简化管路,减少液体流动阻力、泄漏、振动、噪声等接管引起的问题;便于用户检查和维修;工作更可靠。并且各公司也都开发出了品种齐全的具有先进水平的电液比例阀、电液伺服阀和比例伺服油缸等。博士公司和 ATOS 公司新开发的比例阀,特点是既有伺服阀的高控制精度和频率响应(30~40 Hz),又兼具比例阀的耐污染性。

思考与练习

6.1 开环液压控制系统和闭环液压控制系统有哪些异同？

6.2 液压控制系统的发展趋势有哪些？

第7章 液压动力机构

液压动力机构是液压控制系统中不可或缺的组成部分,动力机构完成动力产生到驱动执行元件的作用。本章主要介绍几种典型的液压动力机构,讨论其基本方程、传递函数、频率特性以及主要性能参数和负载特性。

7.1 概 述

液压动力机构,又称液压动力元件,是指由液压控制元件、执行机构和负载组成的液压装置。液压控制元件可以是液压控制阀或伺服变量泵。液压动力机构完成从小功率机械能到大功率液压能再到大功率机械能的转换。由于其布局紧凑,整体性强,因此是液压控制系统中最重要的环节。对大多数液压控制系统而言,动力机构的动态特性很大程度上决定整个系统的特性。

根据执行元件的不同,液压动力机构可以分为4个类型,4种不同形式的液压动力机构和优缺点见表7.1。

表 7.1 4 种不同形式的液压动力机构和优缺点

控制方式	优点	缺点	用途
阀控液压马达 阀控液压缸	频宽大,响应快 结构简单	效率低 发热大	速度和精度要求高,功率较小 如机床、振动台、飞行器
泵控液压缸 泵控液压马达	效率高 发热较小	频带较窄 结构复杂	大功率,效率要求高 如大型机床、舰船舵机

阀控液压马达和阀控液压缸称为节流式控制系统,油源常为恒压油源。泵控液压缸和泵控液压马达系统通过改变泵的排量或者转速来改变流量,系统的工作压力取决于负载,效率较高。这4种不同的液压动力机构虽然在结构和原理上有所不同,但是特性类似,因此,本章将以四通滑阀控制液压缸作为分析对象,来分析其动态特性、传递函数和性能参数。最后,结合负载特性和动力匹配分析整个动力机构的匹配问题。

7.2 四通滑阀控制液压缸

四通滑阀控制液压缸时是常见的液压动力元件。它能够控制液压执行元件做往复运动。图 7.1 所示为四通滑阀和对称液压缸组成的动力机构,其负载为质量块 m,弹簧刚度 K 和阻尼 B_c 以及外力 F 构成的单自由度系统。当滑阀向右运动时,形成的节流口使高压油进入对称缸左腔,推动液压缸向右运动,对称缸右腔的油液通过滑阀另一个节流口流回油箱。接下来将分析运动过程基本方程。

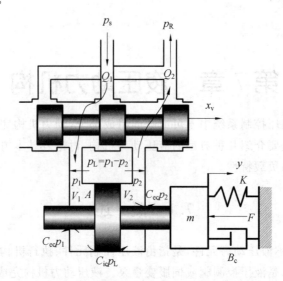

图 7.1 四通滑阀和对称液压缸组成的动力机构

7.2.1 四通滑阀控制流量方程

四通滑阀控制液压缸的动力特性取决于四通滑阀和液压缸,也和负载有关。可采用集中参数法进行研究。由质量、弹簧和黏性阻尼构成的单自由度系统,可研究某一稳态工作点附近微量运动时的特性。

由于流量方程是针对四通滑阀建立的,反映了负载流量、阀芯位移和负载压力三者之间的关系,并且系统在稳态工作点附近运动,故此可以将其描述为线性关系,简写为

$$Q_L = K_q x_v - K_c p_L \qquad (7.1)$$

式中 $K_q = \dfrac{\partial Q_L}{\partial x_v} = c_d w \sqrt{\dfrac{1}{\rho}(p_s - p_L)}$;

$$K_c = \dfrac{\partial Q_L}{\partial p_L} = \dfrac{c_d w x_v \sqrt{\dfrac{1}{\rho}(p_s - p_L)}}{2(p_s - p_L)} ;$$

$$K_p = \dfrac{\partial p_L}{\partial x_v} = \dfrac{2(p_s - p_L)}{x_v} 。$$

根据图 7.1 所示,结合液压控制阀部分的内容,p_L 为负载压力,$p_L = p_1 - p_2$;K_q 为流量增益,表示在负载压力不变时,负载流量对阀芯位移的变化率;K_c 为压力 - 流量增益,表示在阀芯位移不变时,负载流量对于负载压力的变化率。

7.2.2 液压缸连续性方程

为了明晰液压动力元件中的主要参数,做以下假设。

(1)理想零开口四通滑阀节流窗口匹配、对称。

(2)节流口处的流动为紊流,可压缩性忽略不计。

(3)液压缸和液压管路中的油液流动均为层流。

(4)四通滑阀具有理想的响应特性,即对应于 x_v 的变化,流量能发生瞬时的变化。

（5）液压缸为理想的双缸杆对称液压缸。

（6）系统采用理想恒压油源，即供油压力 p_s 恒定不变，回油压力 p_R 为 0。

（7）液压缸内每个工作腔内的压力处处相等。

针对图 7.1 所示的阀控液压缸，可压缩流体的连续性方程为

$$\sum Q_{入} - \sum Q_{出} = \frac{dV}{dt} + \frac{V}{\beta}\frac{dp}{dt} \tag{7.2}$$

式中　　$\sum Q_{入}$ —— 流入控制腔的总流量，m^3/s；

$\quad\quad\sum Q_{出}$ —— 流出控制腔的总流量，m^3/s；

$\quad\quad V$ —— 所取控制腔的体积，m^3；

$\quad\quad \beta$ —— 液体体积弹性模数，$N/m^2(Pa)$。

将可压缩流体连续性方程应用到图 7.1 中的进油腔，并考虑到内、外泄漏，可得

$$Q_1 - C_{ic}(p_1 - p_2) - C_{ec}p_1 = \frac{dV_1}{dt} + \frac{V_1}{\beta_e}\frac{dp_1}{dt} \tag{7.3}$$

式中　　C_{ic} —— 液压缸内泄漏系数，$m^3/(s \cdot Pa)$；

$\quad\quad C_{ec}$ —— 液压缸外泄漏系数，$m^3/(s \cdot Pa)$；

$\quad\quad V_1$ —— 进油腔容积；

$\quad\quad \beta_e$ —— 油液弹性模数，$N/m^2(Pa)$。

式(7.3)的物理意义是：流进进油腔的净流量等于液体压缩的流量与活塞运动所需的流量。

同理，应用到图 7.1 中的回油腔，可得

$$C_{ic}(p_1 - p_2) - C_{ec}p_2 - Q_2 = \frac{dV_2}{dt} + \frac{V_2}{\beta_e}\frac{dp_2}{dt} \tag{7.4}$$

式中　　V_2 —— 回油腔容积。

设液压缸的容积为

$$\begin{cases} V_1 = V_{01} + Ay \\ V_2 = V_{02} - Ay \end{cases} \tag{7.5}$$

式中　　V_{01} —— 进油腔初始容积；

$\quad\quad V_{02}$ —— 回油腔初始容积；

$\quad\quad A$ —— 活塞有效面积；

$\quad\quad y$ —— 活塞位移。

对液压缸容积微分得

$$\frac{dV_1}{dt} = -\frac{dV_2}{dt} = A\frac{dy}{dt}$$

进油腔、回油腔连续性方程相减，并考虑到上述各式的关系可得

$$Q_1 + Q_2 = 2C_{ic}(p_1 - p_2) + C_{ec}(p_1 - p_2)$$

$$+ 2A\frac{dy}{dt} + \frac{V_{01}}{\beta_e}\frac{dp_1}{dt} - \frac{V_{02}}{\beta_e}\frac{dp_2}{dt} + \frac{A}{\beta_e}\left(\frac{dp_1}{dt} + \frac{dp_2}{dt}\right) \tag{7.6}$$

设 $V_{01} = V_{02} = V_0 = \dfrac{V_t}{2}$，并考虑到 $|Ay| \ll V_0$，$p_1 + p_2 = p_s =$ 常数，则 $\dfrac{dp_1}{dt} + \dfrac{dp_2}{dt} = 0$，式(7.6)

可写成

$$\frac{Q_1+Q_2}{2}=Q_L=A\frac{\mathrm{d}y}{\mathrm{d}t}+C_{tc}p_L+\frac{V_t}{4\beta_e}\frac{\mathrm{d}p_L}{\mathrm{d}t} \tag{7.7}$$

式中　　C_{tc}—— 总泄漏系数，$C_{tc}=C_{ic}+\dfrac{1}{2}C_{ec}$。

　　这是一个常见的动力机构流量连续性方程，由式（7.7）可知，负载流量除用于推动活塞运动外，还要用于补偿油缸的内外泄漏和液体的压缩。推导上述连续性方程时，曾假设活塞处于液压缸的中间位置，选取中位情况进行分析进而指导液压系统设计是安全的。因为在液压缸活塞位于中位时，缸内密封的油液形成液压弹簧的弹簧刚度最小，此时系统固有频率最低，根据控制理论，刚度低的系统较难获得良好的稳定性和快速性，所以在中位安全可靠的系统，在其他位置都是可靠的。

7.2.3　液压缸和负载的力平衡方程

　　根据牛顿定律，忽略库仑摩擦力及液体的重力，由图 7.1 可得液压缸和负载的力平衡方程：

$$F_g=(p_1-p_2)A=m\frac{\mathrm{d}^2y}{\mathrm{d}t^2}+B_c\frac{\mathrm{d}y}{\mathrm{d}t}+Ky+F \tag{7.8}$$

式中　　F_g—— 液压推动力，N；

　　　　m—— 活塞及负载的总质量，kg；

　　　　B_c—— 黏性阻尼系数，N/(m·s)；

　　　　K—— 负载弹簧刚度，N/m；

　　　　F—— 负载力，N。

7.2.4　方块图与信号流图

　　在时间域上，直接对四通滑阀液压缸的微分方程组模型进行求解是十分困难的，一般情况下，采用拉氏变换，将其在频域上进行描述，对代数方程组进行求解。后续分析都在 s 域上进行，必要时再通过拉式反变换将 s 域上的代数方程变换回时间域。

　　（1）动力机构方块图。

　　工程上，动态系统分析经常采用方块图和传递函数的方法。根据式（7.1）、式（7.7）和式（7.8）三个基本方程，即

$$Q_L=K_qx_v-K_cp_L$$

$$\frac{Q_1+Q_2}{2}=Q_L=A\frac{\mathrm{d}y}{\mathrm{d}t}+C_{tc}p_L+\frac{V_t}{4\beta_e}\frac{\mathrm{d}p_L}{\mathrm{d}t}$$

$$F_g=(p_1-p_2)A=m\frac{\mathrm{d}^2y}{\mathrm{d}t^2}+B_c\frac{\mathrm{d}y}{\mathrm{d}t}+Ky+F$$

经过拉氏变换后，可得

$$\begin{cases}Q_L=K_qx_v-K_cp_L\\Q_L=AsY+\left(C_{tc}+\dfrac{V_t}{4\beta_e}s\right)p_L\\p_L=\dfrac{1}{A}(ms^2+B_cs+K)Y+\dfrac{1}{A}F\end{cases} \tag{7.9}$$

根据式(7.9)可直接作出阀控液压缸动力机构方块图如图7.2所示。

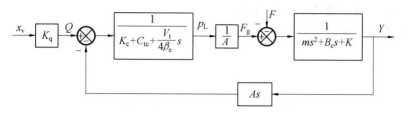

图 7.2 阀控液压缸动力机构方块图

该方块图是以阀的位移为输入量,以液压缸位移为输出量作出的,它反映了在阀的位移作用下,液压缸的输出响应。

(2)信号流图。

式(7.9)还可以进一步写成

$$\begin{cases} Q_L = K_q x_v - K_c p_L \\ Y = \left[Q_L - \left(C_{tc} + \dfrac{V_t}{4\beta_e} s \right) p_L \right] / As \\ p_L = \dfrac{1}{A} \left[(ms + B_c) \dot{Y} + KY + F \right] \end{cases}$$

根据该方程组可以进一步得到以 Y 为输出的阀控液压缸的信号流图,如图7.3所示。

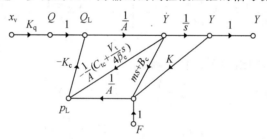

图 7.3 以 Y 为输出的阀控液压缸的信号流图

针对不同的控制系统,可以根据需要变换输出参数得到新的方块图,比如对于力控制系统,以 p_L 或 F_g 为输出的阀控液压缸的方块图,如图7.4所示。

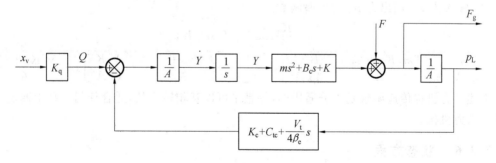

图 7.4 以 p_L 或 F_g 为输出的阀控液压缸的方块图

7.2.5 阀控液压缸动力机构的传递函数

根据阀控液压缸动力机构方块图(图7.2),可直接写出阀控液压缸动力机构传递函数。

根据不同的输入信号,可以分别从以下四个角度来建立传递函数。

(1) 输入为 x_v,输出为 Y 的传递函数。

令 $F=0$,根据系统方块图,可得

$$\frac{Y}{K_q x_v} = \frac{\cfrac{A}{K_c + C_{tc} + \cfrac{V_t}{4\beta_e}s}\cdot\cfrac{1}{ms^2 + B_c + K}}{1 + \cfrac{A}{K_c + C_{tc} + \cfrac{V_t}{4\beta_e}s}\cdot\cfrac{1}{ms^2 + B_c + K}As} \tag{7.10}$$

经整理得

$$\frac{Y_r}{x_v} = \frac{\cfrac{K_q}{A}}{\cfrac{V_t m}{4\beta_e A^2}s^3 + \left[\cfrac{m(K_c + C_{tc})}{A^2} + \cfrac{B_c V_t}{4\beta_e A^2}\right]s^2 + \left[1 + \cfrac{B_c(K_c + C_{tc})}{A^2} + \cfrac{V_t K}{4\beta_e A^2}\right]s + \cfrac{K(K_c + C_{tc})}{A^2}} \tag{7.11}$$

(2) 输入为 F,输出为 Y 的传递函数。

令 $x_v = 0$,根据方块图可直接得

$$\frac{Y_f}{F} = \frac{-\cfrac{1}{A^2}\left(K_c + C_{tc} + \cfrac{V_t}{4\beta_e}s\right)}{\cfrac{V_t m}{4\beta_e A^2}s^3 + \left[\cfrac{m(K_c + C_{tc})}{A^2} + \cfrac{B_c V_t}{4\beta_e A^2}\right]s^2 + \left[1 + \cfrac{B_c(K_c + C_{tc})}{A^2} + \cfrac{V_t K}{4\beta_e A^2}\right]s + \cfrac{K(K_c + C_{tc})}{A^2}} \tag{7.12}$$

(3) 输入为 x_v 和 F,输出为 Y 的传递函数。

根据叠加原理,可得 $Y = \left.\dfrac{Y_r}{x_v}\right|_{F=0} x_v + \left.\dfrac{Y_f}{F}\right|_{x_v=0} F = Y_r + Y_f$。

$$Y = \frac{\cfrac{K_q}{A}x_v - \cfrac{1}{A^2}\left(K_c + C_{tc} + \cfrac{V_t}{4\beta_e}s\right)F}{\cfrac{V_t m}{4\beta_e A^2}s^3 + \left[\cfrac{m(K_c + C_{tc})}{A^2} + \cfrac{B_c V_t}{4\beta_e A^2}\right]s^2 + \left[1 + \cfrac{B_c(K_c + C_{tc})}{A^2} + \cfrac{V_t K}{4\beta_e A^2}\right]s + \cfrac{K(K_c + C_{tc})}{A^2}} \tag{7.13}$$

(4) 输入为 x_v,输出为 p_L 的传递函数。

$$\frac{p_L}{x_v} = \frac{\cfrac{K_q}{A}(ms^2 + B_c s + K)}{\cfrac{V_t m}{4\beta_e A^2}s^3 + \left[\cfrac{m(K_c + C_{tc})}{A^2} + \cfrac{B_c V_t}{4\beta_e A^2}\right]s^2 + \left[1 + \cfrac{B_c(K_c + C_{tc})}{A^2} + \cfrac{V_t K}{4\beta_e A^2}\right]s + \cfrac{K(K_c + C_{tc})}{A^2}}$$

上述动力机构传递函数是十分通用的,并且是可以互相转换的,适合任何一种由四通滑阀构成的动力机构。

7.2.6 状态方程

随着状态方程方法应用的推广,阀控液压缸动力机构状态方程可以根据动机构传递函数列写,也可以由动力机构方块图直接列写,下面分别加以简单介绍。

(1) 动力机构传递函数列写状态方程。

在式(7.12)中引进变量 Y'_f

$$\frac{Y_f}{F} = \frac{-\frac{1}{A^2}\left(K_c + C_{tc} + \frac{V_t}{4\beta_e}s\right)}{\frac{V_t m}{4\beta_e A^2}s^3 + \left[\frac{m(K_c + C_{tc})}{A^2} + \frac{B_c V_t}{4\beta_e A^2}\right]s^2 + \left[1 + \frac{B_c(K_c + C_{tc})}{A^2} + \frac{V_t K}{4\beta_e A^2}\right]s + \frac{K(K_c + C_{tc})}{A^2}}$$

$$= \frac{Y_f Y_f'}{F Y_f'}$$

取

$$\frac{Y_f'}{F} = \frac{1}{\frac{V_t m}{4\beta_e A^2}s^3 + \left[\frac{m(K_c + C_{tc})}{A^2} + \frac{B_c V_t}{4\beta_e A^2}\right]s^2 + \left[1 + \frac{B_c(K_c + C_{tc})}{A^2} + \frac{V_t K}{4\beta_e A^2}\right]s + \frac{K(K_c + C_{tc})}{A^2}}$$

则有

$$Y_f = -\frac{1}{A^2}\left(K_c + C_{tc} + \frac{V_t}{4\beta_e}s\right)Y_f' \tag{7.14}$$

根据现代控制理论，选择状态变量为

$$x_1 = y_r, \quad x_2 = \dot{y}_r, \quad x_3 = \ddot{y}_r, \quad x_4 = y_f', \quad x_5 = \dot{y}_f', \quad x_6 = \ddot{y}_f'$$

则阀控液压缸动力机构状态方程为

$$\begin{cases}
\dot{x}_1 = x_2 \\
\dot{x}_2 = x_3 \\
\dot{x}_3 = \frac{4\beta_e A^2}{V_t m}\left\{\frac{K_q}{A^2}x_v - \left[\frac{m(K_c + C_{tc})}{A^2} + \frac{B_c V_t}{4\beta_e A^2}\right]x_3 \right. \\
\qquad\qquad \left. - \left[1 + \frac{B_c(K_c + C_{tc})}{A^2} + \frac{V_t K}{4\beta_e A^2}\right]x_2 - \frac{K(K_c + C_{tc})}{A^2}\right\}x_1 \\
\dot{x}_4 = x_5 \\
\dot{x}_5 = x_6 \\
\dot{x}_6 = \frac{4\beta_e A^2}{V_t m}\left\{F - \left[\frac{m(K_c + C_{tc})}{A^2} + \frac{B_c V_t}{4\beta_e A^2}\right]x_6 \right. \\
\qquad\qquad \left. - \left[1 + \frac{B_c(K_c + C_{tc})}{A^2} + \frac{V_t K}{4\beta_e A^2}\right]x_5 - \frac{K(K_c + C_{tc})}{A^2}\right\}x_4
\end{cases}$$

根据以上方程组，可以得到输出方程为

$$y = y_r + y_f = x_1 - \frac{1}{A^2}(K_c + C_{tc})x_4 - \frac{1}{A}\frac{V_t}{4\beta_e}x_5 \tag{7.15}$$

（2）动力机构方块图直接列写状态方程。

为了直接利用阀控液压缸动力机构列写状态方程，这里引进状态反馈方程和状态传递方程，并在图 7.4 中引进变量，引进状态反馈方程和状态传递方程的方块图如图 7.5 所示。

根据图 7.5 可得

$$\frac{F_g}{e_r} = \frac{A}{K_c + C_{tc} + \frac{V_t}{4\beta_e}s}$$

$$\frac{Y}{e_f} = \frac{1}{ms^2 + B_c s + K}$$

则有 $e_r = K_q x_v - A\dot{y}$ 和 $e_f = F_g - F$。

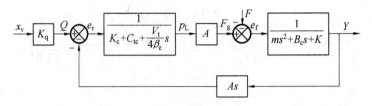

图 7.5　引进状态反馈方程和状态传递方程的方块图

取状态变量

$$x_1 = y, \quad x_2 = \dot{y}, \quad x_3 = F_g$$

则系统的状态方程为

$$
\begin{cases}
\dot{x}_1 = x_2 \\
\dot{x}_2 = \dfrac{1}{m}(e_f - B_c x_2 - K x_1) \\
\dot{x}_3 = \dfrac{4\beta_e}{V_t}[A e_r - (K_c + C_{tc}) x_3]
\end{cases}
$$

状态方程中 $e_r = K_q x_v - A x_2$ 为状态反馈方程；$e_f = F_g - F = x_3 - F$ 为状态传递方程；$y = x_1$ 为动力机构输出方程。

7.2.7　阀控液压缸动力机构液压刚度

为了理解上述传递函数中某些参数的物理意义，这里引进液压弹簧概念。液压弹簧概念图如图 7.6 所示，图中液压缸为一个理想无摩擦无泄漏的液压缸，两个工作腔内充满液压油，并被完全封闭，液体弹性模量为常数。

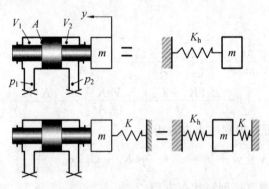

图 7.6　液压弹簧概念图

由于液体具有压缩性，当活塞受外力作用时，活塞产生位移，使一腔的压力升高，另一腔的压力降低（不发生气穴现象，$p_2 > 0$）。设液压缸总的受压容积为 $V_t = V_1 + V_2$，活塞的有效面积为 A，位移为 y。根据体积弹性模数定义有

$$p_1 = \frac{\beta_e}{V_1} A y$$

$$p_1 = -\frac{\beta_e}{V_2} A y$$

两式相减得 $p_1 - p_2 = \beta_e A y \left(\dfrac{1}{V_1} + \dfrac{1}{V_2} \right)$，其恢复力为 $A(p_1 - p_2) = \beta_e A^2 y \left(\dfrac{1}{V_1} + \dfrac{1}{V_2} \right)$。

令

$$K_h = \beta_e A^2 \left(\frac{1}{V_1} + \frac{1}{V_2} \right) = \frac{\beta_e A^2}{V_1} + \frac{\beta_e A^2}{V_2}$$

式中　K_h—— 液压弹簧刚度，N/m。

由上述可知，液压缸就像一个线性弹簧，其刚度为 K_h。总刚度等于各腔受压液体产生的液压弹簧刚度之和。当活塞处于中间位置时，由 $V_1 = V_2 = V_0 = \dfrac{V_t}{2}$ 得

$$K_h = \frac{4\beta_e A^2}{V_t} \tag{7.16}$$

如果负载为质量负载，其质量为 m，则构成质量－液压弹性系统，它相当于一个机械振荡系统，其固有频率为

$$\omega_h = \sqrt{\frac{K_h}{m}} = \sqrt{\frac{4\beta_e A^2}{V_t m}} \tag{7.17}$$

K_h 是 y 的函数，当 $V_1 = V_2$ 时，ω_h 最低；当活塞偏离中位时，液压刚度增大，ω_h 增加；当活塞移到行程的一端时，ω_h 最大。

如果活塞与另一个质量弹簧系统相连，图 7.7 所示为其等效的机械振动系统图，该系统由两个弹簧并联，总刚度为 $K_0 = K_h + K$，固有频率为 $\omega_0 = \sqrt{\dfrac{K_0}{m}} = \sqrt{\omega_h^2 + \omega_m^2} = \omega_h \sqrt{1 + \dfrac{K}{K_h}}$，其中 $\omega_m = \sqrt{\dfrac{K}{m}}$ 为负载机械系统固有频率。

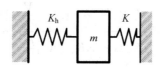

图 7.7　等效的机械振动系统图

K_h 是当液压缸完全封闭时推导出的，若有伺服阀和液压缸相连接，由于有 K_c 和泄漏作用，实际上伺服阀并不能将液压缸完全封闭。在稳态时，液压弹簧不存在；在动态时，在一定的频率范围内泄漏来不及起作用，液压缸对外力的响应特性中存在一个"液压弹簧"，即"动态弹簧"。

7.2.8　动力机构传递函数简化形式

(1) 在没有弹性负载的情况下（$K = 0$）。

传递函数式(7.11)、式(7.12)中，特征方程中的参数 $A^2/(K_c + C_{tc})$，是由液压阀和液压缸的泄漏产生的阻尼系数，一般比阻尼系数 B_c 大，与 1 相比，$B_c(K_c + C_{tc})/A^2$ 可以忽略。当机械弹簧刚度 $K = 0$ 时，考虑到液压固有频率 ω_h，可将式(7.13)简写为

$$Y = \frac{\dfrac{K_q}{A} X_v - \dfrac{1}{A^2}\left(K_{ce} + \dfrac{V_t}{4\beta_e}s\right)F}{s\left(\dfrac{s^2}{\omega_h^2} + \dfrac{2\zeta_h}{\omega_h}s + 1\right)} \tag{7.18}$$

式中　　$\omega_h = \sqrt{\dfrac{K_h}{m}} = \sqrt{\dfrac{4\beta_e A^2}{V_t m}}$;

$\zeta_h = \dfrac{K_{ce}}{A}\sqrt{\dfrac{\beta_e m}{V_t}} + \dfrac{B_c}{4A}\sqrt{\dfrac{V_t}{\beta_e m}}$;

$K_{ce} = K_c + C_{tc}$。

若 B_c 较小,阻尼比为 $\zeta_h = \dfrac{K_{ce}}{A}\sqrt{\dfrac{\beta_e m}{V_t}}$。

阀芯位移对液压缸输出的传递函数为

$$\frac{Y}{X_v} = \frac{\dfrac{K_q}{A}}{s\left(\dfrac{s^2}{\omega_h^2} + \dfrac{2\zeta_h}{\omega_h}s + 1\right)} \tag{7.19}$$

外负载对液压缸输出的传递函数为

$$\frac{Y}{F} = \frac{-\dfrac{K_{ce}}{A^2}\left(1 + \dfrac{V_t}{4\beta_e K_{ce}}s\right)}{s\left(\dfrac{s^2}{\omega_h^2} + \dfrac{2\zeta_h}{\omega_h}s + 1\right)} \tag{7.20}$$

(2) 考虑弹性负载的情况下 ($K \neq 0$)。

通常 $B_c K_{ce}/A^2 \ll 1, 1 + K/K_h \geqslant 1$,故

$$\frac{B_c K_{ce}}{A^2(1 + K/K_h)} \ll 1$$

则上述传递函数式(7.12)可以简化成

$$Y = \frac{\dfrac{K_q}{A}X_v - \dfrac{1}{A^2}\left(K_{ce} + \dfrac{V_t}{4\beta_e}s\right)F}{\left[(1 + K/K_h)s + KK_{ce}/A^2\right]\left(\dfrac{s^2}{\omega_0^2} + \dfrac{2\zeta_0}{\omega_0}s + 1\right)} \tag{7.21}$$

式中　　$\omega_0 = \sqrt{\omega_m + \omega_h} = \omega_h\sqrt{1 + K/K_h}, \omega_m = \sqrt{K/m}$;

$\zeta_0 = \dfrac{1}{2\omega_0}\left[\dfrac{4\beta_e K_{ce}}{V_t(1 + K/K_h)} + \dfrac{B_c}{m}\right]$。

式(7.21)也可以写成

$$Y = \frac{\dfrac{K_q}{A}X_v - \dfrac{1}{A^2}\left(K_{ce} + \dfrac{s}{\omega_1}\right)F}{\omega_2\left(\dfrac{s}{\omega_r} + 1\right)\left(\dfrac{s^2}{\omega_0^2} + \dfrac{2\zeta_0}{\omega_0}s + 1\right)} \tag{7.22}$$

式中　　ω_1 —— 液压弹簧刚度与液压阻尼之比,$\omega_1 = \dfrac{4\beta_e K_{ce}}{V_t} = \dfrac{K_h K_{ce}}{A^2}$;

ω_2 —— 负载刚度与阻尼系数之比,$\omega_2 = \dfrac{KK_{ce}}{A^2}$;

ω_r —— 液压弹簧刚度和负载弹簧串联耦合时的刚度与阻尼系数之比,$\omega_r = 1/\left(\dfrac{1}{\omega_1} + \dfrac{1}{\omega_2}\right) = \dfrac{K_{ce}}{A^2}/(1/K + 1/K_h)$。

ω_1、ω_2、ω_r 存在如下关系:

$$\begin{cases} \dfrac{\omega_2}{\omega_1} = \dfrac{\omega_m^2}{\omega_h^2} = \dfrac{K}{K_h} \\[3mm] \dfrac{\omega_2}{\omega_r} = \left(1 + \dfrac{K}{K_h}\right) \end{cases}$$

同理对于输入为 X_v 输出为 P_L 的传递函数也可简化为

$$\frac{P_L}{X_v} = \frac{\dfrac{K_q}{K_{ce}}\left(\dfrac{s^2}{\omega_m^2} + \dfrac{2\zeta_m}{\omega_m}s + 1\right)}{\left(\dfrac{s}{\omega_r}+1\right)\left(\dfrac{s^2}{\omega_0^2} + \dfrac{2\zeta_0}{\omega_0}s + 1\right)} \tag{7.23}$$

式中　$\dfrac{K_q}{K_{ce}}$——总的压力增益；

　　　ζ_m——负载阻尼比，$\zeta_m = \dfrac{B_c}{2\sqrt{mK}}$。

由以上分析可知，弹性负载的主要影响如下。

① 弹性负载，在传递函数中出现了一个转角频率 ω_r 的低频惯性环节，代替了无弹性负载的积分环节。如果弹性负载的弹簧刚度很小，则 ω_r 很低，此时的惯性环节近似于一个积分环节。

② 弹性负载的存在使动力机构的固有频率增加了 $1+K/K_h$ 倍，这是弹性负载对阀控液压缸动力机构最重要的影响之一。

③ 弹性负载的存在使动力机构的穿越频率降低了 $1+K/K_h$，这是弹性负载对阀控对称缸动力机构最重要的影响之一。

下面讨论弹性负载的两种情况。

（1）负载弹簧刚度远小于液压弹簧刚度。

在一些类似于飞机作动器的控制系统中，四通滑阀液压缸没有弹性负载或者弹性负载不明显，在这种情况下式（7.21）、式（7.23）可写为

$$Y = \frac{\dfrac{K_q}{A}X_v - \dfrac{1}{A^2}\left(K_{ce} + \dfrac{V_t}{4\beta_e}s\right)F}{\left(s + KK_{ce}/A^2\right)\left(\dfrac{s^2}{\omega_h^2} + \dfrac{2\zeta_h}{\omega_h}s + 1\right)} \tag{7.24}$$

$$\frac{P_L}{X_v} = \frac{\dfrac{K_q}{K_{ce}}\left(\dfrac{s^2}{\omega_m^2} + \dfrac{2\zeta_m}{\omega_m}s + 1\right)}{\left(\dfrac{s}{\omega_2}+1\right)\left(\dfrac{s^2}{\omega_h^2} + \dfrac{2\zeta_h}{\omega_h}s + 1\right)} \tag{7.25}$$

（2）负载弹簧刚度远大于液压弹簧刚度。

在类似于材料实验机以及轧机液压控制系统中，弹性负载是系统的主要负载形式，在这种情况下式（7.21）、式（7.23）可写为

$$Y = \frac{\dfrac{K_q}{A}X_v - \dfrac{K_{ce}}{A^2}\left(1 + \dfrac{s}{\omega_1}\right)F}{\omega_2(s/\omega_1 + 1)\left(\dfrac{s^2}{\omega_m^2} + \dfrac{2\zeta_m}{\omega_m}s + 1\right)} \tag{7.26}$$

$$\frac{P_L}{X_v} = \frac{\dfrac{K_q}{K_{ce}}\left(\dfrac{s^2}{\omega_m^2} + \dfrac{2\zeta_m}{\omega_m}s + 1\right)}{\left(\dfrac{s}{\omega_1}+1\right)\left(\dfrac{s^2}{\omega_0^2} + \dfrac{2\zeta_0}{\omega_0}s + 1\right)} \tag{7.27}$$

7.2.9　主要性能参数分析

决定动力机构性能的参数主要有增益、固有频率、阻尼比和转角频率等。

(1)$K = 0$ 时,主要性能参数有 K_q/A、ω_h、ζ_h。

① 速度增益 K_q/A。对于已确定的动力机构,A 是常数,速度增益 K_q/A 随流量增益的变化而变化。不同的机构形式具有不同的流量增益,相同的机构,在不同工况下,其流量增益也不同。但在零位区域,正开口的流量增益比零开口的流量增益大一倍。但当正开口位移超过正开口量时,其流量增益下降 50%,此时和零开口一样。

一个已经确定的阀,其流量增益在零位时最大,且随着负载压降的增大而降低。

对于零开口阀,按一般的设计原则,取最大的负载压降为 $p_L = 2/3 p_s$,此时流量增益将下降到空载时的 $\sqrt{p_s - p_L} / \sqrt{p_s}\% = 57.7\%$,由于流量增益直接影响系统开环放大增益,为了确保系统在整个运行过程中的稳定性,设计时一般取流量增益为空载流量增益。

② 液压固有频率 ω_h。液压固有频率是动力机构固有的,它由负载和液压弹簧构成的,通常是系统中最低的频率,它决定了系统的响应速度,其值越大,系统响应越快,在空载时由于液压弹簧刚度最低,其值也最小。为确保系统在整个运行的过程中,满足系统快速性的要求,设计时一般取空载时的固有频率作为设计的依据。根据 $\omega_h = \sqrt{\dfrac{K_h}{m}} = \sqrt{\dfrac{4\beta_e A^2}{V_t m}}$ 可知,影响固有频率大小的因素有体积弹性模数 β_e、负载质量 m 和管道中油液的附加质量、工作腔总容积 V_t。

由于 $\omega_h \propto \sqrt{\beta_e}$,影响 β_e 的因素较多,其中混入油液中的空气影响较大,它会使 β_e 降低,在不同空气混入比例的情况下液压油体积弹性模量随压力变化曲线如图 7.8 所示。因此应尽量减少空气的混入。如果能避免油中混入空气,则 $\beta_e = 1\ 380$ MPa,为了使计算的 ω_h 与实测相近,一般取 $\beta_e = 690$ MPa,最好采用实测值。

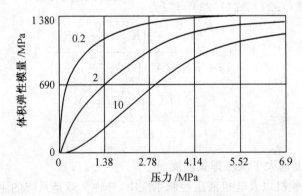

图 7.8　在不同空气混入比例的情况下液压油体积弹性模量随压力变化曲线

提高 ω_h 应减小 m 值,它由负载决定,但是系统一旦确定,m 的改变余地小。当连接管道比较细长时,油液质量对 ω_h 的影响不容忽略。前述求时,忽略管道中油液的质量效应。下面考虑管道中附加质量的影响,设管道过流面积为 a,总质量为 m。若活塞的加速度为 $\dfrac{\mathrm{d}^2 y}{\mathrm{d}t^2}$,则管道中液体的加速度为 $\dfrac{A}{a}\dfrac{\mathrm{d}^2 y}{\mathrm{d}t^2}$,力方程变为

$$p_{\mathrm{L}} = \frac{1}{A}\left[\left(m + m_0\,\frac{A^2}{a^2}\right)\frac{\mathrm{d}^2 y}{\mathrm{d}t^2} + B_{\mathrm{c}}\frac{\mathrm{d}y}{\mathrm{d}t} + Ky\right] + \frac{F}{A} \tag{7.28}$$

若管道比较细长,则 $m_0\,\dfrac{A^2}{a^2}$ 的值是相当可观的,会使 ω_{h} 下降。

由于 ω_{h} 与 $\sqrt{V_{\mathrm{t}}}$ 成反比,欲提高 ω_{h},则应减小 V_{t},可采用短而直的管道,尽量缩小无效容积。

③ 液压阻尼比 ζ_{h}。根据液压阻尼比 $\zeta_{\mathrm{h}} = \dfrac{K_{\mathrm{ce}}}{A}\sqrt{\dfrac{\beta_{\mathrm{e}} m}{V_{\mathrm{t}}}} + \dfrac{B_{\mathrm{c}}}{4A}\sqrt{\dfrac{V_{\mathrm{t}}}{\beta_{\mathrm{e}} m}}$ 可知,影响液压阻尼比的因素很多,但除 K_{ce} 外,其他因素已由别的因素决定,因而阻尼比的变化主要取决于 K_{ce}。

由于 $K_{\mathrm{ce}} = K_{\mathrm{c}} + C_{\mathrm{te}}$,其中 K_{c} 随阀的位移和负载工况的不同将有很大的变化,但零位时该值最小,液压阻尼比最小,一般为 $0.1 \sim 0.2$。随阀位移的增大,活塞运动速度的加大,液压阻尼比将迅速增大。为了确保系统在整个运行中的稳定性,设计时取零位时的流量压力系数,此时,系统的稳定性最差。

由于液压阻尼比直接影响系统的稳定性,为此在这里讨论一下提高液压阻尼比的几个主要措施。

a. 采用正开口阀,可以加大阀的预开口量,提高零位流量压力系数,加大液压阻尼比。

b. 采用旁路泄漏,加大泄漏系数 C_{tc},提高液压阻尼比,但是功率损失大。

c. 增大负载黏性阻尼,提高阻尼比。B_{c} 增大,高速时产生热量,必须将热量散出去。

(2) $K \neq 0$ 时,主要性能参数有 $K_{\mathrm{q}}/A\omega_2$、ω_{r}、ω_0、ζ_0。

① $K_{\mathrm{q}}/A\omega_2$。由 ω_2 的数学表达式 $\omega_2 = \dfrac{KK_{\mathrm{ce}}}{A^2}$ 可得,增益为 $\dfrac{AK_{\mathrm{q}}}{KK_{\mathrm{ce}}}$,当 K 为常数时,增益取决于 $\dfrac{K_{\mathrm{q}}}{K_{\mathrm{ce}}}$;当泄漏较小时,$K_{\mathrm{ce}} \approx K_{\mathrm{c}}$,$\dfrac{K_{\mathrm{q}}}{K_{\mathrm{c}}} = K_{\mathrm{p}}$,即环节增益随阀压力增益的变化而变化。不同结构的阀,其压力增益不同;同一种结构的阀,在不同工况下,其压力增益也不同。对于零开口四通滑阀,零位时压力增益最大,随阀的位移及负载压力的增大,压力增益变高,因此,压力增益是在很大范围内发生变化。

② 转角频率 ω_{r}。由 $\omega_{\mathrm{r}} = 1/\left(\dfrac{1}{\omega_1} + \dfrac{1}{\omega_2}\right) = \dfrac{K_{\mathrm{ce}}}{A^2}/(1/K + 1/K_{\mathrm{h}})$ 可知,ω_{r} 随 K_{ce} 的变化而变化。

③ 固有频率 ω_0。由 $\omega_0 = \sqrt{\omega_{\mathrm{m}} + \omega_{\mathrm{h}}} = \omega_{\mathrm{h}}\sqrt{1 + K/K_{\mathrm{h}}}$ 可知,当 K 为常量时,ω_0 也是一个恒定值;当 $K \neq 0$ 时,固有频率增大 $\sqrt{1 + K/K_{\mathrm{h}}}$ 倍;当 $K_{\mathrm{h}} \gg K$ 时,$\omega_0 \approx \omega_{\mathrm{h}}$;当 $K \gg K_{\mathrm{h}}$ 时,$\omega_0 \approx \omega_{\mathrm{m}}$。

④ 负载刚度 ζ_0。负载刚度的作用是使阻尼比降低了 $(1 + K/K_{\mathrm{h}})^{3/2}$ 倍,它是一个在很大范围内变化的量。

在众多参数中,可以根据参数变化范围将其分为硬量和软量。其中 K_{q}/A、ω_{h} 和 K_{h} 比较易于计算,并相对保持恒定,故称为硬量。而 ξ_{h}、ξ_0、$K_{\mathrm{q}}/K_{\mathrm{ce}}$、$\omega_{\mathrm{r}}$ 在很大范围内变化,难以计算,故称为软量。设计时,系统的快速性、稳定性建立在硬量基础上;对于软量,则加以补偿,使之接近于常量。

7.2.10　阀控液压缸动力机构的频率特性分析

频率特性法是分析和设计液压控制系统最常用的方法之一,在这里根据前面给出的传递函数,分析阀控液压缸动力机构频率特性。

（1）负载刚度为零（$K=0$）时的频率特性。

负载刚度为零时的传递函数为

$$W(s) = \cfrac{\cfrac{K_q}{A}}{s\left(\cfrac{s^2}{\omega_h^2} + \cfrac{2\zeta_h}{\omega_h}s + 1\right)} \tag{7.29}$$

它是由积分环节、二阶振荡环节和放大环节构成,当 $\omega_h=60$,$\zeta_h=0.1$、0.3、0.7,$K_q/A=15$ 时,可以作出频率特性(伯德图)如图 7.9 所示,由频率特性可知,阻尼比 ζ_h 影响谐振峰值和改变相频特性的形状,阻尼比越小,其谐振幅值越大,幅值裕量越小。开环增益系数 $K_v=K_q/A$ 使幅频特性曲线上下移动,其剪切频率、幅值裕度也随之改变。可见开环放大系数对系统稳定性和系统精度都有直接的影响。

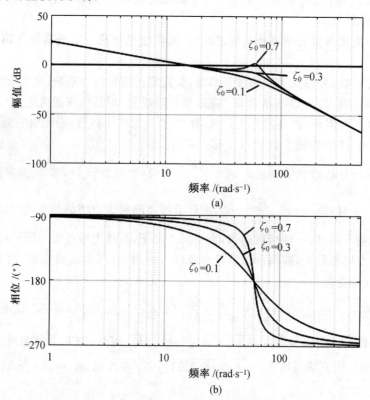

图 7.9　负载刚度为零（$K=0$）时的频率特性

（2）负载刚度为不为零（$K \neq 0$）时的频率特性。

负载刚度为不为零时的传递函数为

$$Y = \cfrac{\cfrac{K_q}{A}x_v}{\omega_2\left(\cfrac{s}{\omega_r}+1\right)\left(\cfrac{s^2}{\omega_0^2}+\cfrac{2\zeta_0}{\omega_0}s+1\right)}$$

式中　　$\omega_0 = \sqrt{\omega_m + \omega_h} = \omega_h\sqrt{1 + K/K_h}$;

$$\zeta_0 = \frac{1}{2\omega_0}\left[\frac{4\beta_e K_{ce}}{V_t(1+K/K_h)}+\frac{B_c}{m}\right]。$$

本控制系统由振荡环节、惯性环节和放大环节构成，是一个 0 型系统，其频率特性（伯德图）如图 7.10 所示。图中，$\omega_0=30$，$K_q/\omega_2 A=10$，$\omega_r=0.6$，$\zeta_0=0.1$、0.3、0.7。

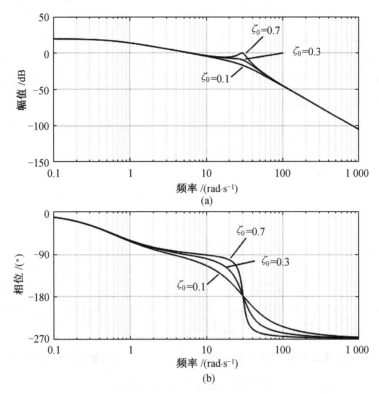

图 7.10　负载刚度不为零（$K\neq0$）时的频率特性

频率特性中低频段渐近线与 $\omega=1$ 相交的点即为系统增益。

由动力机构传递函数可知：

①K_{ce} 的变化，将使增益 $K_q A/K_{ce}K$ 和 ω_r 同时发生变化，如果画成伯德图，它将使幅频特性曲线在伯德图上上下移动，同时 K_{ce} 的变化，也使阻尼比 ζ_h 发生变化，在伯德图上表现为峰值相应发生变动。但 K_{ce} 的变化，对剪切频率无影响，对系统的快速性也无影响。

②K 值的变化，将使所有的参数发生变化，K 值增大，增益降低，ω_0 增大，ζ_0 减小，峰值增大。

7.3　具有多自由度负载的液压动力机构

前面的分析均为单质量、单弹簧系统，但也有许多场合，负载为几个集中质量以柔性结构相连接多级共振型负载，由于其具有多个自由度，因而不能用前述方法进行分析。这样就遇到传动链的柔度和负载引起的结构谐振问题，结构谐振的频率有时低于液压固有频率，于是结构谐振频率就影响动力机构的运动特性，并最终限制了系统的频宽。

多自由度负载包括雷达天线、振动台、飞行模拟器、重型机床驱动系统、飞机舵机助力系统。

7.3.1 负载模型

在一些由几个惯量和弹簧组成的复杂负载系统中,经常使用机械差速器、齿轮或者其他传动机构。有的负载经常同时包含直线和曲线(旋转)运动。为了简化分析,需要将这些不同的惯量和负载折算在一起,在液压马达轴或者负载轴上面,取消中间的传动环节。这样,液压动力机构可以在考虑负载柔度的影响时,将模型简化为二自由度或多自由度系统。图 7.11 所示为液压马达负载原理图,表示转动惯量为 J_m 的液压马达和驱动惯量为 J_L 的负载,两者之间的传动比为 N,液压马达轴的刚度为 K_1,负载轴的刚度为 K_2。假设齿轮传动过程是理想的,即齿轮是绝对刚性,惯量和游隙为零。

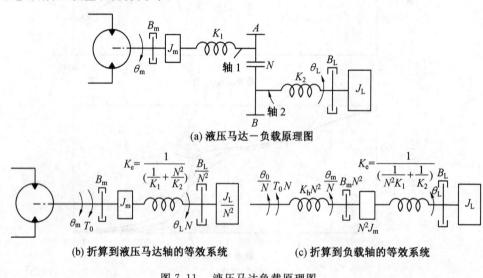

(a) 液压马达－负载原理图

(b) 折算到液压马达轴的等效系统　　　(c) 折算到负载轴的等效系统

图 7.11　液压马达负载原理图

7.3.2 负载折算

图 7.11(a) 的系统可以简化成图 7.11(b) 的等效系统,即折算到液压马达轴。

(1) 刚度折算原则。

弹性能变形前为 $\frac{1}{2}K\theta_L^2$,变形后为 $\frac{1}{2}K_e\theta_m^2$,根据形变能不变的原理 $\frac{1}{2}K\theta_L^2 = \frac{1}{2}K_e\theta_m^2$,$\frac{\theta_m}{\theta_L} = N$ 得

$$K_e = \left(\frac{\theta_L}{\theta_m}\right)^2 K = \frac{K}{N^2} \tag{7.30}$$

(2) 惯量折算原则。

折算前的动能为 $\frac{1}{2}J_m\theta_m^2 + \frac{1}{2}J_L\theta_L^2$,折算后的动能为 $\frac{1}{2}J_m\theta_m^2 + \frac{1}{2}J_{Le}\theta_m^2$,根据形变能不变的原理 $\frac{1}{2}J_m\theta_m^2 + \frac{1}{2}J_L\theta_L^2 = \frac{1}{2}J_m\theta_m^2 + \frac{1}{2}J_{Le}\theta_m^2$,则有

$$J_{Le} = \frac{\theta_L^2}{\theta_m^2}J_L = \frac{J_L}{N^2} \tag{7.31}$$

(3) 黏性负载折算原则。

黏性摩擦力可以表示为

$$\begin{cases} F_{\mathrm{m}} = \dot{\theta}_{\mathrm{m}} B_{\mathrm{m}} \\ F_{\mathrm{L}} = \dot{\theta}_{\mathrm{L}} B_{\mathrm{Le}} \end{cases}$$

折算到液压马达轴的能量可以表示为

$$\begin{cases} F_{\mathrm{m}} \, \dot{\theta}_{\mathrm{m}} = F_{\mathrm{L}} \, \dot{\theta}_{\mathrm{L}} \\ B_{\mathrm{m}} \, \dot{\theta}_{\mathrm{m}}^2 = B_{\mathrm{Le}} \, \dot{\theta}_{\mathrm{L}}^2 \\ B_{\mathrm{Le}} = \dfrac{\dot{\theta}_{\mathrm{m}}^2}{\dot{\theta}_{\mathrm{L}}^2} B_{\mathrm{m}} = \dfrac{B_{\mathrm{m}}}{N^2} \end{cases}$$

折算到负载轴的能量可以表示为

$$\begin{cases} K_{\mathrm{me}} = N^2 K \\ B_{\mathrm{me}} = N^2 B_{\mathrm{L}} \\ J_{\mathrm{me}} = N^2 J_{\mathrm{L}} \end{cases}$$

由以上结果可以看出,折算到转速高 N 倍的另一处时,各参数除以 N^2;折算到低 N 倍的另一处时,各参数乘以 N^2。$\dfrac{1}{K_{\mathrm{e}}}$ 称为结构柔度,由于其影响,动力机构的阻尼比降低,结构柔度越大,阀所能提供的阻尼越小。

7.4　液压动力机构的参数选择

液压动力机构的参数选择也称动力机构的匹配,问题的重点为动力机构的输出速度和输出力是否满足负载速度和负载力的需要。

动力机构的主要参数有供油压力 p_{s},液压缸有效面积 A,伺服阀的流量 Q_{L}。

p_{s} 一般取 $7 \sim 28$ MPa。p_{s} 高的优点:在输出功率相同时,减小泵、阀及管道的尺寸、质量,使系统结构紧凑,减小混入油中的空气的影响。p_{s} 低的优点:延长系统、元件的寿命,泄漏少,温升低,价格便宜,有利于提高 ω_{h}(因 p_{s} 要求 A 大)。

对于液压控制系统 p_{s} 确定后,匹配问题主要是 Q_{L}、A。确定它们时,不仅要满足驱动负载的要求,还要考虑系统的效率及动、静态指标,使液压动力机构达到最佳。

7.4.1　功率和效率

对于液压动力机构首先关注的是最大输出功率 N_{L}。根据阀流量方程,可以得到负载流量为

$$Q_{\mathrm{L}} = C_{\mathrm{d}} W x_{\mathrm{vmax}} \sqrt{\frac{1}{\rho}(p_{\mathrm{s}} - p_{\mathrm{L}})}$$

对应的功率为

$$N_{\mathrm{L}} = p_{\mathrm{L}} Q_{\mathrm{L}} = p_{\mathrm{L}} C_{\mathrm{d}} W x_{\mathrm{vmax}} \sqrt{\frac{1}{\rho}(p_{\mathrm{s}} - p_{\mathrm{L}})}$$

当 $p_{\mathrm{L}} = \dfrac{2}{3} p_{\mathrm{s}}$ 时,输出功率最大。最大功率点处的负载流量为

$$Q_L = \sqrt{\frac{1}{3}} C_d W x_{vmax} \sqrt{\frac{p_s}{\rho}} = \sqrt{\frac{1}{3}} Q_0$$

$$Q_0 = C_d W x_{vmax} \sqrt{\frac{p_s}{\rho}}$$

$$N_{Lmax} = p_L Q_L = \frac{2}{3} p_s \sqrt{\frac{1}{3}} C_d W x_{vmax} \sqrt{\frac{p_s}{\rho}} = \frac{2}{3} \sqrt{\frac{1}{3}} Q_0 p_s$$

对于动力机构的效率,用 $\eta = \dfrac{N_L}{N_s}$ 来评估。

对于恒压泵油源

$$\eta = \frac{\frac{2}{3} p_s Q_L}{p_s Q_L} = 66.7\%$$

对于定量泵和溢流阀构成的动力机构

$$\eta = \frac{p_L Q_L}{p_s Q_{Lmax}}$$

其中,Q_{Lmax} 为最大负载流量。如果取空载最大流量 $Q_{Lmax} = Q_0$,

$$\eta = \frac{\frac{2}{3} p_s C_d W x_{vmax} \sqrt{\frac{1}{\rho}\left(p_s - \frac{2}{3} p_s\right)}}{p_s C_d W x_{vmax} \sqrt{\frac{1}{\rho} p_s}} = 38\% \quad (在最大功率点)$$

但一般 Q_s 不按 Q_0 取,而按负载最大速度选取,由于要留出一定的裕量,加之泵的规格,定量泵的效率一般在 $30\% \sim 40\%$ 之间。而液压系统的精度、响应速度和刚度特性是重要的。

7.4.2 负载轨迹

为了进行动力机构的匹配,需要了解负载的特性,负载轨迹可以描述负载力 F 与负载速度 v 的曲线,F 为横坐标,v 为纵坐标。

(1)摩擦负载。

图 7.12 所示为负载线轨迹图形,是负载速度 v 由 $0 \rightarrow v_{max} \rightarrow 0 \rightarrow -v_{max} \rightarrow 0$ 全周期循环的负载轨迹。

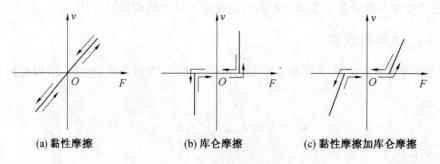

(a)黏性摩擦   (b)库仑摩擦   (c)黏性摩擦加库仑摩擦

图 7.12 负载线轨迹图形

(2)惯性负载。

若负载速度和受力如下:

$$v = v_m \sin \omega t$$

$$F = m\frac{\mathrm{d}v}{\mathrm{d}t} = mv_{\mathrm{m}}\omega\cos\omega t$$

则

$$\left(\frac{v}{v_{\mathrm{m}}}\right)^2 + \left(\frac{F}{mv_{\mathrm{m}}\omega}\right)^2 = 1$$

可以看出,惯性负载为正椭圆方程。

（3）弹性负载。

若负载速度和受力如下:

$$v = v_{\mathrm{m}}\cos\omega t$$

$$y = \frac{v_{\mathrm{m}}}{\omega}\sin\omega t$$

$$F = Ky = \frac{Kv_{\mathrm{m}}}{\omega}\sin\omega t$$

则

$$\left(\frac{v}{v_{\mathrm{m}}}\right)^2 + \left(\frac{F\omega}{Kv_{\mathrm{m}}}\right)^2 = 1$$

（4）弹性负载与黏性负载合成。

有些负载既具有弹性负载,又具有黏性负载,可以将两者合成:

$$\left(\frac{v}{v_{\mathrm{m}}}\right)^2 + \left(\frac{F - B_v}{mv_{\mathrm{m}}\omega}\right)^2 = 1$$

负载轨迹即为一个斜椭圆,如图 7.13(a) 所示。当频率升高时,主轴伸长,与 F 轴夹角减小。若活塞保持频率不变,改变振幅,也可得一组椭圆,如图 7.13(b) 所示。由此可见,低频曲线被高频曲线包围,因此设计时可按照高频曲线来进行设计。图 7.13(c) 所示为大型模拟地震台收到模拟地震信号时的负载轨迹图。在负载轨迹中,对于设计有用的工况点为最大功率、最大速度和最大负载力工况。图中所示为一、三象限的综合,可见负载并没有既定的规律,只是一些点的组合。

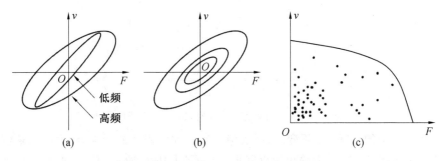

图 7.13　弹性负载与黏性负载合成的负载轨迹

7.4.3　动力机构的负载匹配

负载匹配的宗旨不但要使动力机构的输出特性满足最大负载要求,也需要实现负载轨迹的最小包络,所以将从两个方面进行分析。

（1）动力机构的速度－力特性曲线。

动力机构的输出特性是指在稳态条件下,执行元件的速度、输出力和阀芯位移三者之间的关系。现针对阀控动力机构的输出特性进行分析。

根据液压缸的输出力 $F = Ap_L$，$v = Q_L/A$ 可知，负载曲线与供油压力 p_s、液压缸有效面积 A、伺服阀的流量 Q_L 有关，改变 p_s、Q_0、A 即可调整动力机构的特性曲线。

① 当动力机构的流量 Q_0 和面积 A 不变时，动力机构分别在 $p_s = p_L$、$2p_L$、$3p_L$ 时的速度—力特性曲线如图 7.14 所示，随着供油压力的提高，动力机构的特性曲线向外拓展，最大功率 N_{Lmax}、输出速度也随着提高点右移。

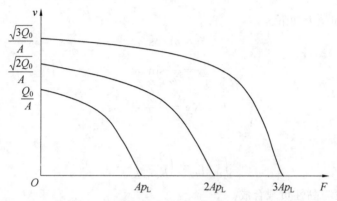

图 7.14　供油压力变化时，速度—力特性曲线

② 当动力机构的 p_s 和 A 不变时，伺服阀容量变化时的速度—力特性曲线如图 7.15 所示，可以看出，随着流量 Q_0 的增大，动力机构特性曲线向上拓展，最大功率点提高，曲线变高，但是最大输出力不变。

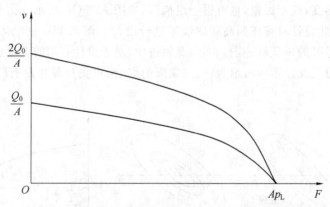

图 7.15　伺服阀容量变化时，速度—力特性曲线

③ 当动力机构的 p_s 和 Q_0 不变时，随着液压缸有效面积 A 的增大，动力机构速度—力特性曲线顶点右移，曲线变低，最大输出速度降低，但是最大功率 N_{Lmax} 不变，如图 7.16 所示。动力机构最大功率点坐标 $F = \dfrac{2}{3} p_s A$，$v = \sqrt{\dfrac{1}{3}} \dfrac{Q_0}{A}$。

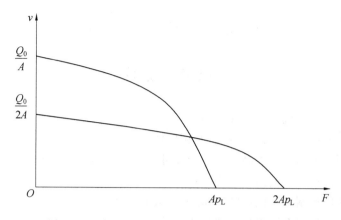

图 7.16　液压缸面积变化时,速度－力特性曲线

（2）负载匹配。

系统的动力机构需要和负载进行匹配,原则是动力机构曲线从外侧包围负载曲线,同时要求实现对负载曲线的最小包络,即两者之间的面积差最小。

结合图 7.17 所示的动力机构曲线和负载曲线匹配图,针对三种不同类型动力机构进行分析。

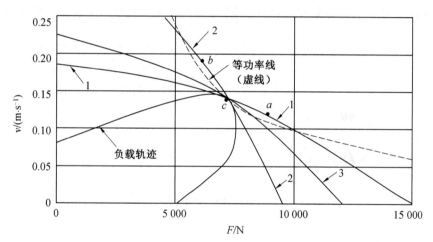

图 7.17　动力机构曲线和负载曲线匹配图

对于曲线 1,说明 A 或 p_s 越大,最大输出功率 a 点比 c 点(负载要求最大功率)大,效率低,但 $\frac{\partial v}{\partial F}$ 小,刚度大,响应快。牺牲效率提高系统的性能。

对于曲线 2,说明 A 或 p_s 越小,或伺服阀大(Q_0 大),b 点大于 c 点的功率,但由于 $Q_s = vA$,$p_s Q_s = N_s$ 小,效率高,但刚度和精度差。

对于曲线 3,最大功率点与 c 点重合,此时动力机构的特性曲线和负载曲线在 c 点相切,动力机构的功率设置最小,但液压能源功率并非最小,$Q_{L\max} = v_{L\max} A$,因曲线 3 中 A 大于曲线 2 的 A,液压能源大于曲线 2。

综上,动力机构曲线与负载轨迹曲线中间部分面积越小越好。

若供油压力已定,且已知负载轨迹上最大功率点的负载力和负载速度,则有如下结论。

最大功率点由 $F_L = \dfrac{2}{3} p_s A, v = \sqrt{\dfrac{1}{3}} \dfrac{Q_0}{A}$ 得 $A = \dfrac{3}{2} \dfrac{F_L}{p_s}, Q_0 = \sqrt{3} A v$。

思考与练习

7.1　简述液压动力机构的 4 种类型。

7.2　在进行液压缸连续性分析时,有哪些假设?

7.3　如何利用四通滑阀控制液压动力元件的基本方程建立系统的方块图?

7.4　为什么说稳态时液压弹簧不存在?

7.5　影响液压控制系统固有频率 ω_h 的参数有哪些?

7.6　提高液压控制系统阻尼比的措施是什么?

7.7　负载折算的物理意义是什么? 具体方法有哪些?

7.8　液压动力机构和负载匹配的原则是什么?

7.9　图 7.18 所示为机床液压驱动系统原理图,负载部分是有工作台的直线运动以及液压马达轴和丝杠的旋转运动,设工作台运动部分的质量为 m,导轨黏性摩擦系数为 B_s,液压马达轴与丝杠之间的齿轮传动比为 N,丝杠的螺距为 L,刚度为 K_s,工作台的速度为 v,液压马达角速度为 ω_m。根据负载折算原理,将机床工作台的质量和丝杠的刚度折算到液压马达轴。

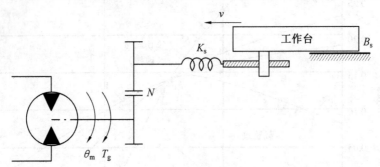

图 7.18　题 7.9 图

第8章　电液伺服控制系统

电液伺服控制系统综合了液压系统和电气系统的优势,具有控制精度高、响应速度快和负载功率大等优点,同时也具有控制算法灵活、信号处理能力强等优点,在国防科技和国民经济中应用广泛。比较典型的电液伺服控制系统有各种机翼控制系统、液压六自由度振动平台、液压负载模拟器、空间地面模拟装备等。

电液伺服控制系统以伺服元件(伺服阀为主)为控制核心,并由指令元件、控制器、放大器、执行元件、反馈元件及负载组成,其原理框图如图 8.1 所示。

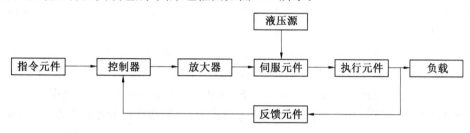

图 8.1　电液伺服控制系统原理框图

指令元件通过总线或者其他方式获取指令下行传递给控制器,控制器将指令和反馈信号按照控制算法输出控制电压信号,该电压信号经过放大器的放大和转换之后,变为电流信号从而驱动伺服阀。液压源为伺服阀提供具有一定压力和流量的液压油。伺服阀根据电流信号输出一定压力和流量的液压油,从而控制和驱动执行元件,推动负载完成系统功能。与此同时,执行元件收到的信号也经过反馈元件回送给控制器,如位移、力等类型信号,构成了闭环的控制系统。

按照被控物理量的不同,电液伺服控制系统可以分为位置控制系统、力控制系统、速度控制系统等,本章主要介绍电液位置控制系统及其在能源领域中的应用,还介绍水轮机调节系统,并从系统组成、系统特性以及校正方法方面展开论述。

8.1　电液位置控制系统

电液伺服控制系统中,位置控制系统是最常见的。其在航天、航海、兵器、冶金等多个领域得到广泛应用。它采用位置传感器(如磁致伸缩传感器)检测被控对象的位置变化,并以闭环负反馈控制方式工作。通常可以独自构成系统,如机床运动滑台的位置控制系统。同时,位置控制系统也可以作为执行元件参与构建大型控制系统,如飞机飞控系统里包含多种电液伺服作动器。位置控制系统的优点是:(1)能控制很大的惯量,产生很大的力和力矩;(2)具有高精度和快速响应能力,具有很好的灵活性和适应能力。

8.1.1　位置伺服系统的组成与方块图

图 8.2(a)所示为双电位器位置伺服系统图。图中两个电位器接成桥式电路,用以测量输入与输出之间的位置偏差电压信号。当反馈电位器滑臂与指令电位器点位不同时,偏差电压通过伺服放大器放大,经过电液伺服阀转换并输出液压能,推动液压缸,驱动工作台向消除偏差的方向运动。当反馈电位器滑臂与指令电位器点位相同时,工作台停止运动,完成了位置的控制。

图 8.2(b)所示为同步机位置伺服系统原理图。该系统采用一对自整角机来测量输入轴和输出轴之间的位置误差。测角装置的输出是载波调至信号,经相敏放大器解调后放大送入功率放大器中。功率放大器提供电流信号控制伺服阀阀芯位置。

图 8.2(c)所示为泵控位置间隙系统原理图。该系统采用伺服变量泵控制液压马达作为系统的动力机构,阀控液压缸是系统的前置级,用以控制液压泵的变量机构。图中液压泵变量机构的位置反馈回路为虚线,表示这个内部控制回路可以闭合也可以不闭合。测速电机和压差传感器作为反馈校正的元件,用以改善系统的动态品质。

综上所述,图 8.2 中(a)和(b)为节流式电液伺服控制系统,也就是阀控系统;图 8.2(c)为容积式电液伺服控制系统,即泵控系统,通常用于大功率场合。

在图 8.2(c)中,反馈电位器用比例环节 K_f 来表示,伺服阀电流 i 与系统误差电压 e_e 之间的关系取决于伺服阀的设计。假定采用电压反馈放大器,对线圈不加超前补偿,则伺服放大器和力矩马达的传递函数为

$$\frac{I}{E_g} = \frac{K_a}{\dfrac{s}{\omega_a} + 1} \tag{8.1}$$

式中　K_a—— 放大器与线圈电路增益;

　　　ω_a—— 线圈转折频率,$\omega_a = R/L$。

电液伺服阀的传递函数通常用振荡环节近似:

$$W_V(s) = \frac{Q}{I} = \frac{K_V}{\dfrac{s^2}{\omega_V^2} + 2\dfrac{\xi_V}{\omega_V}s + 1}$$

当动力机构的固有频率低于 50 Hz 时,伺服阀的传递函数为

$$W_V(s) = \frac{Q}{I} = \frac{K_V}{T_V s + 1} \tag{8.2}$$

式中　K_V—— 伺服阀流量增益;

　　　ω_V—— 伺服阀固有频率;

　　　ξ_V—— 伺服阀的阻尼比;

　　　T_V—— 伺服阀的时间常数。

当选用的伺服阀频率较高,而系统频宽较窄时,伺服阀可看成比例环节,即

$$W_V(s) = K_V \tag{8.3}$$

当弹性负载 $K = 0$ 时,动力机构的传递函数为

$$\bar{Y} = \frac{Q_V - \dfrac{K_{ce}}{A^2}\left(\dfrac{V_t}{4\beta_e K_{ce}}s + 1\right)F}{s\left(\dfrac{s^2}{\omega_h^2} + 2\dfrac{\xi_h}{\omega_h} + 1\right)} \tag{8.4}$$

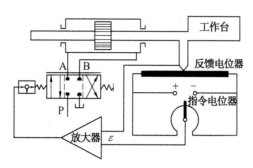

(a) 双电位器位置伺服系统图

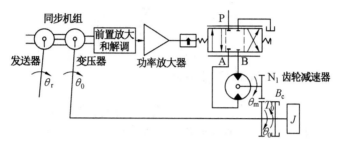

(b) 同步机位置伺服系统原理图

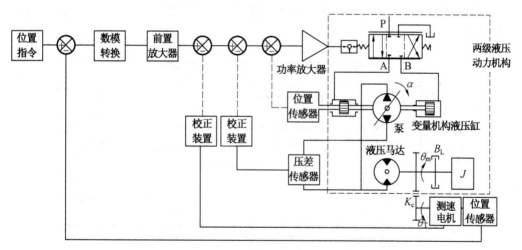

(c) 泵控位置间隙系统原理图

图 8.2　阀控电液伺服控制系统及容积式电液伺服控制系统

根据图 8.2(a) 每个环节,可以画出位置控制系统的方框图,如图 8.3 所示。
其开环传递函数如下:

$$W(s) = \dfrac{K_v}{s\left(\dfrac{s}{\omega_a}+1\right)\left(\dfrac{s^2}{\omega_V^2}+\dfrac{2\xi_v}{\omega_v}s+1\right)\left(\dfrac{s^2}{\omega_h^2}+\dfrac{2\xi_h}{\omega_h}s+1\right)} \tag{8.5}$$

式中　K_v —— 开环增益,$K_v = K_a K_v \left(\dfrac{1}{A}\right) K_f$。

根据传递函数的形式判定其属于 Ⅰ 型控制系统。通常伺服阀的响应较快,ω_h 往往是回路中最低的,它决定了系统的特性,回路的开环传递函数写为

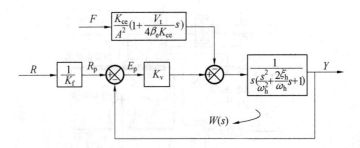

图 8.3   位置控制系统的方框图

$$W(s) = \frac{K_v}{s\left(\dfrac{s^2}{\omega_h^2} + \dfrac{2\xi_h}{\omega_h}s + 1\right)} \tag{8.6}$$

8.1.2   开环频率响应和稳定性分析

稳定性是伺服系统最重要的特性,因此液压伺服控制系统的动态分析和设计都以稳定性作为重心。由于液压伺服控制系统的参数在工作过程中经常发生变化,用系统的开环频率特性(伯德图)来分析系统稳定性时,参数变化的影响可以清晰地表示出来,因此可以在很大的参数变化范围内来评估系统的稳定性。根据回路开环传递函数式(8.6)可以画出开环系统的伯德图,如图 8.4 所示。

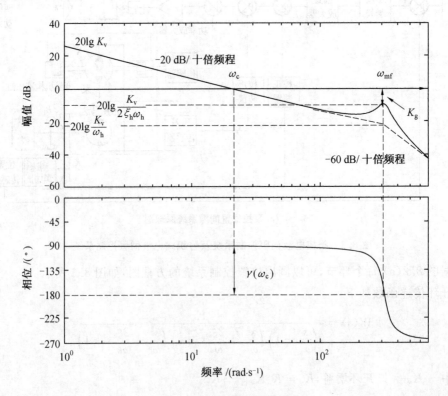

图 8.4   开环系统的伯德图

根据奈奎斯特判据可以证明,当谐振峰值超过零分贝时系统不稳定,由此可以求出系统稳定的判据：

$$20\lg \frac{K_v}{2\xi_h\omega_h} < 0$$

即

$$\frac{K_v}{2\xi_h\omega_h} < 1, \quad K_v < 2\xi_h\omega_h$$

由于 $\omega_c = K_v$，故稳定条件也限制了系统的穿越频率 ω_c，即限制了系统的频宽。通常液压阻尼比 $\xi_h = 0.1 \sim 0.2$，故稳定性条件可写成 $K_v < (0.2 \sim 0.4)\omega_h$。

可见 K_v 被限制在 ω_h 的 $20\% \sim 40\%$ 之间，因此，未经校正的系统很难使频宽大于 ω_h。为了改善系统的性能，可采用提高 ξ_h 的措施，如采用加速度校正或压力负反馈校正来提高 ξ_h，从而使系统的频宽达到或超过 ω_h 值。

某些系统伺服阀的其他环节动态不能忽略，因此其开环传递函数比较复杂。这时难以用解析法得到一个比较简单的判断依据，通常用伯德图来校验系统的闭环稳定性。即

$$\gamma = 180° + \varphi_c$$

式中　　φ_c——ω_c 处的相角；

γ—— 一般大于 $70° \sim 80°$。

$$K_g = -20\lg |W(j\omega)|$$

式中　　K_g—— 幅值裕量，一般应为 $6 \sim 12$ dB。

这就要求开环频率特性以 -20 dB 倍程穿越 0 分贝线。

由于位置系统阻尼比很小，所以相位裕量易于保证，一般 $\gamma > 70° \sim 80°$，但要保证有较大的幅值裕量是不容易的，除非将 K_v 值压得很低。

系统对输入信号和外负载力的闭环响应也是位置伺服控制系统的两个重要特性。根据方框图（图 8.3）来计算系统特性。

（1）对输入信号的闭环响应。

$$\frac{Y}{R_p} = \frac{1}{\dfrac{\omega_h}{K_v}\left(\dfrac{s}{\omega_h}\right)^3 + 2\xi_h\dfrac{\omega_h}{K_v}\left(\dfrac{s}{\omega_h}\right)^2 + \dfrac{\omega_h}{K_v}\left(\dfrac{s}{\omega_h}\right) + 1} \tag{8.7}$$

进一步可写成

$$\frac{Y}{R_p} = \frac{1}{\left(\dfrac{s}{\omega_b} + 1\right)\left(\dfrac{s^2}{\omega_{hc}^2} + \dfrac{2\xi_{hc}}{\omega_{hc}}s + 1\right)} \tag{8.8}$$

式中　　ω_b—— 闭环转折频率；

ω_{hc}—— 闭环二阶因子固有频率；

ξ_{hc}—— 闭环二阶因子阻尼比。

位置控制系统闭环频率特性如图 8.5 所示。

（2）系统对外负载力的响应。

$$\frac{F}{Y} = \frac{-\dfrac{K_v A^2}{K_{ce}}\left(\dfrac{s}{\omega_b} + 1\right)\left(\dfrac{s^2}{\omega_{hc}^2} + \dfrac{2\xi_{hc}}{\omega_{hc}}s + 1\right)}{\dfrac{s}{\omega_1} + 1} \tag{8.9}$$

因此闭环静态刚度可表示为

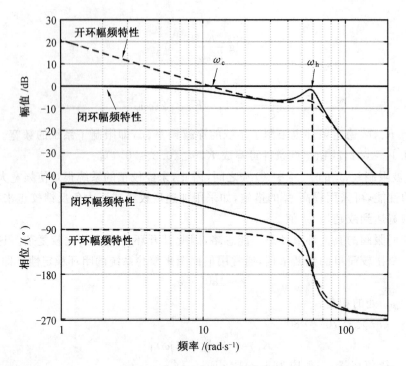

图 8.5　位置控制系统闭环频率特性

$$\left| -\frac{F(j\omega)}{Y(j\omega)} \right|_{\omega=0} = \frac{K_v A^2}{K_{ce}}$$

　　从式(8.8)和式(8.9)的误差传递函数可以看出,提高开环增益 K_v,对于减小速度误差和负载误差都是有益的,可以改善系统性能。但同时也会受到系统稳定性的限制。另外,通过降低 K_{ce} 可以较小负载误差,但这也将令阻尼比降低,因此,减小负载误差和增大阻尼比是矛盾的。以上的两对矛盾是需要对系统校正来做到优化的。

8.1.3　系统误差分析

　　电液位置控制系统的误差包括稳态误差和静态误差两个方面。稳态误差是指系统动态误差在 $t \rightarrow \infty$ 情况下的误差,可以根据误差函数来求得。静态误差是由控制系统所构成的元器件本身精度所造成的误差,包括如死区误差、零漂误差等。静态误差不是时间的函数,所以也不存在动态过程。

　　(1)稳态误差。

　　对于简化的位置系统(图 8.3),系统稳态误差的拉氏变换如下式:

$$\Delta Y(s) = \varphi_e(s) R_p(s) + \varphi_{ef}(s) F(s) \tag{8.10}$$

$$
\begin{cases}
\varphi_{e}(s) = \dfrac{s\left(\dfrac{s^{2}}{\omega_{h}^{2}} + 2\dfrac{\xi_{h}}{\omega_{h}}s + 1\right)}{s\left(\dfrac{s^{2}}{\omega_{h}^{2}} + 2\dfrac{\xi_{h}}{\omega_{h}}s + 1\right) + K_{v}} \\[4mm]
\varphi_{ef}(s) = \dfrac{\dfrac{K_{ce}}{A^{2}}\left(1 + \dfrac{V_{t}}{4\beta_{e}K_{ce}}s\right)}{s\left(\dfrac{s^{2}}{\omega_{h}^{2}} + 2\dfrac{\xi_{h}}{\omega_{h}}s + 1\right) + K_{v}}
\end{cases}
\tag{8.11}
$$

$\varphi_{e}(s)$ 和 $\varphi_{ef}(s)$ 分别是系统对于输入信号和干扰信号的误差传递函数。由式(8.11)可知，系统对于输入信号是 Ⅰ 型系统，对干扰信号是 0 型系统。将误差传递函数在原点进行泰勒级数展开，并且代入系统误差表达式(8.10)，对所得结果取拉氏反变换，可得以下函数：

$$
\Delta y(t) = \sum_{i=0}^{\infty}\frac{C_{i}}{i!}R_{p}^{i}(t) + \sum_{i=0}^{\infty}\frac{C_{fi}}{i!}F^{i}(t)
\tag{8.12}
$$

式中　C_{i}, C_{fi}——系统各阶误差系数 $C_{i}=\varphi_{e}^{i}(0)$，$C_{fi}=\varphi_{ef}^{i}(0)$。

（2）静态误差。

电液位置控制系统的静态误差主要由以下因素引起。

① 动力机构死区引起的误差。液压缸要启动时，需要克服负载和液压缸的静摩擦力，在液压缸两侧造成压降，该压降对应电液伺服阀一定的输入电流，与电液伺服阀的零位压力增益和液压缸的泄漏有关，其值为

$$
\Delta I_{1} = \frac{F_{f}/A}{K_{v}/K_{ce}}
\tag{8.13}
$$

式中　F_{f}——有负载时最大静摩擦力。

② 伺服阀及放大器的零漂引起的误差。因供油压力和工作温度变化引起的零点漂移用伺服阀电流表示，放大器的零漂也折算到伺服阀处。在计算系统总静态误差时，可将各元件的死区和零漂都折算到电液伺服阀处相加并以电流值表示，之后被电气部分的增益除即可得到系统的静态误差，如下式：

$$
静态误差(m) = \frac{死区和零漂\ \Delta I(A)}{电气部分增益\ K_{a}K_{f}(A/m)}
\tag{8.14}
$$

式中　K_{a}——伺服阀放大增益；

　　　K_{f}——位移传感器增益。

可以看出，如果需要减小静态误差，需要提高系统电气部分的增益。

③ 测量元件的零位误差，包括位移传感器的固有误差、调整基准误差等。当需要提高精度时，不一定单纯追求高精度的测量元件，也可以采用两个或者多个测量元件组成组合测量系统。

8.1.4　典型液压位置伺服控制系统的特点及主要设计原则

（1）液压位置伺服控制系统的特点。

液压位置伺服控制系统是由一个积分环节和一个振荡环节组成的。阻尼比 ξ_{h} 随工作点变动在很大范围内变化，系统的开环增益 K_{v} 也因伺服阀的流量增益 K_{v} 的变动而变化。因而造成开环频率特性的浮动，伺服阀在零位区时 ξ_{h} 最小，空载时 K_{v} 最大。所以位置系统一般以零位区设计工况。由于 ξ_{h} 比较小，在比例控制时，主要保证系统具有足够的幅值稳定裕量，为

此不得不将增益和穿越频率压得很低,系统的相角裕量接近90°。

(2) 液压位置伺服控制系统的设计原则。

① 确定主要性能参数的原则。

从选择动力机构的参数着手,应满足驱动负载和系统性能两方面。

a.提高系统的性能。

为提高快速性,需具有较高的ω_c值,为了提高精度,需提高开环增益K_v,两者都受ω_h的限制(K_v、ω_c上升,则ω_h下降)。

由于ω_h与A成正比,应选择较大的A,外干扰产生的误差与$K_{ce}/(K_v A^2)$成正比,也要求较大的A,但大尺寸要求较大的伺服阀,使系统功率加大,效率降低(p_L大,流量增益减小,要求A大)。

b.满足驱动负载的要求。

按负载匹配原则选择A,使所选的动力机构功率最小,效率高。

② 确定参数间适当的比例关系。

为使系统具有较好的动态特性,应要求它的闭环频率特性在尽可能的频带内实现幅值近似为1。即

$$\left| \frac{Y(j\omega)}{R(j\omega)} \right| \approx 1$$

可以证明,对于三阶系统(图 8.3),满足上述条件的闭环传递函数应为

$$\frac{Y}{R_p} = \frac{1}{\dfrac{s^3}{\omega_{hc}^3} + 2\dfrac{s^2}{\omega_{hc}^2} + 2\dfrac{s}{\omega_{hc}} + 1} \tag{8.15}$$

其开环传递函数应为

$$W(s) = \frac{Y/R_p}{1 - Y/R_p}$$

$$= \frac{1}{\dfrac{s^3}{\omega_{hc}^3} + 2\dfrac{s^2}{\omega_{hc}^2} + \dfrac{s}{\omega_{hc}}} = \frac{\omega_{hc}/2}{s\left(\dfrac{s^2}{\omega_{hc}^2} + \dfrac{s}{\omega_{hc}} + 1\right)}$$

令 $\omega_h = \sqrt{2}\,\omega_{hc}$,则

$$W(s) = \frac{\dfrac{\omega_h}{2\sqrt{2}}}{s\left(\dfrac{s^2}{\omega_h^2} + \dfrac{2s}{\sqrt{2}\,\omega_h} + 1\right)}$$

如果系统具有以上参数值,即为工程上所谓的"三阶最佳"系统,但实际上,ξ_h不可能是0.707,所以不经校正的液压伺服控制系统很难实现"三阶最佳"。实际系统的ξ_h远比0.707小且是多变的。应采取措施提高ξ_h和减小ξ_h的变化,如采用加速度反馈、压差反馈校正提高阻尼比。

③ 其他因素。为减少系统的静差,在增益分配时,希望提高电气部分的增益$K_a K_f$,减小液压部分的增益K_v/A。从提高系统刚度考虑,应减小K_{ce}(C_{tc},K_c减小),可见,适用于液压位置伺服控制系统的动力机构应具有高的压力增益和低的流量增益(减小静差)。

但低泄漏量的液压缸常有较大的摩擦力和要求较大的启动压力,若要求系统具有较好的

低速平稳性,应选择低摩擦和较大泄漏量的液压执行机构。

液压位置伺服控制系统应选择具有高的压力增益和恒定流量增益的流量伺服阀,选择足够尺寸的液压执行机构。

8.1.5　系统的校正

在实际应用中,单纯依靠调整比例控制器的增益来改变系统开环增益,不能够精确地达到快速性和精度的要求。如果通过增大液压执行元件的规格,也会造成电液伺服单元整体的增大,成本升高,占地面积大。因此,为了设计高性能的位置控制系统,常采用校正的方法来实现。

(1)滞后校正。

在阻尼比较小的液压伺服控制系统中,提高开环增益的限制因素是增益裕量,而不是相位裕量,因此需要采用滞后校正抬高低频段的增益,降低系统的稳态误差。滞后校正有多种实现方式,可用电阻和电容组成的滞后网络(图 8.6)构成滞后校正环节。

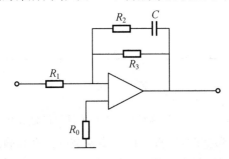

图 8.6　滞后校正环节组成原理图

该滞后校正环节的传递函数为

$$W_c(s) = \frac{K_1(T_1 s + 1)}{\alpha T_1 s + 1}$$

式中　　$K_1 = \frac{R_3}{K_1}$;

　　　　$T_1 = \frac{1}{\omega_1} = R_2 C$;

　　　　$\alpha = 1 + \frac{R_3}{R_2}$。

将该滞后校正环节串联在系统的前向通路中(通常在功放之前),由于 $K_1 \neq \alpha$,为使校正后 ω_c 不变,应调整前置放大器的增益,使之增大 $\frac{1}{R_2} + \frac{1}{R_3}$ 倍。

经校正的开环传递函数为

$$W(s) = \frac{K_{vc}\left(\frac{1}{\omega_1}s + 1\right)}{s\left(\frac{\alpha}{\omega_1}s + 1\right)\left(\frac{s^2}{\omega_h^2} + 2\frac{\xi_h}{\omega_h}s + 1\right)} \tag{8.16}$$

式中　　$K_{vc} = \alpha K_v$。

具有滞后校正的位置伺服控制系统如图 8.7 所示,其提高了系统的低频增益,减小了系统的稳态误差。

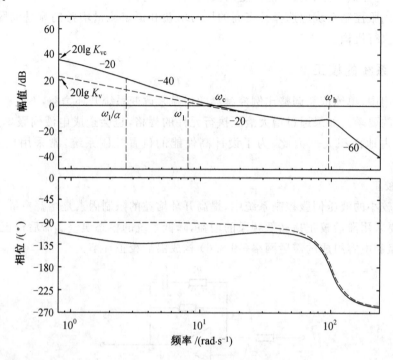

图 8.7 具有滞后校正的位置伺服控制系统

在确定滞后校正的相关参数时,应按照以下步骤进行计算和确定。

① ω_c 附近 -20 dB/十倍频程应足够宽,满足幅值、相位裕量的要求。

② ω_c 位于 ω_1 和 ω_h 之间的相位滞后最小的频率上,即要保证 ω_c 处的相位裕量最大。

③ ω_c 应足够大,以满足快速性的要求(但要保证 ω_h 处的裕量)。

④ 调整 ω_1,满足相位裕量的要求。

⑤ 根据精度确定 K_{vc} 的值。

$$K_{vc} = \alpha K_V = \alpha \omega_c$$

⑥ 检查是否满足稳定性的要求。

⑦ 确定电阻、电容元件。

采用滞后校正网络,优点是:① 速度放大系数提高 α 倍后,误差为未校正前的 $1/\alpha$;② 系统的稳态和低频闭环刚度提高;③ 低频增益提高,对低频信号的复现精度提高。但是由于滞后网络属于无源校正网络,会造成系统开环增益的衰减,同时,系统受某些非线性因素的影响,易产生极限环振荡。所以,应尽量增大相位裕量,使 $\varphi(\omega) \rightarrow 90°$。另外,系统对参数的变化比较敏感,开环增益变化均影响系统的稳定性。

(2)加速度负反馈校正。

大多数系统阻尼比都相对较低,常常限制了伺服控制系统的性能指标。所以如果能够将阻尼比从通常的 $0.1 \sim 0.2$ 提高到 $0.4 \sim 1$,就可以使系统的稳定性和快速性明显地改善,响应速度也会提高很多。所以采用加速度负反馈校正是既可以提高阻尼比,又可以不降低系统效率的有效方法。

加速度反馈校正系统方框图如图 8.8 所示,它是用加速度计测取加速度信号,反馈到伺服

阀的输入端。由方框图知加速度负反馈回路闭环传递函数为

$$\frac{Y}{E_{\mathrm{g}}}=\frac{K_0}{s\left(\dfrac{s^2}{\omega_{\mathrm{h}}^2}+\dfrac{2\xi'_{\mathrm{h}}}{\omega_{\mathrm{h}}}s+1\right)} \tag{8.17}$$

式中　　$K_0=\dfrac{K_{\mathrm{a}}K_{\mathrm{V}}}{A}=\dfrac{K_{\mathrm{v}}}{K_{\mathrm{f}}}$；

　　　　$\xi'_{\mathrm{h}}=\xi_{\mathrm{h}}+\dfrac{K_0 K_{\mathrm{fa}}\omega_{\mathrm{h}}}{2}$。

开环传递函数为

$$W(s)=\frac{K_{\mathrm{v}}}{s\left(\dfrac{s^2}{\omega_{\mathrm{h}}^2}+\dfrac{2\xi'_{\mathrm{h}}}{\omega_{\mathrm{h}}}s+1\right)}$$

式中　　$K_{\mathrm{v}}=K_0 K_{\mathrm{f}}$。

可以发现,经过加速度负反馈后,系统的增益和固有频率不变,阻尼比 ξ'_{h} 提高了,使系统达到或接近"三价最佳"。这样在保证内部回路稳定的条件下,通过调整反馈系数 K_{fa} 可以获得所需要的阻尼比。

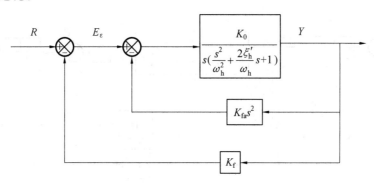

图 8.8　加速度反馈校正系统方框图

（3）加速度负反馈和速度负反馈校正。

伺服控制系统还可以参照加速度负反馈构成速度负反馈回路,可以有效地抑制系统内部的非线性特性,如死区和滞环等。但是由于速度负反馈也会降低系统的开环增益和阻尼,一般情况下,将速度负反馈联合加速度负反馈进行校正。图 8.9 所示为加速度负反馈和速度负反馈校正的电液伺服控制系统方框图。

内部回路的闭环传递函数为

$$\frac{Y}{U}=\frac{K_0/(1+K_0 K_{\mathrm{fv}})}{s\left(\dfrac{s^2}{\omega_0^2}+\dfrac{2\xi_0}{\omega_0}s+1\right)}$$

式中　　$\omega_0=\omega_{\mathrm{h}}\sqrt{1+K_0/K_{\mathrm{fv}}}$；

　　　　$\xi_0=\xi_{\mathrm{h}}\sqrt{1+K_0/K_{\mathrm{fv}}}$。

由上式可见,通过调节前置放大器的增益 K_1,可以把系统的总增益调到合适的数值,通过反馈系数 K_{fv} 把阻尼比调整到所需要的数值。利用加速度负反馈和速度负反馈校正可以改善系统的稳定性并提高系统的固有频率。但是,需要注意的是,伺服阀等环节的频宽会限制加速

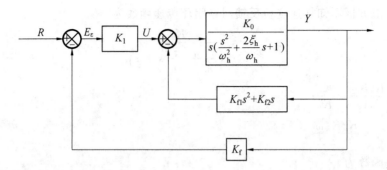

图 8.9　加速度负反馈和速度反馈校正的电液伺服控制系统方框图

度负反馈和速度负反馈校正。注意:经负反馈校正所能提高的阻尼比和固有频率的幅度由伺服阀固有频率 ω_{V} 及液压固有频率 ω_{h} 之间的差距决定。

（4）压力反馈校正。

在液压控制系统中,压力是一个相对比较容易测量的物理量,利用压力构成反馈校正系统可以产生类似加速度负反馈校正的效果。图 8.10 所示为增加了压力反馈之后的控制系统方框图。

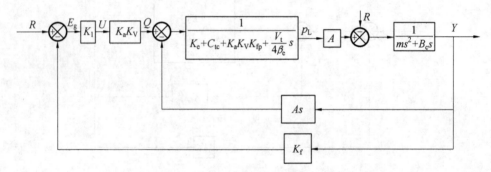

图 8.10　增加了压力反馈之后的控制系统方框图

由上图可求出压力内环的闭环传递函数:

$$\frac{Y}{U}=\frac{K_0/(1+B_{\mathrm{c}}K_0K_{\mathrm{fp}}/A)}{s\left(\dfrac{s^2}{\omega_{\mathrm{h}}^{\prime 2}}+\dfrac{2\xi_{\mathrm{h}}^{\prime}}{\omega_{\mathrm{h}}^{\prime}}s+1\right)} \tag{8.18}$$

式中　　$K_0=\dfrac{K_{\mathrm{a}}K_{\mathrm{V}}}{A}$;

$\omega_{\mathrm{h}}^{\prime}=\omega_{\mathrm{h}}\sqrt{1+B_{\mathrm{c}}K_0K_{\mathrm{V}}K_{\mathrm{fp}}/A^2}$;

$\xi_{\mathrm{h}}^{\prime}=\xi_{\mathrm{h}}+\dfrac{K_{\mathrm{a}}K_{\mathrm{V}}K_{\mathrm{fp}}m\omega_{\mathrm{h}}}{2A^2}$ 。

因此,位置环的开环传递函数为

$$\frac{Y}{E_p}=\frac{K_{\mathrm{V}}^{\prime}}{s\left(\dfrac{s^2}{\omega_{\mathrm{h}}^{\prime 2}}+\dfrac{2\xi_{\mathrm{h}}^{\prime}}{\omega_{\mathrm{h}}^{\prime}}s+1\right)} \tag{8.19}$$

式中　　$K_{\mathrm{V}}^{\prime}=\dfrac{K_1K_{\mathrm{f}}K_{\mathrm{a}}K_{\mathrm{V}}}{A(1+B_{\mathrm{c}}K_{\mathrm{a}}K_{\mathrm{V}}K_{\mathrm{fp}}/A^2)}$

可以发现,经过压力反馈校正的系统相当于将液压动力元件的总流量－压力系数 K_{ce} 增加了 $K_{fp}K_aK_v$。系统阻尼比明显提高,最大的阻尼比由 ω_v 及 ω_h 之间的差距决定。与此同时,系统阻尼比的增大造成系统的压力增益降低,进而降低了系统的负载刚度,增加了外负载引起的系统误差,降低了系统的精度。这是与加速度负反馈的不同之处。

除了以上介绍的 4 种反馈校正方法外,电液位置控制系统的校正方式还有动压反馈、组合压力反馈等。

8.2　水轮机调节系统

电力系统的频率是衡量电能质量的基本技术指标之一。我国电力供电系统的额定频率为 50 Hz,其容许偏差为 $\pm 1\%$,即系统频率的偏差值不能超过 ± 0.5 Hz,容量较大的系统频率的偏差值不超过 0.2 Hz。1996 年电力部正式要求各电网把频率的变化范围控制在 0.1 Hz。目前各发达国家频率偏差都在 0.1 Hz,日本为 0.08 Hz。电力系统的频率和电压超过允许偏差时,将直接影响到产品的质量(电动机转速出现偏差)和用电设备的安全,严重时甚至危及电力系统的安全运行。

因此,作为发电容量最大的清洁能源——水力发电,当电力系统负荷发生变化时,需要对水轮机进行频率的调节,改变水轮机的流量使水力矩与发电机负荷阻力矩达到新的平衡,以维持频率在规定范围内。

8.2.1　水轮机调节系统的特点

(1)水轮机组惯性大,具有非线性特性。

水轮机调节系统是一个水、机、电综合控制系统,压力引水具有较大水流惯性,使水力矩不能立即响应负荷力矩的变化,而水轮机具有明显的非线性特性,且水轮机组有较大的转动惯性,这些都给水轮机调节系统的调节品质带来了很大影响,也给调节系统的稳定性分析、过渡过程分析以及调速器参数整定带来一定的困难。

(2)液压系统的非线性。

由于水流量大,为了驱动水轮机控制机构需要多级液压放大元件,而液压元件的非线性引起调速器本身的不稳定,恶化调节系统的调节品质。

(3)水轮机类型不同对调速器的结构要求也不同。

单调节调速器:混流式、轴流定桨式。

双调节调速器:轴流转桨式、斜流式、冲击式。

(4)调速器可以和其他自动装置配合,实现成组调节。

8.2.2　水轮机调速器组成

水轮机的调节是通过调速器来完成的。调速器是由实现水轮机调速及相应控制作用的机构和指示仪表等组成的一个或几个装置的综合。调速器完成调速的过程包括压力引水系统、水轮机、发电机、电压调节器、调速系统及电力系统。从自动控制原理角度来说,压力引水系统、水轮机、装有电压调节器的发电机及其所并入的电力系统称为被控对象(调节对象),由水轮机调速系统和被控系统组成的闭环控制系统称为水轮机调节系统。图 8.11 所示为水轮机调节过程的控制方框图。

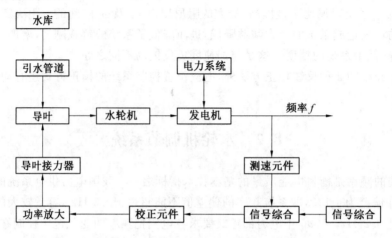

图 8.11　水轮机调节过程的控制方块图

虽然调速器的自动调速元件在具体结构上有多种形式,但是从动态特性看,只要具有相同的数学模型就可以归纳为同一种动态环节。常见的典型环节有比例、积分、微分、惯性、振荡和迟滞等。具有比例－积分－微分并联校正元件及从中间接力器引出永态和暂态反馈的调速系统框图如图 8.12 所示。

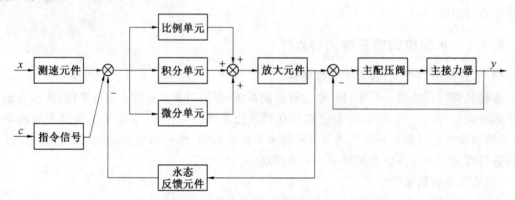

图 8.12　具有比例－积分－微分并联校正元件及从中间接力器引出永态和暂态反馈的调速系统框图

8.2.3　水轮机调速器的分类

水轮机调速器按其主要部件的结构类型可分为机械液压调速器和电气液压调速器。

(1)机械液压调速器的特点。

机械液压调速器的自动控制部分为机械元件,操作部分为液压系统。机械液压调速器出现较早,现在已经发展得比较成熟完善,其性能可满足水电站运行的要求,几十年来是大中型水电站广为采用的一种调速器,运行安全可靠。但机械液压调速器机构复杂,制造困难,造价较高,特别是随着大型机组和大型电网的出现,对系统周波、电站运行自动化等提出了更高的要求,机械液压调速器精度和灵敏度不高的缺点就显得较为突出,故我国新建的大中型水电站已越来越多地采用电气液压调速器。

(2)电气液压调速器的特点。

电气液压调速器是在机械液压调速器的基础上发展起来的,其特点是在自动控制部分用电气元件代替机械元件,即调速器的测量、放大、反馈、控制等部分用电气回路来实现,液压放大和执行机构则仍为机械液压装置。

与机械液压调速器相比,电气液压调速器的主要优点有:精度和灵敏度较高;便于实现电子计算机控制和提高调节品质、经济运行及自动化的水平;制造成本较低,便于安装、检修和参数调整。

近年来又出现了微机调速器,其控制部分采用微型电子计算机,性能更为优越。

8.2.4　液压放大装置

(1)电液比例伺服阀。

将配压阀、接力器串联,并用无惯性环节以负反馈将之包围,构成具有放大功能的液压放大器。其中比例伺服阀完成电-液转换,图 8.13 所示为电液比例伺服阀的结构图,比例伺服阀的功能是把微机调节器输出的电气控制信号转换为与其成比例的流量输出信号,用于控制带辅助接力器(液压控制型)的主配压阀。

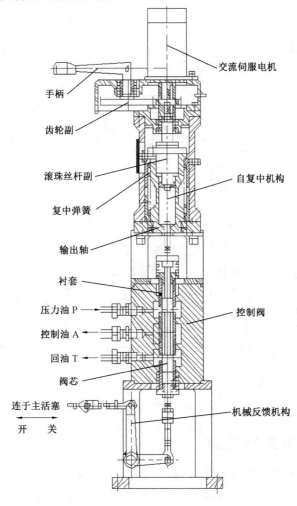

图 8.13　电液比例伺服阀的结构图

（2）主配压阀。

主配压阀是调速器机械液压系统的功率级液压放大器，它将电/机转换装置机械位移或液压控制信号放大成相应方向的、与其成比例的、满足接力器流量要求的液压信号，控制接力器的开启或关闭。主配压阀的主要结构有两种：带引导阀的机械位移控制型和带辅助接力器的机械液压控制型。带引导阀的机械位移控制型主配压阀结构图如图 8.14 所示。对于带辅助接力器的机械液压控制主配压阀，必须设置主配压阀活塞至电/机转换装置的电气或机械反馈。

在主配压阀上整定接力器的最短关闭和开启时间的原理有两种：基于限制主配压阀活塞最大行程的方式和基于在主配压阀关闭和开启排油腔进行节流的方式。大型调速器一般采用限制主配压阀活塞最大行程的方式来整定接力器的最短关闭和开启时间。对于要求有两段关机特性的，在主配压阀上整定的是快速区间的关机速率；慢速区间的关机速率设置，在分段关闭装置上实现。

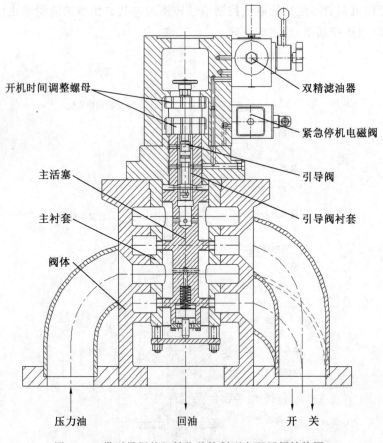

图 8.14　带引导阀的机械位移控制型主配压阀结构图

8.2.5　水轮机调速器的校正

根据之前的分析，对于稳定的系统：如果机组改变了原来的平衡状态，经过调节，机组能达到新的平衡状态。显然，无反馈的调速系统是一个不稳定系统，所以要改进系统就必须在转速恢复到额定值（即动力矩与阻力矩相平衡）时，设法使引导阀与转动套、辅助接力器与配压阀活塞回到相对中间的位置，也就是需要引入反馈系统。这里介绍具有软反馈的调速系统。

软反馈（又称暂态反馈）是指反馈信号只在调节过程中存在，调节过程结束后，反馈信号自动消失的反馈。

（1）系统组成。

具有软反馈的调速系统结构原理图如图 8.15 所示。该系统包括离心摆（测速元件）、引导阀（放大元件）、辅助接力器与主配压阀（放大元件）、接力器（执行元件）和水轮机（调节对象）、软反馈元件。

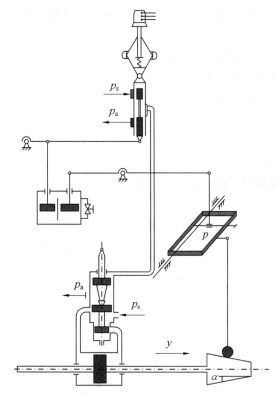

图 8.15　具有软反馈的调速系统结构原理图

（2）工作原理。

①当转速为额定转速时，引导阀与转动套、辅助接力器与配压阀在相对中间的位置。

②当转速升高时，离心摆带动引导阀与转动套上移→引导阀中间腔室与排油腔相通，腔内油压下降→辅助接力器与配压阀活塞上移→压力油进入接力器左腔，同时右腔接通排油→接力器活塞右移→关小导叶，减小流量。

当接力器右移时，反馈锥体使反馈架上移，缓冲装置主动活塞受向下的力，使从动活塞上移，推动引导阀针塞上移与转动套回到相对中间的位置，接力器停止移动。此时 $M_t = M_g$，其中 M_t 为水轮机水力矩，M_g 为发电机负荷阻力矩。

接力器停止移动后，受活塞弹簧的作用，主、从动活塞逐渐向中间位置回复，同时使引导阀针塞稍有下移。

引导阀针塞稍有下移，导叶进一步关小，使 $M_t < M_g$，进一步降低转速，这时，离心摆有所

下移,带动转动套下移,使转动套与针塞回到相对中间的位置,使得已上升了的转速降回到原来的额定值,并保持转速稳定。

不管是负荷增加使转速下降,还是负荷减少使转速上升,经过系统调整后,机组都能恢复到原来的额定转速并稳定下来,即实现无差调节。

思考与练习

8.1 简述液压位置控制系统开环增益的变化对系统的影响。

8.2 典型电液位置伺服控制系统,若供油压力提高,则系统的快速性、稳定性、精度如何变化?

8.3 为什么未经校正的系统的频宽会受到限制?

8.4 位置控制系统的误差来源有哪些?

8.5 位置控制系统的设计原则有哪些?

8.6 滞后校正网络的优点是什么?

8.7 为什么要联合速度负反馈和加速度负反馈校正?

8.8 水轮机调速器的分类?

8.9 简述水轮机调速器的校正方法和原则。

第二部分　液力传动

第 9 章　液力传动基础

9.1　液力传动概述

液力传动是流体传动的一个分支,液力传动元件是由几个叶轮组成的一种非刚性连接的传动装置,这种装置把机械能转换为液体的能量,再将液体的能量转换为机械能,从而起到动力传递的作用。液力传动与液压传动是不同的,液力传动主要依靠液体的动能传递能量,液压传动依靠液体的压力能传递能量。

9.1.1　液力传动基本原理

液力传动可以看作是叶片泵与水轮机两种可逆式工作机械的组合,液力传动工作原理与主要部件如图 9.1 所示。原动机带动叶片泵对工作液体做功,具有一定能量的液体经过管路冲击水轮机旋转,带动工作机械旋转,在水轮机中消耗了能量的液体又回到叶片泵进口,循环往复,从而实现原动机的能量到工作机械的连续传递。取消不必要的导水管和水槽,就变成了延续至今的,著名的"费丁格尔液力偶合器"。

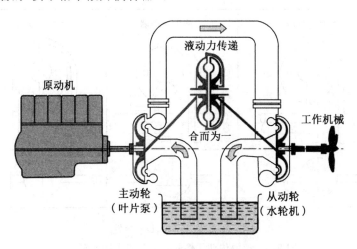

图 9.1　液力传动工作原理与主要部件

液力传动元件主要依靠工作液体动能($v^2/2g$)的变化来传递或变换能量,满足不同工作机械传动性能的要求,如图 9.2 所示。液力传动元件包括各种形式的液力偶合器和液力变矩器,在传动系统中,若有一个以上的环节采用液力传动元件传递动力,这样的传动系统称为液力传动。

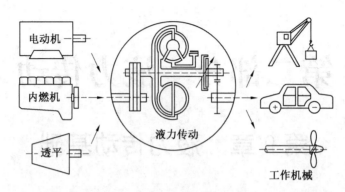

图 9.2　液力传动元件满足不同工作机械传动性能的要求

　　液力传动元件一般轴向布置在原动机和工作机械之间实现动力的传输,液力传动元件的传动特性、水力性能及液力传动元件与原动机动力特性的匹配是液力传动研究的主要内容。

9.1.2　液力传动的分类

　　按独立工作的元件区分,液力传动包括液力偶合器和液力变矩器两种主要的传动元件类型。液力偶合器按结构和性能的不同又分为普通型、牵引型、限矩型和调速型。液力传动元件的分类及代表图形符号如图 9.3 所示,其中的液力制动器可以看作是液力偶合器工作的一种特殊形式,同样是基于液力传动原理工作,只是液力制动器不是传递能量,而是吸收能量。液力变矩器与液力偶合器在结构上的最大差别是是否存在固定不动的导轮,分类较为灵活,可以按工作轮进行顺序排序或数目分类,可以按涡轮的形式分类(轴流、离心和向心涡轮液力变矩器),也有可调式和不可调式液力变矩器之分,还有一类兼有液力偶合器和液力变矩器功能的综合式液力变矩器。

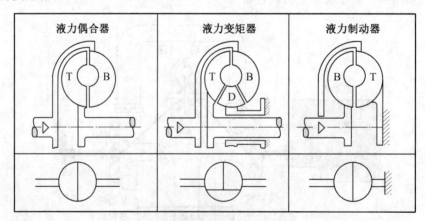

B—泵轮;T—涡轮;D—导轮

图 9.3　液力传动元件的分类及代表图形符号

　　(1)液力偶合器。

　　液力偶合器是一种利用液体传递能量的液力传动元件,而且是一种非常简单的液力传动元件,只有泵轮和涡轮而没有导轮,工作轮叶片为平面径向直叶片,其结构简图如图 9.4 所示。

　　与泵轮刚性连接的输入轴是由原动机带动旋转的,位于泵轮内的工作液体受到泵轮叶片

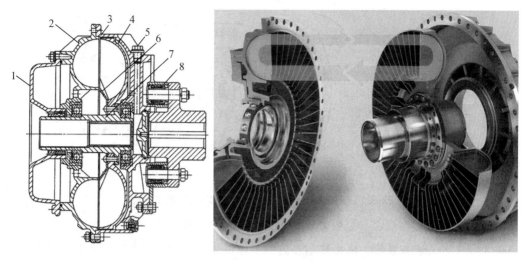

图 9.4　液力偶合器的结构简图
1—辅室;2—泵轮;3—壳体;4—涡轮;5—注油塞;6—挡板;7—轴套;8—弹性联轴节

的作用,产生离心力,迫使工作液体向外缘流动,从而使得工作液体的速度和压力增大,这样就把动力机的机械能转变成泵轮内工作液体的动能和压力能;泵轮排出的液体进入涡轮,并冲击涡轮的工作叶片,同时工作液体被迫沿涡轮叶片间流道流动,液流的速度减小,液体的能量转变成液力偶合器输出轴(与涡轮刚性相连)上的机械能。工作液体对涡轮做功降低能量后再次回到泵轮,并吸收能量,如此不间断地循环往复,就实现了泵轮与涡轮之间的能量传递,也即液力传动。如果涡轮的转速升高到与泵轮的转速相等时,工作液体在工作腔内将停止循环流动,处于相对的静止状态,此时能量的传递也就终止了,所以液力偶合器正常工作时涡轮转速必然低于泵轮转速,否则不能传递能量,也就是说,液力偶合器正常工作时总是存在滑差的。液力偶合器可以将输入轴上的转矩大小不变地传递到输出轴,具有类似机械传动的特性,因此液力偶合器也被称为液力联轴节。优良的能容特性、启动特性、隔离衰减扭振、过载保护及调速型液力偶合器的无级调速是液力偶合器传动性能的优越之处,泵轮输入转矩与涡轮输出转矩相等且传动效率等于转速比(涡轮转速与泵轮转速之比)是液力偶合器工作特性两个最基本的特点。

(2)液力变矩器。

简单的单级液力变矩器主要的工作部件有泵轮、涡轮及导轮,图 9.5 所示为单级、单相向心涡轮液力变矩器的结构简图,各工作轮中均有沿圆周分布的空间曲面形状的叶片。

以 B—T—D 型液力变矩器为例,工作腔内充满工作液体,液力变矩器不工作时,工作液体处于静止状态,没有能量交换;液力变矩器工作时,动力机通过输入轴及泵轮输入盘带动泵轮旋转,位于泵轮内的工作液体受到泵轮叶片作用而向外缘流动,工作液体的速度和压强增大,即泵轮把动力机传来的机械能转变为工作液体的动能和压力能。由泵轮流出的高速工作液体,经过一小段无叶片区的流道后,直接进入涡轮,并冲击涡轮叶片,使与涡轮相连的输出轴旋转。工作液体通过涡轮后,速度矩减小,能量减小,液体的能量通过涡轮转变为输出轴上的机械能。由涡轮流出的工作液体经过一小段无叶片区的流道进入导轮,由于导轮直接或间接(如通过单向离合器)固定在不动壳体上,它既不吸收能量也不输出能量,只是通过叶片对液流的作用来改变液流的动量矩,以改变涡轮的力矩,达到变矩的目的。由导轮流出的工作液体经过

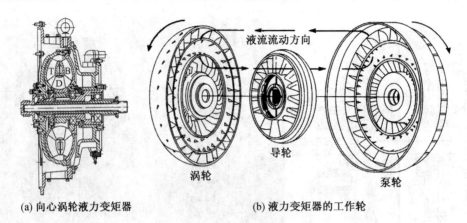

(a) 向心涡轮液力变矩器　　　　　　　(b) 液力变矩器的工作轮

图 9.5　液力变矩器的结构简图

一小段无叶片区又进入泵轮。液力变矩器内的工作液体,由泵轮→涡轮→导轮→泵轮连续不断地循环,泵轮连续不断地吸收机械能并转换为工作液体的能量,涡轮把工作液体能量再转换为机械能,从而将动力机传来的机械能传给液力变矩器后面的工作机械。液力变矩器的主要特点体现在它的变矩性能、带给工作机械的自动适应性能、影响发动机的透穿性能以及可调式液力变矩器的无级调速性能。

（3）液力制动器。

液力制动器的全称为液力制动减速器,也称为液力缓速器或者液力减速器。在特定情况下,液力偶合器的一个工作轮被制动则成为液力制动器。液力制动器是由一个动轮（相当于液力偶合器的泵轮）和一个定轮（也称为定子,相当于液力偶合器制动工况时的涡轮）组成,其结构剖面图如图9.6所示。工作时两轮之间形成的工作腔内充满工作液体,旋转的泵轮就作为

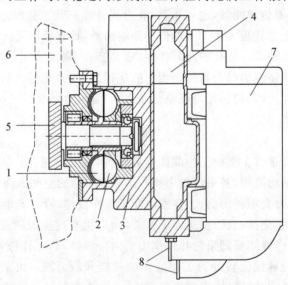

图 9.6　液力制动器的结构剖面图

1—转子;2—定子;3—制动器箱体;4—油箱;5—齿轮轴;
6—驱动轮;7—冷却器;8—冷却水接口

动力机的一个纯阻力型机械负载,供给泵轮的动能由于液体的摩擦和冲击损失转化为液体的热能。液力制动器常用于动力机械的特性实验,在大功率车辆上作为非接触式连续制动装置。

用于行走机械上时,液力制动器在高转速时制动效能大,随着转速的降低,制动效能降低,并且当转速接近于零时,制动效能接近于零,所以,液力制动器不能代替机械刹车的停车制动功能。

液力传动还包括液力机械传动装置,如图 9.7 所示的早期"红旗"CA－770 轿车液力机械传动简图,它不是液力传动元件与机械传动元件的简单组合,而是通过液力传动元件与行星齿轮的适当组合,将功率的传递分流给液力传动元件和行星齿轮两部分。液力机械传动装置具有类似液力传动元件的传动特性,可以归属为液力传动研究的范畴。

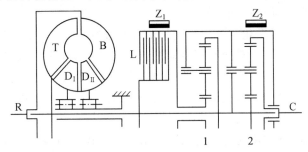

图 9.7　"红旗"CA－770 轿车液力机械传动简图
B—泵轮;T—涡轮;D_I—Ⅰ级导轮;D_{II}—Ⅱ级导轮;L—
多片式离合器;R—输入轴;C—输出轴;Z_1、Z_2—制动器;
1、2—行星变速器

在液力机械传动装置中,有采用行星传动的,也有采用定轴式多轴变速器的,采用行星传动的方式结构更加紧凑。液力机械传动装置通过选用适当参数的机械元件及其与液力传动元件的结构匹配的方式,相当于把原有的液力传动元件改变成一种具有新特性的液力偶合器或者液力变矩器。机械元件参数与液力传动元件匹配特性关系是系统研究的主要问题。

9.1.3　液力传动的特点

液力传动最基本的特点是输入能量等于输出能量与液力传动元件或液力传动机械中损失的能量之和,即遵循能量守恒定律。能量守恒定律是任何传动机构所必须遵循的基本原则。液力传动与其他形式的传动机构相比,具有以下特点。

(1)能容大,具有较大的功率/质量比。

液力传动元件的工作轮仍然属于叶片式流体机械,液力传动元件的传递功率与泵轮输入转速的三次方成正比,与工作腔循环圆直径的五次方成正比。适合于高速、大功率场合的传动应用。

(2)高可靠性、长寿命。

流体传动技术成熟,各个工作轮之间没有刚性摩擦,工作油液同时也提供良好的润滑性能。近乎机械式的传动,还有良好的环境适应性,可靠性超过 99.97%,平均无故障时间(MT-BF)为 30 年以上。

(3)很强的负载工况自动适应性。

泵轮与涡轮的转差率可以随外负载变化自动变化,因此具有无级变速的功能。对液力变矩器来说,外负载变化,涡轮输出转速自动改变,涡轮输出转矩随之调整与外负载平衡,具有很强的自动适应性。

(4)隔离衰减扭振。

泵轮与涡轮之间为非刚性连接,液力偶合器亦可称为液力联轴节,工作油液起到"液体弹簧"的作用,隔离衰减扭振,对于车辆传动,没有换挡的冲击,增加了舒适性。

(5)过载保护功能。

制动工况,涡轮转速为零,但与原动机直接相连的是泵轮,在此工况下,泵轮的转矩保持一定。如果选型合适,冷却系统设计得当,液力传动元件具有良好的过载保护性能。对于采用内燃机作为动力机的传动系统,则可以防止负载突变导致内燃机的转速过低熄火。

(6)工况稳定,改善原动机启动性能。

作为原动机直接负载的泵轮负载抛物线与动力机的共同工作工况点都是稳定的。如果动力机为交流异步电动机,则可以充分利用电动机的最大转矩来启动大惯性负载,避免"大马拉小车"。电动机带液力偶合器可以实现负载的平稳启动,并可以大大缩小电动机的启动时间,防止大功率电动机启动时间过长、电流过大对电网的冲击或烧毁电动机的事故发生。

(7)一定调速范围的高效传动。

调速型液力偶合器、液力调速行星传动装置用于叶片式泵与风机抛物线类负载的调速传动,在一定负载率调节范围内具有较为显著的节能效果。

液力传动的缺点:

(1)液力偶合器正常运行总是存在3%左右的滑差损失。

(2)运行偏离设计工况点,液力传动元件传动效率偏低。

(3)液力传动元件只能在动力机和工作机之间轴向布置,需要一定的占地空间。

(4)调速型液力偶合器、液力变矩器需要单独配置工作油液循环冷却系统。

9.2 液力传动发展概况及应用

液力传动的发展可以追溯到德国电气工程师费丁格尔于1905年申请的基本专利,液力变矩器首先在船舶工业中得到应用与发展,至今已有上百年的历史。随着人们对液力传动元件性能特点的了解与认识,液力传动在其他领域得到了更广泛的应用,尤其在工作机械的主传动系统中。目前,液力传动元件不断向高转速、大功率方向发展,液力传动装置的最大功率已经可以达到50 MW,最高转速达到20 000 r/min。目前世界上最大的液力传动装置生产厂家是德国的福伊特(VOITH)公司。高速大功率液力传动装置如图9.8所示。

液力传动应用概况如下。

(1)车辆传动,各种工程机械、运输车辆的主传动装置,液力传动占主导地位。

军用车辆:坦克、自行火炮、装甲运兵车、舰船动力传输等。

工程机械:装载机、挖掘机、推土机等。

工程车辆:内燃机车液力传动。

汽车行业:大客车、小客车,某些专门用途的车辆,如重型载重汽车。

(2)大惯性设备的启动。

起重运输机械:带式输送机、刮板机、起重机、挖泥船。

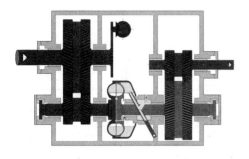
(a) 齿轮式调速型液力偶合器传动装置

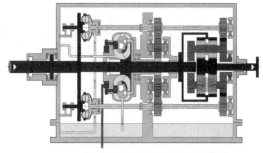
(b) 液力调速行星齿轮传动装置

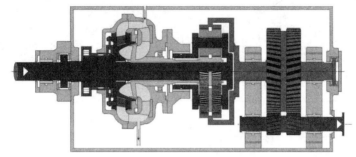
(c)VoreconNX 液力调速行星传动装置

图 9.8　高速大功率液力传动装置

电站水泥行业:球磨机、磨煤机、选矿破碎机械。

石油行业:钻探机械等。

(3)工况调节,在大功率的应用领域,液力调速占有一定的优势。

电站工程:锅炉给水泵、锅炉送风机、锅炉引风机、渣浆泵、燃气轮机启动装置等。

钢铁行业:炼钢转炉除尘风机、烟煤输运风机等。

在某些特殊的场合,液力传动元件也发挥了独特的功能。飞机拦阻可以采用液力制动器来实现,美国研制的 B—1 型战略轰炸机上,燃气轮机的启动采用液力传动元件;英国的MK—17B空中加油平台采用了调速型液力偶合器的驱动方案。另外,图 9.9 所示的空中加油吊舱总体性能实验台液力加载系统,核心加载元件采用泵轮输入转速可调的液力变矩器,其主要作用是模拟软管—锥管在气动力作用下所产生的软管拉紧力载荷,完成吊舱拖曳/回绕、对接响应的地面模拟测试。可见,在某些较为尖端的应用场合,传统的液力元件同样有用武之地。

近几年来,液力传动不断推出新型的液力传动元件,也在拓宽液力传动应用领域。如阀控充液式液力偶合器与机械闭锁离合器相结合的 10 MW 级启动用液力偶合器(图 9.10(a)),高效的自动同步型独立传动用液力偶合器(图 9.10(b)),一体化燃气轮机启动盘车装置(图 9.11(a)),海上钻井平台多级深水泵的调速驱动(图 9.11(b)),风力发电系统液力恒速控制装置(图 9.12)等,这些新型液力传动元件与装置保留了原有的优良特性,同时兼具高效节能的特点。在重载、大功率设备的调速驱动方面,液力传动元件更表现出其优越的传动性能,应用的范围逐步拓展到海洋钻探、风力发电等各个领域。随着科学技术整体的推进与发展,液力传动有着更广泛的应用前景。

计算机与先进测量技术的飞速发展,也为液力传动的研究与开发提供了重要手段。利用计算机辅助设计程序不仅能完成复杂的液力传动元件设计计算任务,而且能够进行计算机辅

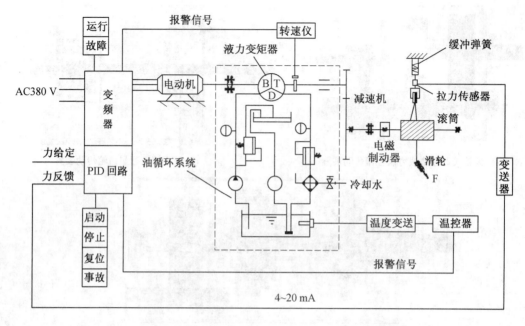

图 9.9 吊舱总体性能实验台液力加载系统

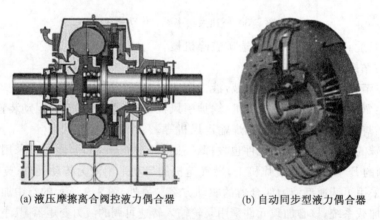

(a) 液压摩擦离合阀控液力偶合器　　　(b) 自动同步型液力偶合器

图 9.10 新型液力偶合器装置

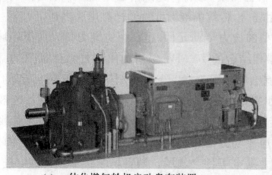

(a) 一体化燃气轮机启动盘车装置　　　(b) 海上钻井平台多级深井泵

图 9.11 可调式液力变矩器的调速驱动应用

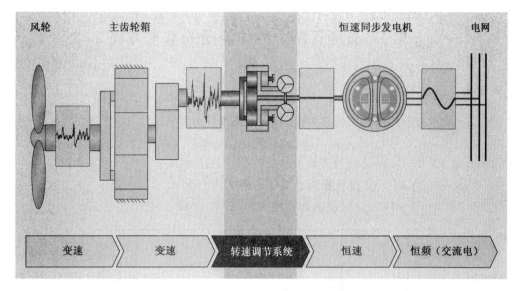

图 9.12　风力发电系统液力恒速控制装置

助设计(图 9.13)。液力传动工作者在元件内部流场激光测速分析(图 9.14)、CFD 软件对流场的数值模拟及仿真、有限元强度计算、运行特性计算机仿真、可调式液力元件调速控制系统的动态特性分析等方面均获得了一定的研究成果,进一步提高了人们对液力传动元件的认识。

图 9.13　计算机辅助设计

(a) 实验用液力偶合器　　　　　(b) 实验台上的 LDV 测量系统

图 9.14　定充液量液力偶合器内部流场测试

我国液力传动是 20 世纪 50 年代末开始发展的,经过几十年来的发展,取得了很大的进步,液力传动目前在很多技术领域甚至一些高精尖的项目上都得到了应用。

9.3 有压管路中液体流动的基本方程

9.3.1 连续性方程

图 9.15 所示为液体在有压管路中流动,满足连续性方程:

$$\rho_1 v_1 A_1 = \rho_2 v_2 A_2 \tag{9.1}$$

式中　　v_1、v_2——1—1、2—2 过流断面处的平均流速,m/s;

　　　　ρ_1、ρ_2——1—1、2—2 过流断面处液体的密度,kg/m³;

　　　　A_1、A_2——1—1、2—2 过流断面处的面积,m²。

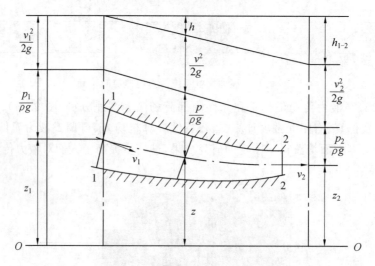

图 9.15　液体在有压管路中的流动

液力传动中,常采用各种矿物油作为工作介质(也有采用清水或水基工作液的),在压力不高的情况下,其体积变化很小,一般可以认为液力传动元件工作腔流道中的液体是不可压的,即 $\rho_1 = \rho_2 = \rho = \mathrm{const}$,连续性方程变形为

$$v_1 A_1 = v_2 A_2 = q_\mathrm{V} \tag{9.2}$$

式中　　q_V——单位时间内通过某一过流断面的体积流量,m³/s。

液体在液力传动元件工作轮流道中流动时,如果不考虑各个工作轮之间的泄漏损失,可以认为通过各个工作轮流道中的流量是连续不变的。

9.3.2 伯努利方程

在封闭管路中,对于图 9.15 中的 1—1 和 2—2 两个断面之间的流动液体,如果没有其他形式的能量注入,从能量守恒的观点出发,遵循伯努利方程:

$$z_1 + \frac{p_1}{\rho g} + \frac{v_1^2}{2g} = z_2 + \frac{p_2}{\rho g} + \frac{v_2^2}{2g} + h_{1-2} \tag{9.3}$$

式中　　z——过流断面上测压点相对于某一基准面的几何高度,又称为位置水头,m;

　　　　p——过流断面上的压强,N/m² 或 Pa;

v_1、v_2 —— 过流断面上的平均流速,m/s;

g —— 重力加速度,m/s^2;

h_{1-2} —— 从断面 1—1 到断面 2—2 单位质量液体的损失能头,m。

这一方程是液体在封闭管路流动的能量守恒定律的表现形式,也称为实际液体在管路流动中的伯努利方程。

9.3.3 动量矩方程

取流经某一管路段的有压流体作为控制体,作用于流体上的力及流体的动量矩如图 9.16 所示,其动量方程为

$$F = \sum F_i = \frac{\mathrm{d}\,I_{1-2}}{\mathrm{d}t} \tag{9.4}$$

式中 F —— 作用在这一管段中流体上的所有外力之和,包括管壁对流体的作用力、两端面处过流断面上的压力及该管段流体的重力;

I_{1-2} —— 1 断面到 2 断面间流体的动量。

即单位时间内净流出控制面的动量等于控制面内流体所受外力的矢量和。

以标量形式表示,将这些向量向各坐标轴投影,得到标量形式的动量方程:

$$\begin{cases} \sum (F_i)_x = \rho q_V (v_{2x} - v_{1x}) \\ \sum (F_i)_y = \rho q_V (v_{2y} - v_{1y}) \\ \sum (F_i)_z = \rho q_V (v_{2z} - v_{1z}) \end{cases} \tag{9.5}$$

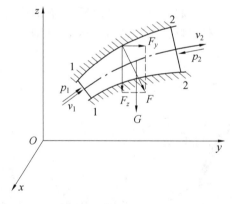

图 9.16 作用于流体上的力及流体的动量矩

若将 F 对某一轴取矩,动量方程就变成动量矩方程。如图 9.16 所示,若对 y 轴取矩:

$$M_y = \rho q_V (v_2 R_2 - v_1 R_1) \tag{9.6}$$

式中 R_1、R_2 —— v_1、v_2 到 y 轴的垂直距离;

$v_1 R_1$、$v_2 R_2$ —— v_1 和 v_2 对 y 轴的速度矩。

动量方程与动量矩方程在求解叶片式流体机械中液体与叶片之间的相互作用力和力矩时是十分有用的。

9.4 液体在工作轮中的运动及速度三角形

9.4.1 流体在旋转工作轮中的运动

在叶片式流体机械设计中,普遍采用一元束流理论。一元束流理论是指流动参数只与沿流线曲线坐标系中的一个坐标参数有关。按一元束流理论,对工作轮中的流动做以下假设。

(1) 工作轮叶片无限多、无限薄。流体在工作轮中的流动呈轴对称,而且工作轮中流体的相对速度 w 的方向与叶片曲线的切线方向相同。

(2) 同一过流断面上的轴面速度 v_m 相等。

(3) 工作轮出口处的流动情况与进口处的流动情况无关。

(4) 工作轮流道中的流动情况可用平均流线上流体的运动参数来描述。

平均流线是指工作轮流道中的一条假想的流线,在该流线上流体流动的动力学效果与整个叶轮中流动的所有流体产生的动力学效果相同。一般认为这一流线所在的流面将工作轮各处的过流断面均分。

图 9.17(a) 所示为液体质点在工作轮中的运动。液体在角速度为 ω 的工作轮中的运动是一种复合运动,液体一方面相对于工作轮流道做相对运动,同时又随着工作轮做旋转运动(牵连运动),符合速度的平行四边形法则,故绝对速度的向量形式表达为

$$v = u + w \tag{9.7}$$

式中 v —— 以地球为参照系观察到的液体的运动速度,称之为绝对速度,m/s;

u —— 工作轮带动液体一起旋转,液体质点所具有的速度,称之为牵连速度,m/s;

w —— 液体质点沿工作轮叶片组成的流道运动,相对于工作轮的相对速度,m/s。

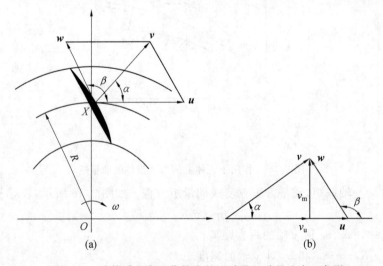

图 9.17 液体质点在工作轮中的运动及运动的速度三角形

在速度合成过程中,由 v、u、w 三个速度组成的三角形(图 9.17 (b)),称为液体质点在工作轮中运动的速度三角形。在速度三角形中,α 角为绝对速度 v 与牵连速度 u 的正向间的夹角;β 角为相对速度 w 与牵连速度 u 的正向间的夹角(也有规定 β 角为与牵连速度 u 的反向间的夹

角）。图 9.17(b) 中的 v_m 是绝对速度 v 的轴面(过工作轮轴心线的剖面)分量,称为轴面速度; v_u 是绝对速度 v 在圆周运动方向上的分量,称为圆周分速度。

9.4.2　速度三角形计算

速度三角形中各速度的大小、方向及相互间的关系如下。

(1)圆周速度 u,其方向为液体质点的圆周切线方向。

$$u = R\omega = \frac{2\pi n}{60}R \qquad (9.8)$$

式中　ω —— 工作轮角速度,1/s;

　　　n —— 工作轮的转速,r/min;

　　　R —— 工作轮中心线到液体质点的半径,m。

(2)轴面速度 v_m,在工作轮轴面内,假定液流为等速流的条件下,其数值为

$$v_m = \frac{q_V}{A} \qquad (9.9)$$

式中　q_V —— 通过工作轮的流量,液力传动元件则为工作腔的循环流量,m³/s;

　　　A —— 与轴面分速度垂直的有效过流断面的面积,m²。

(3)相对速度 w。

$$w = \frac{v_m}{\sin\beta} \qquad (9.10)$$

式中　β —— 叶片安装角。

(4)圆周分速度 v_u。

$$v_u = u - v_m\cot(180° - \beta) = u + v_m\cot\beta \qquad (9.11)$$

(5)绝对速度 v。

$$v = \sqrt{v_m^2 + v_u^2} = \sqrt{v_m^2 + (u + v_m\cot\beta)^2} \qquad (9.12)$$

以上关于速度三角形的计算对于液力传动工作轮中液体运动的分析及液力传动元件的水力计算是非常有用的。

9.5　叶片式流体机械基本方程

9.5.1　动量矩定理在叶片式流体机械中的应用

本小节讨论动量矩定理在叶片式流体机械中的应用,得出工作轮叶片与液流相互作用的力矩关系。设液体质点的质量为 m,则 m 与该点绝对速度 v 的乘积称为该液体质点的动量 (mv)。动量为向量,工作液体在液片入口和出口处的动量矩如图 9.18 所示,液体质点在叶片进口处的动量为 mv_1,出口处的动量为 mv_2,它们的方向与速度 v_1、v_2 的方向相同。

动量 (mv) 与动量至旋转中心 O 的垂直距离 R' 的乘积称为液体质点对旋转轴的动量矩 K,$mv_2 \cdot R'_2$、$mv_1 \cdot R'_1$ 分别为液体质点在叶片出口处和进口处对旋转轴的动量矩 K_2、K_1。

根据图 9.18 所示的几何关系

$$R'_2 = R_2\cos\alpha_2$$

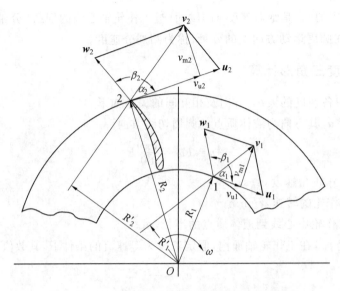

图 9.18　工作液体在叶片入口和出口处的动量矩

$$R'_1 = R_1 \cos \alpha_1$$

得到

$$K_2 = m v_2 \cdot R'_2 = m v_2 R_2 \cos \alpha_2 = m v_{u2} R_2$$

$$K_1 = m v_1 \cdot R'_1 = m v_1 R_1 \cos \alpha_1 = m v_{u1} R_1$$

式中　　v_{u1}、v_{u2}——进口、出口液体质点的绝对速度在圆周方向的分速度，m/s。

液体质点由叶片进口到出口动量矩的增量为

$$\Delta K = m v_{u2} R_2 - m v_{u1} R_1$$

引起此增量的原因是工作轮对工作液体作用力矩 M 的结果。由动量矩定理得

$$M\Delta t = \Delta K = m v_{u2} R_2 - m v_{u1} R_1 \tag{9.13}$$

式中　　Δt——力矩 M 的作用时间。

将 $m = \rho g \Delta t$ 代入式(9.13)，得

$$M = \rho q (v_{u2} R_2 - v_{u1} R_1) \tag{9.14}$$

式中　　M——工作轮对工作液体的作用力矩，N·m；

　　　　q——工作轮中的流量，m^3/s；

　　　　ρ——工作液体密度，kg/m^3；

　　　　v_{u1}、v_{u2}——工作轮中工作液体进方向、出口圆周方向分速度，m/s；

　　　　R_1、R_2——工作轮进口、出口半径，m。

式(9.14)表达的是液体流经工作轮时，工作轮叶片与液流相互作用的力矩关系。这一关系十分重要，是研究液力传动元件工作原理、设计计算的理论基础。

9.5.2　欧拉方程在叶片式流体机械中的应用

欧拉方程是能量守恒定律在叶片式流体机械中的应用，也是研究液力传动工作轮中能量交换的基本理论依据之一。流体在工作轮中的流动如图 9.19 所示。

设 H_L 为单位质量液体流经工作轮时受叶片作用后的能量增值，沿工作轮的平均流线从

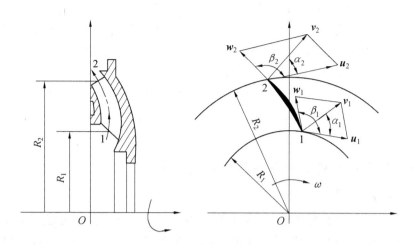

图 9.19　流体在工作轮中的流动

工作轮的进口到出口,应用绝对运动的伯努利方程:

$$z_1 + \frac{p_1}{\rho g} + \frac{v_1^2}{2g} + H_L = z_2 + \frac{p_2}{\rho g} + \frac{v_2^2}{2g} + h_{1-2} \tag{9.15}$$

由相对运动的伯努利方程可得

$$z_1 + \frac{p_1}{\rho g} + \frac{w_1^2}{2g} - \frac{u_1^2}{2g} = z_2 + \frac{p_2}{\rho g} + \frac{w_2^2}{2g} - \frac{u_2^2}{2g} + h_{1-2} \tag{9.16}$$

由图 9.19 所示的速度三角形可得

$$w = v^2 + u^2 - 2vu\cos\alpha = v^2 + u^2 - 2uv_u \tag{9.17}$$

联立式(9.15)~(9.17)得

$$H_L = \frac{1}{g}(u_2 v_{u2} - u_1 v_{u1}) \tag{9.18}$$

式(9.18)即为在一元束流理论假设下推导得出的叶片式流体机械的基本方程式,又称为欧拉方程。实际应用时考虑到叶片数有限而且具有一定厚度,应给予修正。

假定工作轮出口封闭,工作轮内液体处于相对的静止状态,$w_1 = w_2 = 0$,$h_{1-2} = 0$,忽略 z_1、z_2,$u = R\omega$,得到

$$p_2 = \frac{\rho}{2}\omega^2(R_2^2 - R_1^2) + p_1$$

此关系为匀速旋转运动容器中相对静止的液体任一点的静压力计算公式,可用于液力偶合器工作原理的分析。

关于书中角标"0、1、2、3"的说明。

在叶片进口处,"0"表示流体质点刚要进入工作轮叶片尚未进入;"1"表示流体质点刚刚进入叶片区。

在工作轮出口处,"2"表示流体质点刚要流出叶片区但尚未流出时的位置;"3"则表示刚刚流出叶片区。

根据这一规定,则有进口半径关系 $R_0 = R_1$、出口半径关系 $R_2 = R_3$。但"0""3"之间为无叶片区,而"1""2"之间则为有叶片区,所以有圆周速度 $u_0 = u_1$、$u_2 = u_3$。但"0"处流体的绝对速度 v_0 则取决于来流前的速度,而进入叶片区即到达点"1"位置以后,由于受到叶片的作用,就

拥有了相对速度 w_1，而 w_1 取决于叶片形状，即叶片安装角。

在工作轮出口处，流体质点速度为 v_2，流出叶片后的速度为 v_3，由于流入无叶片区，其速度的方向并未改变，即 v_2 与 v_3 的方向相同。其数值大小则因为实际叶片具有一定的厚度，过流断面面积要有些变化，轴面速度就要有些变化。

单独对一个工作轮，如水泵的工作轮，进口和出口位置细分并一定要求十分严格。但对于液力传动元件，几个工作轮集中在一个工作腔中，对于研究工作轮能量的交换，这样的细分还是很有必要的。

9.5.3　有限叶片数及叶片厚度对性能的影响

（1）轴向漩涡。

实际叶片数是有限的，流体质点在叶轮中相对运动的速度方向不可能完全按叶片的形状来确定。流体进入工作轮前的绝对速度是无旋的，但流经工作轮后，其相对速度是有旋的，并且是以工作轮旋转角速度的 2 倍来旋转，但其旋转的方向与叶轮相反，因此产生在工作轮中的轴向旋涡。由于轴向旋涡的影响，在工作轮进口和出口处，流体相对速度不是按照叶片安装角所确定的方向，而是产生一定的偏离。在叶片为有限数时液流角 β_y 与叶片角之间有一个 $\Delta\beta$ 的差值，即

$$\Delta\beta = \beta_y - \beta$$

液流在工作轮出口处的偏离方向与轴向漩涡在叶轮出口处流动的方向一致，指向牵连速度的反方向。

对固定不动的导轮，虽然没有轴向漩涡，但当叶片进口和出口安装角不等时，由于流体流动的惯性，液体也有偏离，具体与叶片的曲率半径大小及叶片数有关。在通过叶片形状及流动情况分析液流角偏离时，要注意液流角都向使叶片曲率半径增大的方向偏离。偏离角 $\Delta\beta$ 的大小与叶片安装角大小、叶片数及叶片的凸凹程度有关。

（2）理论能头的修正。

前面推导的、计算能头的欧拉方程，是以液流角作出速度三角形得到的。当叶片数无限多时，液流角等于叶片角，因此用叶片角作出的速度三角形与以液流角作出的速度三角形是全等三角形。而当叶片数有限时，以叶片角求出速度三角形中的速度，代入欧拉方程求得的能头与实际叶轮的能头有差异，应该予以修正。

液力变矩器能头的计算，斯托道拉推荐采用下列经验公式：

对泵轮，
$$v_{uB2} = K_{B2} u_{B2} - v_{mB2} \cot \beta_{B2}$$

$$K_{B2} = 1 - \frac{\pi}{z_B} u_{B2} \sin \beta_{B2}$$

对涡轮，
$$v_{uT2} = K_{T2} u_{T2} - v_{mT2} \cot \beta_{T2}$$

$$K_{T2} = 1 - \frac{\pi}{z_T} u_{T2} \sin \beta_{T2}$$

式中　　v_{uB2}、v_{uT2}——分别为泵轮和涡轮出口处绝对速度的圆周分速度，m/s；

v_{mB2}、v_{mT2}——分别为泵轮和涡轮出口处绝对速度的轴面分速度，m/s；

u_{B2}、u_{T2}——分别为泵轮和涡轮出口处的牵连速度，m/s；

K_{B2}、K_{T2}——分别为泵轮和涡轮出口有限叶片数修正系数；

z_B—— 泵轮叶片数;

z_T—— 涡轮叶片数。

(3) 考虑液流的偏离。

在计算有限叶片数对液流偏离影响时,可采用统计数值。

对向心涡轮液力变矩器,推荐 $\Delta\beta_{T2} = 1° \sim 7°$;

对离心涡轮液力变矩器,推荐 $\Delta\beta_{T2} = 1° \sim 2.5°$;

对导轮,推荐 $\Delta\beta_{D2} = 1° \sim 3°$。

在液力变矩器水力设计时,要考虑有限叶片数使液流偏离对工作能头的影响。

(4) 叶片厚度的影响。

为满足强度要求,叶片应有一定的厚度,因此在设计工作轮流道时,要考虑叶片厚度对过流断面面积的影响,并使过流断面面积均匀变化,减少流动损失。图 9.20 所示为工作轮过流断面面积及叶片的排挤。

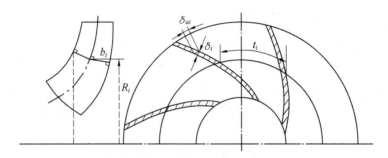

图 9.20　工作轮过流断面面积及叶片的排挤

不计叶片厚度,过流断面面积为

$$A'_i = 2\pi R_i b_i$$

实际过流断面面积应去掉叶片厚度占据的面积:

$$A_i = A'_i - A_{zi} = 2\pi R_i b_i - \frac{z\delta_i}{\sin\beta_i} b_i$$

用叶片排挤系数 ψ 来表示:

$$\psi = \frac{A_i}{A'_i} = 1 - \frac{z\delta_i}{2\pi R_i \sin\beta_i}$$

考虑 $t_i = \dfrac{2\pi R_i}{z}$,$\delta_{ui} = \dfrac{\delta_i}{\sin\beta_i}$,叶片排挤系数还可写为

$$\psi = \frac{A_i}{A'_i} = 1 - \frac{z\delta_{ui}}{2\pi R_i} = 1 - \frac{\delta_{ui}}{t_i}$$

式中　b_i—— 过流断面在轴面投影的宽度,mm;

　　　R_i—— 过流断面轴面上的宽度 b_i 中心点距轴线的半径,mm;

　　　z—— 叶片数;

　　　δ_i—— 某过流断面处的叶片厚度,mm;

　　　δ_{ui}—— 叶片圆周方向上的厚度,mm;

　　　t_i—— 叶片的节距,mm。

显然 $\psi < 1$,且 ψ 越小,说明叶片厚度占据空间回转的过流断面的比例越大,即有效的过流

断面面积越小,也就是说叶片对流体的排挤也就越大。

9.6 相似理论在液力传动中的应用

相似理论在叶片式流体机械的特性分析及水力设计中占有重要的地位,在液力传动的研究中,同样具有重要的作用。

9.6.1 相似条件

要使模型(下面的讨论以下角标 m 表示)液力传动元件与放大或缩小的实物(下面的讨论以下角标 s 表示)液力传动元件具有同样或相似的性能,必须保证两个液力元件满足几何相似、运动相似和动力相似。流体在工作轮中流动的相似关系如图 9.21 所示。

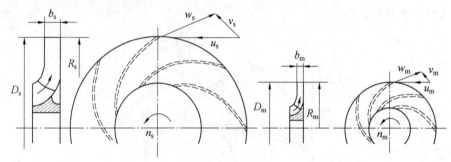

图 9.21 流体在工作轮中流动的相似关系

(1) 几何相似。

几何相似是指两液力传动元件的过流部分(流道和循环圆形状)相似,且相对应的各线性尺寸(循环圆直径、叶片进出口半径、流道进出口宽度等)成同一比例,相对应的角度相等(泵轮、涡轮和导轮的叶片角)。液力传动元件中最重要的一个几何特征尺寸是有效直径 D,即工作轮及壳体组成的工作腔流道的最大直径,两个液力传动元件几何相似,则有

$$\begin{cases} \dfrac{D_m}{D_s} = K_L \\ \beta_{Bm} = \beta_{Bs} \quad \beta_{Tm} = \beta_{Ts} \quad \beta_{Dm} = \beta_{Ds} \end{cases} \tag{9.19}$$

(2) 运动相似。

运动相似是指两液力传动元件中工作液体的流动状态相似,对应点处的同名速度大小成同一比例,且方向相同,亦即流道中各对应流体质点的速度三角形相似,即

$$\frac{v_m}{v_s} = \frac{w_m}{w_s} = \frac{u_m}{u_s} = \frac{n_m D_m}{n_s D_s} = K_v$$

由运动相似 $\dfrac{u_{T1m}}{u_{T1s}} = \dfrac{u_{B1m}}{u_{B1s}}$ 可以得出,液力传动元件运动相似的具体表现形式为模型与实型的转速比相等,即

$$(i_{TB})_m = (i_{TB})_s \tag{9.20}$$

转速比 i_{TB} 定义为液力元件的涡轮输出转速(n_T)与泵轮输入转速(n_B)之比。另外,液力传动中也经常用到滑差(s)的概念。

$$\begin{cases} i_{\mathrm{TB}} = \dfrac{n_{\mathrm{T}}}{n_{\mathrm{B}}} \\ s = 1 - \dfrac{n_{\mathrm{T}}}{n_{\mathrm{B}}} = 1 - i_{\mathrm{TB}} \end{cases}$$

转速比不同,液力传动元件的工况也就不同,转速比相等又称为工况相似。利用此关系,可以在较小功率的实验台上,用较低的泵轮转速,通过改变转速比来实验高转速大功率的液力传动元件,以求得其特性。

如有一转速为 $n_{\mathrm{B}} = 2\,000$ r/min,$P'_{\max} = 200$ kW 的液力传动元件,现有实验台测功电机转速为 $500 \sim 5\,000$ r/min 可调,但最大功率 $P_{\max} = 100$ kW;因为功率与转速的关系为 $P \propto n^3$,若选 $n_{\mathrm{B}} = 1\,500$ r/min,其功率只需

$$200 / \left(\frac{2\,000}{1\,500} \right)^3 = 84.4 \text{ kW}$$

保证转速比相同,通过实验作出该液力传动元件在 $n_{\mathrm{B}} = 1\,500$ r/min 泵轮输入转速下的特性曲线,根据相似理论,由相似定律即可计算出在 $n_{\mathrm{B}} = 2\,000$ r/min 下的特性。

(3) 动力相似。

动力相似是指两液力传动元件中工作轮内液流各对应流体质点上作用同样性质的力,并且每类作用力的方向相同,力的大小成同一比例。液力传动元件中主要保证惯性力和黏性力相似的部分力相似,主要相似判据是雷诺数,即

$$Re = \frac{4R_y w}{\nu} \tag{9.21}$$

式中　R_y —— 流道的水力半径,m;

　　　　w —— 流道平均流线上的相对速度,m/s;

　　　　ν —— 工作液体的运动黏度系数,m^2/s。

9.6.2　液力传动元件相似工况下的关系式

(1) 流量关系式。

根据流量关系 $q = v_m A = v_m 2\pi R b \psi$ 和运动相似关系 $\dfrac{v_{mm}}{v_{ms}} = \dfrac{u_m}{u_s}$,可以得到相似工况下模型与实型液力传动元件工作轮中的流量关系式:

$$\left(\frac{q}{nD^3} \right)_{\mathrm{m}} = \left(\frac{q}{nD^3} \right)_{\mathrm{s}} = q_{\mathrm{I}} \tag{9.22}$$

式中　q_{I} —— 折引流量。显然 q_{I} 为一相似判据。

(2) 工作轮的扬程关系式。

根据叶片式流体机械基本方程的能头关系和运动相似的速度关系,可以得到相似工况下模型与实型液力传动元件工作轮中的能头关系式:

$$\left(\frac{H_L}{n^2 D^2} \right)_{\mathrm{m}} = \left(\frac{H_L}{n^2 D^2} \right)_{\mathrm{s}} = H_{\mathrm{I}} \tag{9.23}$$

式中　H_{I} —— 折引扬程。显然也是一个相似判据。

(3) 工作轮的力矩关系式。

液力偶合器循环圆工作腔中的流动如图 9.22 所示,泵轮对工作液体的作用力矩 $M_{\mathrm{B-y}}$ 与

泵轮角速度 ω_B 的乘积为泵轮传给液体的功率,该功率用于使流量为 q 的液体经过泵轮后其能头的增量为 H_L,由此可得如下功率平衡关系:

$$M_{B-y}\omega_B = \rho g q H_L \qquad (9.24)$$

将 $\omega_B = \frac{\pi}{30}n_B$,$q = n_B D^3 q_I$,$H_L = n_B^2 D^2 H_I$ 代入式(9.24),得

$$M_{B-y} = \frac{30}{\pi}q_I H_I \rho g n_B^2 D^5 \qquad (9.25)$$

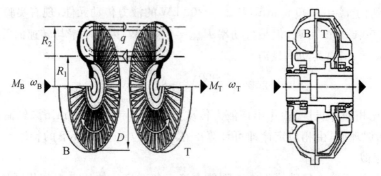

图 9.22　液力偶合器循环圆工作腔中的流动

令 $\lambda_{MB} = \frac{30}{\pi}q_I H_I$,忽略机械摩擦损失,认为泵轮轴上输入转矩 $M_B = M_{B-y}$,式(9.25)可以写成

$$M_B = \lambda_{MB}\rho g n_B^2 D^5 \qquad (9.26)$$

式(9.26)也是液力传动中最重要的泵轮转矩基本关系式。可见,泵轮对液体的作用转矩与工作液体的密度成正比,与泵轮转速的平方成正比,与循环圆有效直径的五次方成正比。λ_{MB} 称为泵轮的力矩系数,单位为 $(r \cdot min^{-1})^{-2} \cdot m^{-1}$,在相似工况下,$q_I$ 和 H_I 都是相似判别数,所以满足相似条件的两个液力传动元件的泵轮力矩系数是相等的,即

$$(\lambda_{MB})_m = (\lambda_{MB})_s \qquad (9.27)$$

对于涡轮,输出转矩 $-M_T$ 与泵轮输入转矩反向,同样有类似的关系:

$$\begin{cases} -M_T = \lambda_{MT}\rho g n_T^2 D^5 \\ (\lambda_{MT})_m = (\lambda_{MT})_s \end{cases} \qquad (9.28)$$

式中　λ_{MT}——涡轮的力矩系数。

(4)相似工况下的功率关系式。

由功率计算关系式 $P = M\omega$ 及式(9.26),满足相似条件的两个液力传动元件:

$$\frac{P_m}{P_s} = \frac{(\rho n_B^3 D^5)_m}{(\rho n_B^3 D^5)_s} \qquad (9.29)$$

由此可见,泵轮的功率与工作液体的密度成正比,与泵轮转速的三次方成正比,与循环圆有效直径的五次方成正比,这也正是液力传动元件能容大的根本原因。

相似条件有时很难全部满足,如加工工艺决定的流道表面粗糙度,在模型与实物尺寸相差较大时,不可能达到完全的几何相似。当雷诺数较小时,其黏性力很难实现动力相似。但在实践中,相似理论仍然具有十分重要的应用价值。

（5）比转速 n_s。

液力传动元件的泵轮类似于水泵的叶轮，涡轮类似于水轮机的叶轮，因此，它们也具有同样的比转速表达式：

$$n_s = \frac{3.65n\sqrt{q}}{H^{3/4}} \tag{9.30}$$

式中　　n —— 泵轮或涡轮的转速，r/min；

$\quad\quad q$ —— 流经泵轮或涡轮的流量，m³/s；

$\quad\quad H$ —— 泵轮或涡轮的扬程，m。

当比转速较低时（$n_s \leqslant 60$），泵轮流道窄且径向尺寸较大，在性能上表现为小流量高扬程，大多数的液力偶合器具有类似的特点；随着比转速的增大，流道逐渐变宽，流量也逐渐加大，一般叶轮的 $n_s > 60$ 时，就从柱面单曲叶片过渡到了空间扭曲叶片。

9.7　液力传动元件中的损失及传动效率

液力传动元件的能量损失主要包括水力损失、机械摩擦损失和容积损失。这些能量损失相应以液力效率 η_y、机械效率 η_j 和容积效率 η_V 来表示。

9.7.1　水力损失

液体具有黏性，在工作轮流道中液体的流动必然产生能量损失，这些损失包括沿程摩擦阻力损失和局部阻力损失。以液力变矩器为研究对象，液体在循环圆中，从泵轮流出，经过涡轮和导轮后又回到泵轮进口，在这一循环流动过程中，液体的能量平衡，即

$$H_{B-y} - \Delta h_B - H_{y-T} - \Delta h_T - \Delta h_D = 0 \tag{9.31}$$

式中　　H_{B-y} —— 单位质量液体从泵轮获得的能头，m；

$\quad\quad H_{y-T}$ —— 涡轮对单位质量液体的作用能头，m；

$\quad\quad \Delta h_B$、Δh_T、Δh_D —— 泵轮、涡轮、导轮的流动损失，m。

评价液力元件水力性能的重要指标是液力效率：

$$\eta_y = \frac{H_{y-T}}{H_{B-y}} = 1 - \frac{\Delta h_B + \Delta h_T + \Delta h_D}{H_{B-y}} \tag{9.32}$$

由上式可见，液力传动效率高，则说明过流部件设计合理，元件的水力性能好。

（1）沿程摩擦阻力损失与扩散损失。

液力传动元件工作轮流道是不规则的，有时是扩散的或收缩的，过流断面的突然变化必然产生相应的局部扩散阻力损失，这部分损失较小，一般不做单独计算，液力传动中把扩散损失合在沿程摩擦阻力损失计算中，通过加大一点沿程阻力系数予以考虑。

在液力传动中，液体流动的沿程摩擦阻力损失以相对速度水头的形式来表示，即

$$H_{mci} = \lambda_{mci} \frac{l_{mi}}{4R_{yi}} \frac{w_i^2}{2g} \tag{9.33}$$

这里的 i 分别可以用 B、T、D 替代，对应泵轮、涡轮和导轮中的沿程摩擦阻力损失。

式中　　R_{yi} —— 各工作轮相邻两叶片与前后盖板组成流道的水力半径，m；

$\quad\quad \lambda_{mci}$ —— 各工作轮的沿程阻力损失系数，一般在 $0.045 \sim 0.075$ 的范围内选取；

l_{mi}—— 工作轮中流道的长度,可取为叶片中间流线长度,m;

w_i^2—— 工作轮进口和出口相对速度的均方,$w_i^2 = \dfrac{w_1^2 + w_2^2}{2}$。

（2）局部阻力损失。

在上面的沿程摩擦阻力损失计算中已经考虑了扩散损失项,局部阻力损失中占较大分量的是工作轮的进口冲击损失。其产生的根本原因是液流进口前的流动方向与叶片进口处叶片骨线的切线方向不一致（即有冲角）,流入叶片后产生偏离,从而形成冲击损失速度。叶片进口处的冲角及冲击损失速度如图 9.23 所示。

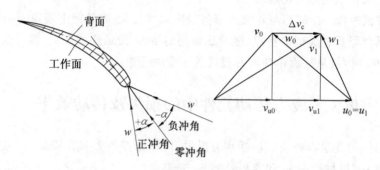

图 9.23　叶片进口处的冲角及冲击损失速度

冲击损失的大小与冲击损失系数 ξ_{cj} 和冲击损失速度水头($\Delta v_c^2/2g$)有关,即

$$H_{cji} = \xi_{cji} \frac{\Delta v_{ci}^2}{2g} \tag{9.34}$$

式中　Δv_{ci}—— 工作轮进口冲击速度,可由速度三角形得出。

冲击损失系数 ξ_{cj} 与冲角的大小和方向有关,不同形式液力变矩器的冲击损失系数 ξ_{cj} 在 $0.5 \sim 2.5$ 范围内,变化范围大,许多学者建议在设计计算时对所有工作轮都取为 1,对单级三工作轮对称式向心涡轮变矩器,当取 $\xi_{cj} = 1$ 时,在某些工况的计算结果与实验数据之间有很大的出入,例如 $i_{TB} = 0.5$ 时,启动变矩比差值为 $15\% \sim 25\%$。有些学者推荐当液流冲击叶片工作面（冲角 $\Delta\alpha$ 为正）,取 $\xi_{cj} = 1.2 \sim 1.4$;当液流冲击非工作面（冲角 $\Delta\alpha$ 为负）,取 $\xi_{cj} = 0.6 \sim 0.8$。一般来讲,计算时可以初步取 $0.5 \sim 0.8$ 之间的数值。

9.7.2　机械摩擦损失

液力传动元件中的机械摩擦损失包括以下几种。

（1）支承泵轮和涡轮旋转轴承中的摩擦损失。

（2）泵轮轴和涡轮轴上密封处的摩擦损失。

（3）高速旋转的泵轮和涡轮内外表面与充满在工作腔中的工作液体的摩擦损失,通常称为圆盘摩擦损失(图 9.24)。

前两者数值很小,在额定工况下一般不超过输入功率的 1%;机械损失主要来自圆盘摩擦,当相对转速较高时,圆盘摩擦损失比较大。

圆盘摩擦力矩可按下式计算:

$$M_{yp} = f_{yp} \rho R^5 \omega^2 \tag{9.35}$$

式中　f_{yp}—— 圆盘摩擦系数,它与液体相对流动的状态,圆盘与壳体的相对粗糙度,圆盘与壳体的相对间隙等因素有关。

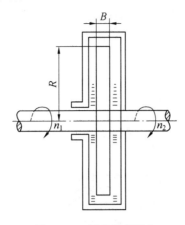

图 9.24　圆盘摩擦损失

当 $Re \geqslant 10^5$ 时,可按下式计算:

$$f_{yp} = \frac{0.046\,5}{\sqrt[5]{Re}} \tag{9.36}$$

式中　Re —— 雷诺数,$Re = \dfrac{R^2 \omega}{\nu}$;

$\quad\quad R$ —— 圆盘与液体接触的最大半径,m;

$\quad\quad \omega$ —— 圆盘与壳体间的相对角速度,1/s;

$\quad\quad \rho$ —— 工作液体的密度,kg/m³;

$\quad\quad \nu$ —— 工作液体的运动黏度系数,m²/s。

根据圆盘摩擦损失力矩的计算式(9.35),对于单级三工作轮的 B－T－D 型液力变矩器圆盘摩擦损失力矩有如下计算方法。

① 泵轮圆盘摩擦力矩:

$$M_{ypB} = 2M_{ypBT} + M_{ypBD}$$

泵轮与涡轮间的圆盘摩擦力矩:

$$M_{ypBT} = f_{yp}\rho R_{Bmax}^5 (1 - i_{TB})^2 \omega_B^2$$

泵轮与导轮间的圆盘摩擦力矩:

$$M_{ypBD} = f_{yp}\rho R_{Dmax}^5 \omega_B^2$$

② 涡轮圆盘摩擦损失力矩:

$$M_{ypB} = 2M_{ypBT} - M_{ypTD}$$

涡轮与导轮间的圆盘摩擦力矩:

$$M_{ypTD} = f_{yp}\rho R_{Dmax}^5 i_{TB}^2 \omega_B^2$$

式中　R_{Bmax}、R_{Dmax} —— 分别为泵轮和导轮与液体接触的最大半径,m;

总的机械损失一般不超过总能量的 $1\% \sim 2\%$,所以,液力传动元件的机械效率 η_j 还是比较高的,但总还是低于机械传动的机械效率。

9.7.3　容积损失

液力传动元件中,工作液体在工作腔内做循环流动,泵轮出口绝大部分液体流进涡轮,又经过导轮回到泵轮进口处,起到传递动力的作用。但由于泵轮、涡轮、导轮等转动部件之间,转动部件与壳体等固定件之间都存在间隙,且泵轮出口压力总是高于泵轮进口压力和涡轮出口压力,因此,总有一部分液体从泵轮出口沿间隙流回到泵轮进口,液力传动元件容积损失示意图如 9.25 所示。泵轮的流量 q_B 为

$$q_B = q_T + q_1' + q_2' \tag{9.37}$$

式中　　q_T—— 涡轮中的液体流量,m^3/s;

　　　　q_1'—— 泵轮出口绕泵轮内环经环形密封到泵轮进口的泄漏量,m^3/s;

　　　　q_2'—— 泵轮出口绕涡轮内环经环形密封到导轮进口的泄漏量,m^3/s。

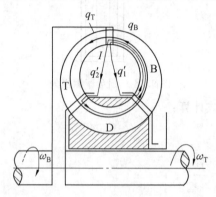

图 9.25　液力传动元件容积损失示意图

泄漏的流量 q_1' 和 q_2' 只在液力传动元件内部流动,属于内部泄漏,这种内部泄漏的流量也消耗了动力机的一部分功率,但却没有进入涡轮参与动力的传递,影响了液力传动元件的效率。这种损失称为容积损失,并用容积效率 η_V 来评价:

$$\eta_V = \frac{q_B - q_1' - q_2'}{q_B} = 1 - \frac{q_1' + q_2'}{q_B} \tag{9.38}$$

容积效率一般很难由实验和计算方法确定,而泄漏量与循环圆中的流量相比很小,因此,在液力传动元件的能量平衡计算中,可以忽略不计,或取 $\eta_V \approx 1$。

9.7.4　液力传动总效率

根据以上的分析,液力传动的总效率 η 为

$$\eta = \eta_y \eta_j \eta_V \tag{9.39}$$

即液力传动总效率为其液力效率、机械效率和容积效率的乘积。在液力传动中,一般很少用分别求得这三个效率的方法来计算液力传动效率,液力传动元件采用涡轮输出功率与泵轮输入轴功率之比来计算液力传动效率:

$$\eta = \frac{-M_T \omega_T}{M_B \omega_B} = K \cdot i_{TB} \tag{9.40}$$

式中　　M_B—— 液力传动元件泵轮轴输入转矩,$N \cdot m$;

　　　　M_T—— 液力传动元件涡轮轴输出转矩,与泵轮轴转矩反向,$N \cdot m$;

　　　　ω_B—— 泵轮转动角速度,$1/s$,$\omega_B = \dfrac{2\pi n_B}{60}$,$n_B$ 为泵轮输入转速,r/min;

　　　　ω_T—— 涡轮转动角速度,$1/s$,$\omega_T = \dfrac{2\pi n_T}{60}$,$n_T$ 为涡轮输出转速,r/min。

定义 $K = \dfrac{-M_T}{M_B}$ 为变矩系数;$i_{TB} = \dfrac{\omega_T}{\omega_B}$ 为转速比。这几个关系式,包括泵轮转矩基本关系式 $M_B = \lambda_{MB} \rho g n_B^2 D^5$,在做液力传动元件相似设计及系统分析中经常使用,也是重要的概念与基本关系表达式。

9.8 液力传动油及密封

液力传动所用的工作液体一般是以石油提炼的轻质油为基液,再加上一些添加剂,如抗氧化剂、消泡剂、增黏剂、抗磨剂等而成为液力传动油。工作油液是传递动力的介质,液力传动元件(装置)总是存在损失,并且滑差越大,损失越大,因此工作油液温度较高,一般情况下,调速型液力偶合器允许工作温度为 $50 \sim 80$ ℃,液力变矩器工作油液温度为 $80 \sim 110$ ℃,特殊情况允许工作油液温度更高一些(有时可达 130 ℃)。因此,对液力传动油是有一些特殊要求的。

液力传动油应满足以下要求:

(1) 适宜的黏度。在满足润滑、密封的要求下,尽量采用黏度较低的矿物质油。

(2) 较大的重度。利于传递更大的扭矩及功率。

(3) 性能稳定,与密封件兼容。

(4) 较高的闪点,较低的凝固点。

(5) 良好的润滑性能,有足够的油性。

常用的液力传动油有 22# 汽轮机油、6# 液力传动油、8# 液力传动油等几种牌号,液力传动油的性能参数指标见表 9.1。国外液力传动产品在技术参数中要求工作油液类型的黏度等级为 ISO VG32 或者 ISO VG46。

表 9.1 液力传动油的性能参数指标

性能	22# 汽轮机油	6# 液力传动油	20# 液力传动油
相对密度(20 ℃)	0.901	0.82	0.875
黏度/(10^{-6} m^2 · s^{-1})	$20 \sim 23$(50 ℃)	$7.5 \sim 9$(100 ℃)	—
运动黏度比 v_{50}/v_{100}	—	< 3.6	< 4
闪点/℃(开口)	> 180 ℃	> 150 ℃	> 190 ℃
凝点/℃(不高于)	-15 ℃	$-60 \sim 25$ ℃	-23 ℃
氧化后酸值(以 KOH 计)/(mg · g^{-1})	0.02	0.01	
临界载荷/N(不小于)	—	824	785
颜色	无色透明	淡黄色透明	淡黄色透明

对于矿山、化工、石油、纺织等行业要求防爆的场所,安全生产要求液力传动元件的工作油液具有阻燃性,一般为水介质或高水基液。但其工作温度必须得以控制,不能超过 80 ℃,以防止汽化。另外,轴承需要单独润滑,冷却系统要有良好的设计。

由于液力传动中的工作油液温度较高,因此,对于密封件也有较高的要求,采用的密封件必须能在高温下长期工作,要有较高的抗老化性能。通用的橡胶密封件不适合用于液力传动元件的密封,液力传动要采用丙烯酸酯橡胶材料(工作温度可以达到 140 ℃),也可以采用聚四氟乙烯添加铜粉及碳素纤维制成的密封件,也有采用合金铸铁密封环的。

思考与练习

9.1　与其他形式的传动机构相比,液力传动有哪些独特之处? 液力传动的主要缺点有哪些?

9.2　简述转速比与滑差的基本概念,运动相似的液力传动元件模型与实物的转速比有何关系?

9.3　为什么可以在较小功率的实验台上,用较低的泵轮转速通过改变转速比来实验高转速大功率的液力传动元件?

9.4　循环圆直径(D)指的是液力传动元件(液力偶合器、液力变矩器)的哪个尺寸?

9.5　写出泵轮力矩系数的数学表达式,并说明其中各项参数的物理意义。相似工况下的两个液力传动元件(实物和模型)泵轮力矩系数存在何种关系?

9.6　由相似工况下的功率关系分析液力传动元件能容大的原因。

9.7　液力传动元件主要存在哪几类损失? 液力传动元件的效率是如何定义的? 说明液力传动元件传动效率与转速比及变矩系数间的关系。

第 10 章　液力偶合器

液力偶合器又称液力联轴器,是一种将动力源(通常是发动机或电动机)与工作机连接起来,靠液体动量矩的变化传递力矩的液力传动装置。在实际工程中,不单起到连接的作用,更是体现了多方面的运用品质,本章中将详细介绍。

10.1　液力偶合器的典型结构、工作原理及基本特性

10.1.1　液力偶合器的典型结构形式

液力偶合器结构简图如图 10.1 所示。其中图 10.1(a)是早期应用的有内环液力偶合器,图 10.1(b)为目前工程中广泛应用的无内环液力偶合器。图中 B 为泵轮,T 为涡轮,它们分别与输入轴和输出轴刚性连接,二者之间有轴向间隙 a。它们与充注在其中的工作液体一起,是液力偶合器能够实现动力传递的核心。图中的 3 为旋转壳体,它与泵轮在外缘处刚性连接,起到防止液流外泄的作用。泵轮与涡轮在结构布置上像两个相对放置的水泵叶轮,叶轮的前、后盖板变为内环 2、4 及外环 1、5,只是叶片均为径向平面的,且进出口边分别向内外两个方向延伸到了半径方向,而且叶片数比较多,一般可在 30 片以上。泵轮通过输入轴吸收原动机的输出功率,而使液力偶合器泵轮中的流体获得机械能,涡轮则吸收液体的机械能通过输出轴向工作机械输出功率,起到相当于水力涡轮机(水轮机)的作用。在液力偶合器中内环与外环两个回转曲面间的整个空间(包括轴向间隙部分)称为工作腔,它是液体与工作轮实现功能交换的空间场。涡轮与壳体间的空间称为辅室,它与两个内环之间组成无叶片的回转空间一样不属于工作腔,其中也有流体存在,但若忽略流体与固体壁面之间的摩擦因素,它们都不参与功能交换。

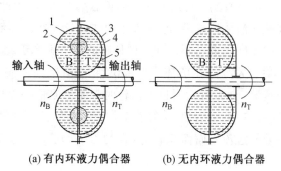

图 10.1　液力偶合器结构简图

1,5—外环;2,4—内环;3—旋转壳体;B—泵轮;

T—导轮;n_B—泵轮输入转速;n_T—涡轮输出转速

工作腔的轴截面图是以转轴为中心的轴对称图形,称为循环圆,工作腔的最大直径 D 称为有效直径,它是液力偶合器的一个最重要的几何参数。工作腔其他各部分的线性尺寸均可以用其与有效直径的比例关系来表示。

由于早期的液力偶合器是在液力变矩器之后产生的,因此它的内环结构是承袭液力变矩器工作轮结构形式的产物。在实际应用中人们发现内环对液力偶合器的工作并非必要,且有内环反而使加工制造复杂化,因此现在应用的液力偶合器大多如图 10.1(b) 所示,采用无内环的结构形式。这时工作轮的进出口边也是在同一半径线上,每个叶片都简化成为轴面配置而近似半圆形的平板结构,此时泵轮与涡轮外环之间的整个回转空间都是工作腔。

需要指出,只有两个工作轮(泵轮、涡轮)是液力偶合器在结构上的基本特点,而循环圆的形状、叶片的形状及安放角等都不是本质性的特点,在某些特定条件下可以有所不同。

10.1.2　液力偶合器的工作原理

图 10.2 所示为液力偶合器的工作原理图。图中 a、b、c、d 分别是泵轮、涡轮进口和出口处位于平均流线上的 4 个点,半径分别为 $R_a = R_b$,$R_c = R_d$。

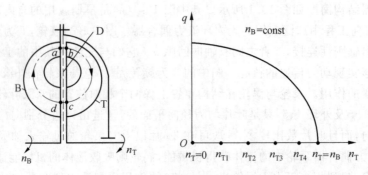

图 10.2　液力偶合器的工作原理图

设泵轮以某一不变的转速 n_B 旋转,并设法使涡轮转速具有从 $n_T = 0$,n_{T1},n_{T2},$\cdots$,$n_T = n_B$ 等不同的值。先假定在泵轮与涡轮之间加一隔板 D,此时工作腔中的流体由于叶片的强制作用使泵轮和涡轮中的流体分别具有不同转速 n_B 和 n_T,此时因有隔板,两轮中流体不会流动,在 $n_T < n_B$ 时,$\Delta p_{ab} = p_a - p_b > 0$;$\Delta p_{dc} = p_d - p_c > 0$,但 $\Delta p_{ab} > \Delta p_{dc}$,因此当把挡板 D 去掉以后,上述压差及流体的连续性使流体质点沿着 $abcda$ 的方向流动,在工作腔中形成一个在泵轮及涡轮之间周而复始的轴面方向上的循环流动。循环圆的称呼就源于此。由于工作轮本身也在旋转,而且一般 $n_B \neq n_T$,因此对于每个流体质点来说,它都有轴面方向上的速度分量 v_m,也有圆周方向运动的速度分量 v_u,而且每次通过工作轮时都未必是同一个叶片间流道。流体质点的运动轨迹将是一个既在循环圆中运动,又绕着工作轮轴旋转的圆形螺旋线。

假定泵轮与涡轮各处的过流断面面积相等,且均为 A,则 $q_v = v_m A$ 便是工作腔中流体的循环流量。

应该指出,一旦流动形成以后,上述各 Δp 将不复存在,各位置点间的压力关系需按流体流动时的动力学原则另行确定,此处不予讨论。不过可以看到,随着 n_T 由 0 增加到 n_B,作为循环流动起因的压差 Δp_{ab}、Δp_{dc} 是递降变化的。若令 $i_{TB} = \dfrac{n_T}{n_B}$ 为转速比,则

$$\Delta p_{ab} = \frac{\rho}{2}\omega_B^2 R_a^2 (1 - i_{TB}^2)$$

$$\Delta p_{dc} = \frac{\rho}{2}\omega_B^2 R_d^2 (1 - i_{TB}^2)$$

$$\Delta p_{ab} - \Delta p_{dc} = \frac{\rho}{2}\omega_B^2 (R_a^2 - R_d^2)(1 - i_{TB}^2) \qquad (10.1)$$

式中　ρ——工作液体的密度,kg/m^3;

　　　ω_B——泵轮旋转角速度,$\omega_B = \dfrac{\pi n_B}{30}$;

　　　R_a——平均流线上点 a 的半径,$R_a = R_b$;

　　　R_d——平均流线上点 d 的半径,$R_d = R_c$。

由此可见,与它密切相关的工作腔中的流量也必然是递降变化的,如图 10.2(b)所示。

由于泵轮与涡轮有一转速差,从后面的速度三角形分析中可看到,流入与流出工作轮的速度矩是不相等的,而由叶片式流体机械基本理论可知,必将在工作轮上产生一转矩,从而使液力偶合器可以起到传输转矩与动力(液力传动)的作用。这一转矩值也将是随转速比的增大而递降。当 $n_T = n_B$ 时,$q = 0$,所传输的转矩和功率也将降为零。上述使涡轮转速为不同值的方法,正是通过调节工作机械与液力偶合器的转矩平衡关系来实现的。

如果将上述液力偶合器的内环设想缩为一点,就是无内环偶合器,其作用原理与有内环偶合器是相同的。

10.1.3　液力偶合器的基本特性

若以工作腔中的流体为平衡体来进行分析(图10.3),可知,当液力偶合器处于平衡运行状态时,作用于该平衡体上的外力矩之和必为零,即

$$M_{B-y} + M_{T-y} = 0 \qquad (10.2)$$

式中　M_{B-y}——泵轮对流体的作用力矩;

　　　M_{T-y}——涡轮对流体的作用力矩。

如果忽略轴承、密封、空气摩擦等产生的机械摩擦力矩的影响,那么它们与外界(原动机、工作机)作用于液力偶合器工作轮轴上的力矩 M_B 和 M_T 是相等的,即 $M_B = M_{B-y}$;$M_T = M_{T-y}$,并有

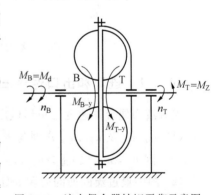

图 10.3　液力偶合器转矩平衡示意图

$$\begin{cases} M_B + M_T = 0 \\ M_B = -M_T \end{cases} \qquad (10.3)$$

式中　$-M_T$——涡轮轴对外的作用力矩。

在本书中规定,以泵轮转向为正向,所有与此相同的转向、转矩为正值,反向则为负值。同样所有圆周速度方向也以泵轮的圆周速度方向为正向,反之为负。由此,当 M_B 为正时,$-M_T$ 也是正值。对这一符号的规定应特别加以注意。

按一般效率的定义,液力偶合器的效率为

$$\eta = \frac{-M_{\mathrm{T}} n_{\mathrm{T}}}{M_{\mathrm{B}} n_{\mathrm{B}}} = K i_{\mathrm{TB}} = i_{\mathrm{TB}} \tag{10.4}$$

式中　　K——变矩系数，$K = \dfrac{-M_{\mathrm{T}}}{M_{\mathrm{B}}}$，对液力偶合器，$K \equiv 1$。

应当指出液力偶合器的输入转矩和输出转矩相等并且传动效率等于转速比，是其特性上最基本的特点。

10.2　液力偶合器中的速度三角形及循环流量

为了解液力偶合器中的能量传递过程，必须对液体在其泵轮及涡轮中的运动情况进行分析。根据一元束流理论，并考虑到一般液力偶合器泵轮和涡轮叶片都是轴面上的径向平面叶片，因此泵轮、涡轮的叶片安放角无论在进口还是在出口处都为 $90°$，即 $\beta_{\mathrm{B1}} = \beta_{\mathrm{B2}} = \beta_{\mathrm{T1}} = \beta_{\mathrm{T2}} = 90°$。在平均流线进口和出口处作出泵轮、涡轮的速度三角形，如图 10.4 所示。且涡轮、泵轮形状相同时，则有 $R_{\mathrm{B2}} = R_{\mathrm{B3}} = R_{\mathrm{T0}} = R_{\mathrm{T1}}$，$R_{\mathrm{B0}} = R_{\mathrm{B1}} = R_{\mathrm{T2}} = R_{\mathrm{T3}}$。

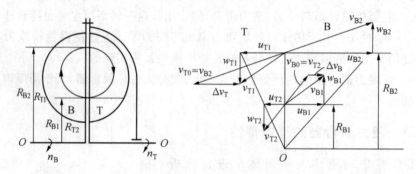

图 10.4　液力偶合器工作轮进口和出口处速度三角形

10.2.1　进口和出口速度三角形分析与进口冲击损失

现对液力偶合器速度三角形做出以下分析。

（1）u_{B1}、u_{B2} 及 u_{T1}、u_{T2} 分别与 R_{B1}、R_{B2} 及 R_{T1}、R_{T2} 成正比，其比例常数分别为 $\omega_{\mathrm{B}}(n_{\mathrm{B}})$ 及 $\omega_{\mathrm{T}}(n_{\mathrm{T}})$。因 $n_{\mathrm{B}} > n_{\mathrm{T}}$，故 $u_{\mathrm{B1}} > u_{\mathrm{T2}}$，$u_{\mathrm{B2}} > u_{\mathrm{T1}}$。

（2）图中设过流断面的面积处处相等，即 $v_{\mathrm{mB1}} = v_{\mathrm{mB2}} = v_{\mathrm{mT1}} = v_{\mathrm{mT2}}$。在泵轮出口及涡轮出口，有 $w_{\mathrm{B2}} = v_{\mathrm{mB2}}$，$w_{\mathrm{T2}} = v_{\mathrm{mT2}}$，且 $v_{\mathrm{mB2}} = v_{\mathrm{mT2}}$。

（3）在无叶片区，由于不受叶片作用，若忽略流体摩擦阻力作用，则速度矩或速度环量不变，有 $v_{\mathrm{u}} R = \mathrm{const}$。

（4）由泵轮出口到涡轮进口前有 $v_{\mathrm{uB2}} R_{\mathrm{B2}} = v_{\mathrm{uB3}} R_{\mathrm{B3}} = v_{\mathrm{uT0}} R_{\mathrm{T0}}$，且 $R_{\mathrm{B2}} = R_{\mathrm{B3}} = R_{\mathrm{T0}}$，故有 $v_{\mathrm{uB2}} = v_{\mathrm{uB3}} = v_{\mathrm{uT0}}$，同理可以得出泵轮进口前有 $v_{\mathrm{uT2}} = v_{\mathrm{uT3}} = v_{\mathrm{uB0}}$。

（5）因泵轮进口前及泵轮进口后，其速度三角形是不同的，从图 10.4 可见，泵轮进口前的速度为 $v_{\mathrm{B0}} = v_{\mathrm{T2}}$，而进口后的速度为 v_{B1}，两者之间有一速度突变 Δv_{B}，这就是泵轮进口处的冲击损失速度。同样可以在涡轮进口处求出其冲击损失速度 Δv_{T}。

叶轮进口处的冲击损失，可由下式计算：

$$H_{ci} = \zeta_{ci} \frac{v_{ci}^2}{2g} = \zeta_{ci} \frac{\Delta v_i^2}{2g} \quad (i = B、T) \tag{10.5}$$

式中　ζ_{ci}——冲击损失系数。

泵轮进口处的冲击损失速度头为

$$\frac{\Delta v_B^2}{2g} = \frac{(u_{B1} - u_{T2})^2}{2g} = \frac{u_{B2}^2}{2g} r_{B1}^2 (1 - i_{TB})^2 \tag{10.6}$$

式中　r_{B1}——相对半径，$r_{B1} = \dfrac{R_{B1}}{R_{B2}}$。

涡轮进口处的冲击损失速度头为

$$\frac{\Delta v_T^2}{2g} = \frac{(u_{T1} - u_{B2})^2}{2g} = \frac{u_{B2}^2}{2g}(i_{TB} - 1)^2 \tag{10.7}$$

10.2.2　循环流量与转速比的关系

对液力偶合器来说，工作腔中的工作液体在稳定工况下，能头的平衡方程为

$$H_B + H_T - \sum h_{mi} - \sum h_{ci} = 0$$

当泵轮转速不变，工作腔中充满工作液体，不考虑有限叶片数的影响，并认为摩擦阻力系数在各个工况下均为一不变的数值时，则由叶片式流体机械基本方程可得

$$H_B = \frac{1}{g}(u_{B2} v_{uB2} - u_{B0} v_{uB0}) = \frac{1}{g}\omega_B^2 R_{B2}^2 (1 - i_{TB} r_{B1}^2) \tag{10.8}$$

$$H_T = \frac{1}{g}(u_{T2} v_{uT2} - u_{T0} v_{uT0}) = \frac{1}{g}\omega_B^2 R_{B2}^2 i_{TB} (i_{TB} r_{B1}^2 - 1) \tag{10.9}$$

式中　r_{Bj}——相对于泵轮出口半径 R_{B2} 的相对值，$j = 1, 2$，分别表示工作轮进口、出口，以后都以 r_{ij} 表示相对半径。

$$\sum h_{mi} = \frac{\xi_m}{2g} q^2 \tag{10.10}$$

$$\sum h_{ci} = \frac{\xi_c}{2g} u_{B2}^2 [(i_{TB} - 1)^2 + r_{B1}^2 (1 - i_{TB})^2] \tag{10.11}$$

式(10.8)中，$i_{TB} < 1$，$r_{B1} = \dfrac{R_{B1}}{R_{B2}} < 1$，所以流体流经泵轮以后是获得能量（$H_B > 0$）。而式(10.9)中，$i_{TB} < 1$，$r_{B1} < 1$，所以 $H_T < 0$，说明流体流经涡轮以后其能量减少，即流体将能量传给涡轮。

式(10.10)中，由流体力学可知，流体流动时沿程损失为 $\Delta h_{mi} = \lambda_i \dfrac{l_i}{d_{yei}} \dfrac{v_i^2}{2g}$，当量水力直径 $d_{yei} = 4R_{yi} = 4\dfrac{A_i}{x_i}$，而 $v_i = \dfrac{q}{A_i}$，A_i 为过流断面积，将 $\sum \lambda_i \dfrac{l_i}{d_{yei} A_i^2}$ 记为 ξ_m，则得式(10.10)。取式(10.11)中冲击损失系数 $\zeta_{ci} = 1$，将式(10.8)~(10.11)代入能量平衡方程式，整理可得

$$u_{B2}^2 (1 - r_{B1}^2)(1 - i_{TB}^2) = \xi_m q^2 \tag{10.12}$$

令

$$A = \sqrt{\frac{u_{B2}^2 (1 - r_{B1}^2)}{\xi_m}}$$

则上式可写为

$$i_{TB}^2 + \frac{q^2}{A^2} = 1 \tag{10.13}$$

显然为一椭圆方程,当 $i_{TB}=\pm 1$ 时, $q=0$;而当 $i_{TB}=0$ 时, $q=A$,有内环液力偶合器的理论流量-转速比关系曲线如图 10.5 所示。这与上一节中分析流量与涡轮转速递增时流量的变化情况是一致的。

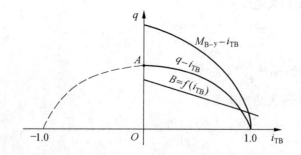

图 10.5　有内环液力偶合器的理论流量-转速比关系曲线

任何工况下,液力偶合器的泵轮与涡轮中的流量都相等,即 $q_B=q_T$。当工况稳定时, $q_B=q_T=\text{const}$,由动量矩定理可得

$$M_{B-y}=\rho q[(v_u R)_{B2}-(v_u R)_{B0}]=\rho q \omega_B R_{B2}^2(1-i_{TB}r_{B1}^2) \tag{10.14}$$

令

$$B=\rho \omega_B R_{B2}^2(1-i_{TB}r_{B1}^2)$$

则

$$M_{B-y}=Bq$$

显然 B 为 i_{TB} 的线性方程式,即 $B=f(i_{TB})$ 为一直线。因此 M_{L-y} 为 B 和 q 两个含有 i_{TB} 函数的乘积,如图 10.5 所示。

在讨论相似理论时,把工作轮转矩写为

$$M_B=\lambda_{MB}\rho n_B^2 D^5 \tag{10.15}$$

式中各项的单位为: M_B, $\text{N} \cdot \text{m}$; λ_{MB}, $(\text{r} \cdot \text{min}^{-1})^{-2} \cdot \text{m}^{-1}$; ρ, kg/m^3; n_B, r/min; D, m。由于液力偶合器中变矩系数恒为1,因此涡轮转矩也可用上式表达。

10.3　液力偶合器特性

10.3.1　液力偶合器外特性与原始特性

液力偶合器的特性曲线分为外特性和原始特性两类,如图 10.6 所示。

外特性曲线是由泵轮和涡轮转矩与转速比、效率与转速比关系曲线组成,如图 10.6(a)所示。这些曲线由转速比不同时测得的转矩、效率求得,而泵轮的转速则为某一定值。

一系列几何相似的液力偶合器,当几何尺寸不同时,其外特性曲线显然也不同,且泵轮转速不同时,测得的外特性曲线又各不相同,因此常用 $\lambda_{MB}-i_{TB}$、 $\eta-i_{TB}$ 曲线,它是由外特性曲线换算出来的,又称其为原始特性曲线(图 10.6(b))。由相似理论知,一系列几何相似的液力变矩器、液力偶合器,无论其几何尺寸有多大差异,也不管泵轮转速为多少,当 i_{TB} 相同时,它们有相同的 λ_{MB} 值,而 λ_{MB} 可由 $\lambda_{MB}=\dfrac{M_B}{\rho g n_B^2 D^5}=\dfrac{-M_T}{\rho g n_B^2 D^5}$ 求得,因此原始特性有更广泛的代表性。无论外特性还是原始特性,因 $\eta=i_{TB}$,在 η、 i_{TB} 比例尺相同时,则 $\eta-i_{TB}$ 曲线为一从原点起始的 $45°$ 线。但当 i_{TB} 接近 1.0 时,液力偶合器传递的转矩很小,而机械摩擦力矩所占的比例急剧增

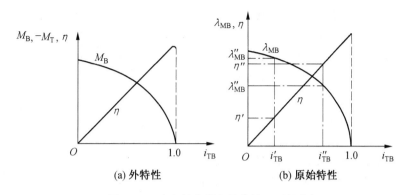

(a) 外特性　　　　　　　(b) 原始特性

图 10.6　液力偶合器的外特性及原始特性

大,因此高转速比时的效率特性便明显偏离 $\eta=i_{TB}$ 直线,并在 $i_{TB}=0.99\sim0.995$ 时急剧下降至 $\eta=0$。

通常将液力偶合器特性分为以下几个工况。当 $0<i_{TB}\leqslant1$ 时,液力偶合器为牵引工况区。此时 $q>0$,循环圆中流体从泵轮获得能量后注入涡轮,并把能量传给涡轮而带动涡轮转动。牵引工况区有一特殊工况点为设计工况点,其参数以角标"＊"表示,即 $i_{TB}=i_{TB}^{*}$,$\lambda_{MB}=\lambda_{MB}^{*}$。该工况点一般取在接近液力偶合器可能达到的实际最高效率点,即 $\eta^{*}=0.96\sim0.975$。对间歇工作液力偶合器,其传输功率又不太大时,设计工况点也可选在效率稍低的工况点处,但一般情况下,都以效率较高的设计工况点的参数 λ_{MB}^{*} 来评价液力偶合器性能,确定其能容的大小,并作为相似设计的参考数据。

液力偶合器还有两个特殊的工况点。

一个特殊工况点是零速工况点,又称制动工况点。该点的涡轮转速为零,即 $i_{TB}=0$。此时 $q=q_{max}$;$H_B>0$;但 $H_T=0$,$\omega_T=0$,故有功率 $P_T=0$,$P_B>0$,这时的涡轮作为一个固定流道成为流体流动的阻力而只起到消耗能量的作用。这将使工作腔中流体的温度迅速升高,所以这一工况不能持续太长时间。此工况点处泵轮的力矩系数记为 λ_{MB0}。

另一特殊工况点是零矩工况,此时 $i_{TB}=1$,$M_B=-M_T=0$,循环圆中流量 $q=0$,故 $P_B=P_T=0$。

液力偶合器性能中一个重要的参数是过载系数 G_0,它是启动工况力矩系数与设计工况力矩系数的比值:

$$G_0=\frac{\lambda_{MB0}}{\lambda_{MB}^{*}} \tag{10.16}$$

当液力偶合器曲线为上凸型曲线时,则存在最大力矩系数 λ_{MBmax},且 $\lambda_{MBmax}>\lambda_{MB0}$。称此处的过载系数为瞬时过载系数 G_{max},$G_{max}=\frac{\lambda_{MBmax}}{\lambda_{MB}^{*}}$。$G_0$ 是一个持续的过载系数,它反映在 $\omega_T=0$ 时液力偶合器力矩是设计工况所传递力矩的倍数。它与动力机的过载能力及工作机的强度计算密切相关。而瞬时过载系数只是在机械系统启动或停止时瞬时出现,对系统影响不大,一般不予考虑。

10.3.2　液力偶合器的全特性

液力偶合器除第一象限的牵引特性外,还有第二象限的反转特性及第四象限的反传特性。

这些特性组成液力偶合器的全特性。液力偶合器的全特性曲线如图 10.7 所示。

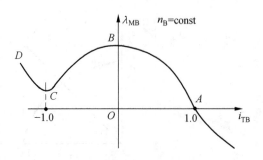

反传特性是涡轮转速大于泵轮转数,即 $\omega_T >$ ω_B 或 $i_{TB} > 1$ 时的特性。其特点是工作腔中流体从涡轮最大外径处流向泵轮,与牵引工况的流动方向相反。此工况下外负载变成动力,即功率从涡轮输入又从泵轮输出,即 $H_T > 0$,$P_T > 0$;而泵轮处则为 $M_B < 0$,$H_B < 0$ 和 $P_B < 0$。例如当液力偶合器作为车辆传动装置时,下坡行驶就是这种

图 10.7 液力偶合器的全特性曲线

工况。关于 P_B、P_T 的正负号:数学意义上,正表示与 n_B、M_B 或 n_T、M_T 同号,负则表示异号;物理意义上,正表示(P 为正)外界对工作轮做功,负表示(P 为负)工作轮对外做功。

涡轮反转工况(第二象限)在工程实际中也常出现。如液力传动吊车,在起重时为牵引工况,而在下放重物时涡轮反转,泵轮仍然正转,这就是反转制动工况。此工况的特点是:$H_B > 0$,$H_T > 0$;且 $P_B > 0$,$P_T > 0$。泵轮和涡轮都成为主动轮,都向工作液体传递能量。在 AB 段,工作液体为从泵轮流向涡轮的正循环,而在 BC 段则为反循环,一般来说,AB、CD 段比较稳定,但当 $i_{TB} \approx -1$ 时,流量 $q \approx 0$,但此时由于圆盘摩擦损失较大,故工作轮轴上转矩并不为零。在涡轮反转情况下,泵轮力矩是涡轮的阻力矩,由于这时泵轮、涡轮都向工作液体输送能量,因此工作液体会急剧升温,必须采取冷却措施。

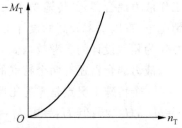

在工程中,有时泵轮停止转动,即 $\omega_B = 0$,涡轮由工作机带动旋转,这时涡轮起泵轮的作用,但由于泵轮不转,没有功率输出,液力偶合器便只起到液力制动器的作用。只要液体的循环冷却得到保证,液力制动器就可以长时间连续运行。由相似理论可知转矩与涡轮转速的平方成正比,这一情况可

图 10.8 液力制动器特性

以看成泵轮不转反传工况的极限情况,液力制动器特性如图 10.8 所示。在重型车辆上装液力制动器,只可以在长距离下坡行驶时实现连续制动作用。但液力制动器是以涡轮的旋转为前提的,且转速越高,制动力矩越大,而当转速较低时,制动力矩也很小,因此它不能代替机械刹车的停车制动功能。

10.3.3 液力偶合器的通用特性及透穿性

将不同 n_B 时的 $-M_T - n_T$ 曲线绘制在同一坐标图上,即得到液力偶合器的通用特性曲线,这些曲线将覆盖一个平面区域。

由液力偶合器特性可知,当转速比 i_{TB} 一定时,则对应该转速比的 λ_{MB} 为一定值。将 $n_B^2 = \dfrac{n_T^2}{i_{TB}^2}$ 代入式(10.15),有

$$-M_T = M_B = \lambda_{MB} \rho g \, \frac{n_T^2}{i_{TB}^2} D^5 = C n_T^2 \tag{10.17}$$

这样便可将同一转速比而不同涡轮转速液力偶合器的转矩特性绘制在同一坐标图上,显然这些抛物线既是偶合器工作时的相似工况抛物线,又是等效线。液力偶合器的通用特性曲

线如图 10.9 所示。

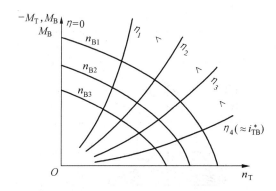

图 10.9 液力偶合器的通用特性曲线

透穿性是指当涡轮力矩变化时对泵轮力矩的影响程度,也就是负载变化时对原动机的影响程度。如果负载变化对原动机力矩不产生影响,称其为不可透的,反之则为可透的。由于液力偶合器的 $M_B = -M_T$,显然为可透的。

10.4 液力偶合器部分充液特性与工况不稳定区

10.4.1 速度分布及部分充液特性

对早期有内环的液力偶合器,流体在工作腔中的运动可认为满足一元束流理论。现在的偶合器一般没有内环,如果把它设想为内环缩为一点的有内环偶合器,按一元束流理论,其速度在点 C 处要发生突变,如图 10.10(a)所示。这种情况显然不合乎实际,因此主要有两种理论,其一假设轴面速度按直线分布,其二提出按二次曲线分布,如图 10.10(b)、(c)所示。这两种假设使液力偶合器中心点 C 的速度连续分布,显然要比图 10.10(a)合理,故可作为液力偶合器中流动情况理论分析的基础。

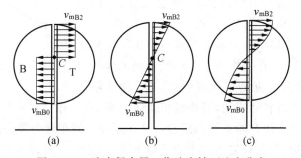

图 10.10 液力偶合器工作腔中轴面速度分布

理论上认为液力偶合器中工作腔全部充满工作液体,但实际上工作液体不可能完全充满工作腔。一般工作液体占工作腔体积的 90%,就可认为已经全充满了,所留下的体积主要是容纳从工作液体中析出的空气和油气。

液力偶合器特性曲线一般都是全充满时的特性。如果充液量不同,则其部分充液时的特性如图 10.11 所示。随着相对充液量的降低,其力矩系数减小。

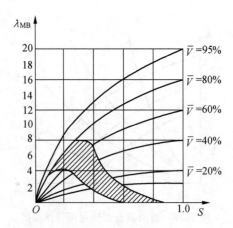

图 10.11　液力偶合器部分充液时的特性

10.4.2　部分充液工况的不稳定区

当液力偶合器中充液量减少时,随着转速比 i_{TB} 的减少,或滑差的增大,液力偶合器会出现不稳定区。在该区段力矩忽大忽小,出现周期性振荡,这是由工作腔内流体流动状态从小循环突然变为大循环或是由大循环突然变为小循环造成的,而滑差 $S = \dfrac{n_B - n_T}{n_B} = 1 - i_{TB}$。滑差由小到大或由大到小,出现不稳定区,相应的工况点(i_{TB})是不同的。部分充液时力矩系数随 S 的变化如图 10.12 所示。

现对部分充液时液力偶合器中流动情况进行分析。液力偶合器中充液量可用其相对充液量 $\bar{V}$ 来表示,即

$$\bar{V} = \frac{V}{V_0}$$

式中　V——充到液力偶合器中的工作液的体积;

　　　V_0——液力偶合器所有空间体积(包括工作腔、辅室等),即最大可能充注液体的体积。

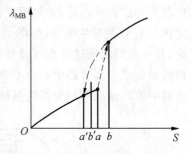

图 10.12　部分充液时力矩系数随 S 的变化

值得指出的是,真正影响液力偶合器特性的实际上是工作腔中的相对充液量 $\bar{V}_Q$。它是指处于工作腔中液体体积与工作腔体积(不包括叶片占据的空间部分)之比。由于液体在工作腔与辅室之间可以转移流动,因此对相同的 $\bar{V}$ 值,在工作过程中 $\bar{V}_Q$ 却是随工况而变化的。后面讲的限矩型液力偶合器正是利用这一基本原理。但在液力偶合器运行时工作腔中流体体积的变化很难测量,因此只能用液力偶合器相对充液量 $\bar{V}$ 来表示其工作时的充液情况。不同工况(不同转速比 i_{TB})时工作腔中的流动情况也不相同,如图10.13 所示。

无内环偶合器在不同工况下工作腔中的流动情况,可归纳如下。

(1) 当 $i_{TB} = 0$ 或接近于零时,工作腔内流体以最大的相对速度运动,而且紧贴在外环壁面处,空气及油气则集中在循环圆心部而形成一空气内环,如图 10.13(e)所示。

(2) 当 $i_{TB} = 1$(或 $S = 0$)时,工作腔和辅室中的流体均以 ω_B 旋转,液体都集中在工作腔的外径处,而空气则集中在工作腔的内径处,此时泵轮与涡轮中流体没有相对运动,其自由表面

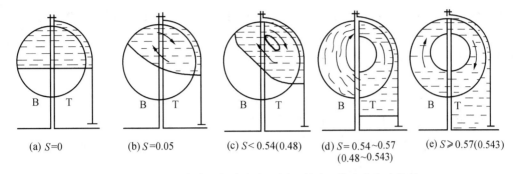

| (a) $S=0$ | (b) $S=0.05$ | (c) $S < 0.54(0.48)$ | (d) $S = 0.54 \sim 0.57$ $(0.48 \sim 0.543)$ | (e) $S \geqslant 0.57(0.543)$ |

图 10.13　液力偶合器部分充液不同工况时工作腔中流动情况

为一圆柱面,如图 10.13(a)所示。

（3）当 $i_{TB} < 1$ 时,泵轮与涡轮之间存在着压差而产生相对流动,涡轮中流体做向心流动,但很快又在涡轮牵连运动产生的离心力作用下,折向泵轮。当泵轮与涡轮间的牵连运动差较小时,流体进入泵轮后不能靠近泵轮外环,这种流动称为小循环。随着传速比的减小,涡轮中的向心流动逐渐增强。

（4）当 i_{TB} 降低到某一数值时,涡轮中做向心流动的流体有足够的动能使之紧贴外环流动而到达涡轮的最小半径出口处。但进入泵轮后还不能紧贴泵轮的外径处,在泵轮中形成比较紊乱的流动,这就是特性中的不稳定区。只有当转速比进一步降低时,才能形成图 10.13(e)所示的大循环流动。

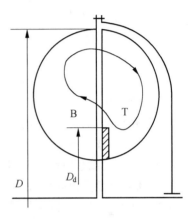

图 10.14　有挡板的液力偶合器

实验表明,当相对充液量减少时,不稳定区域逐渐加宽,因这一不稳定区要出现转矩振荡,因此是有害的,必须设法消除或在工作时躲过该区间。

消除不稳定区的方法是在泵轮与涡轮之间加一挡板,有挡板的液力偶合器如图 10.14 所示。挡板外径为 D_d,不产生振荡的挡板外径尺寸,对不同腔型液力偶合器及同一液力偶合器不同充液量时是不同的,应由实验确定。一般情况下,挡板直径与有效直径之比为 $\dfrac{D_d}{D} = 0.4 \sim 0.55$。挡板不仅可减少或消除不稳定区,而且使泵轮进口处的速度矩增大,从而降低液力偶合器的启动力矩,即使其过载系数降低,这一般是非常有益的。而对额定工况,由于工作腔中流体做小循环,挡板对力矩系数基本上不产生影响。

10.5　液力偶合器的分类

10.5.1　液力偶合器的基本分类

液力偶合器有以下几种分类方法。

（1）按内外环结构可分为有内环液力偶合器和无内环液力偶合器。

（2）按充液量可分为定充液量液力偶合器和变充液量液力偶合器。定充液量液力偶合器是指液力偶合器总的充液量不变,即 $\bar{V}$ 为定值。但在液力偶合器工作时,其工作腔中的充液量是随工况不同而自动变化的。变充液量液力偶合器又称为调速型液力偶合器,它是根据负载的变化规律,人为地调节工作腔中的充液量,外观上反映为负载转速的变化,因此称之为调速型液力偶合器。

(3)按功能不同又可将定充液量液力偶合器分为普通型、牵引型和限矩型(又称安全型)三种,另外,定充液量液力偶合器还可作为制动器使用。

(4)按叶片安放角可分为径向直叶片液力偶合器及前倾或后倾叶片液力偶合器。

10.5.2　定充液量液力偶合器

定充液量液力偶合器是指液力偶合器相对充液量 $\bar{V}=\text{const}$。根据结构和性能方面的差别,可将它们分为以下几种。

(1)普通型液力偶合器。

普通型液力偶合器是一种结构上最简单的液力偶合器,其结构特点是只有泵轮、涡轮,没有特别设计的辅室。该液力偶合器的过载系数 G_0 较大,一般大于 10。该液力偶合器的主要作用是衰减扭振,通过快速充油、排油可实现离合器的作用。由于其过载系数太大,不能对动力机和负载起到过载保护作用,因此这种液力偶合器很少作为传动装置使用。

(2)牵引型液力偶合器。

为保证在过载系数减小的同时,设计工况下的力矩系数较大,可对普通型液力偶合器加以改进,得到牵引型液力偶合器。

牵引型液力偶合器的结构特点是在涡轮的背侧与旋转壳体之间有一特意加大设计的辅室(称之侧辅室),牵引型液力偶合器结构简图如图 10.15 所示。加上侧辅室后,在部分充液时,循环圆和侧辅室内液体体积随工况不同而变化。当 $i_{\text{TB}}=1$ 时,侧辅室与工作腔的压力达到平衡,液体的自由表面为一圆柱面。当 $i_{\text{TB}}<1$ 时,辅室内流体旋转角速度 $\omega=\dfrac{1}{2}(\omega_{\text{B}}+\omega_{\text{T}})=\dfrac{\omega_{\text{B}}}{2}$ $(1+i_{\text{TB}})<\omega_{\text{B}}$,因旋转壳体与泵轮相连,其旋转速度为 ω_{B},侧辅室中液体由离心力产生的压力小于泵轮出口处的压力,流体从工作腔流向侧辅室,使侧辅室中流体增加,直到侧辅室中流体产生的压力与泵轮出口处由牵连速度及相对速度产生的静压力相等时,流体就停止了从工作腔向侧辅室的流动,工况也就稳定了。显然 i_{TB} 越小,从工作腔流向侧辅室的液体就越多,当 $i_{\text{TB}}=0$ 时达到最大值。这样就使启动工况时工作腔中的充液量最小,从而使过载系数降低。对一定的相对充液量 $\bar{V}$ 来说,侧辅室体积越大,循环圆中工作液体的体积变化也就越大。牵引型液力偶合器正是利用侧辅室的这一作用来降低过载系数的。但侧辅室与工作腔中液体的变换是靠静压变化来实现的,因此称之为静压倾泻。但侧辅室体积大时该液力偶合器轴向尺寸也大。为减小轴向尺寸,通常把侧辅室做得小一些,但为防止过载系数 G_0 大,通常在泵轮和涡轮之间加一挡板。挡板可在 $i_{\text{TB}}=0$ 或 i_{TB} 较小时,阻碍流体做大循环流动,改变泵轮进口的速度矩。但对转速比较大的设计工况,因流体做小循环流动时,挡板对流动不产生影响,所以加挡板后并不降低设计工况的力矩系数。

需要说明的是,静压倾泻的牵引型液力偶合器,当充液量 $\bar{V}=0.8$ 时,其过载系数 $G_0=$ 2.5～3,满足了一般设备的启动要求。当负载变化不大时,起到了过载保护作用。但静压倾泻使流体达到平衡状态的时间较长,当负载突然变化时反应较慢,此时动态力矩产生的过载系数

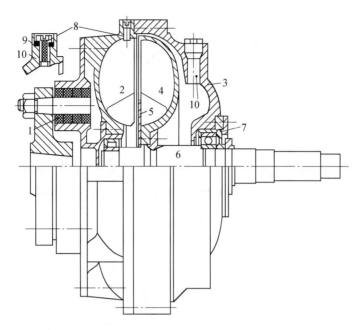

图 10.15　牵引型液力偶合器结构简图

1—弹性联轴节；2—泵轮；3—外壳；4—涡轮；5—挡板；6—输出轴；

7—端面密封；8—过热保护塞(易熔塞)；9—垫圈；10—易熔合金

$G_{max}=5\sim6$，甚至更大。尤其是当涡轮突然卡住时，动态过载系数最大。虽然这种动态过载系数是瞬时的，但对系统产生较大的冲击，容易造成零件的损坏，应特别加以注意。

（3）安全型(限矩型)液力偶合器。

由于牵引型液力偶合器对载荷突变产生的动态响应差，所以将其进一步改进以降低动态过载系数，这就是安全型液力偶合器(亦称限矩型液力偶合器)，其结构及特性如图 10.16 所示。从结构图上可以看到：泵轮和涡轮不对称，且在涡轮出口处加一钻有一定数量小孔的挡板，使流体可进入泵轮与轴之间的前辅室，又可通过孔道与泵轮外侧的后辅室相通。最后才通过泵轮外环上的小孔进入泵轮工作腔。其过流孔的总面积依次逐渐减小。

安全型液力偶合器的工作原理是低转速比，直到制动工况时，由于工作腔流体在做大循环流动，靠流体的动能使部分液体通过各孔道进入前辅室和后辅室，从而使工作腔中流体减小，降低了过载系数。当液力偶合器正常工作时，各辅室中的流体全部注入工作腔，这就使设计工况时的力矩系数较大。而当运行中涡轮突然被卡住时，工作腔内立即变为大循环流动，流体会立即注入各辅室中。由于靠流体的动能，其反应速度很快，只用 $0.1\sim0.2$ s 即可充满前辅室，这就会使动态过载系数很小。由于工作腔中液体是靠动能流入辅室，故称为动压倾泻。

安全型液力偶合器辅室中的流体是从涡轮中流出，经前、后辅室后又流入泵轮。若流进、流出的流量不等，辅室中流体的体积就要发生变化，即工作腔中流体的体积也就发生变化了。若流进辅室与流出辅室的流体数量相等，该液力偶合器就处于稳定运行工况，这与牵引型液力偶合器相同。

（4）倾斜叶片液力偶合器。

普通的液力偶合器，无论有无内环，其叶片都位于轴面内。若用一圆柱面 L 切割叶轮，并将其展开为平面，如图 10.17(a)所示，叶片截线与外环截线互相垂直，即叶片进出口角均

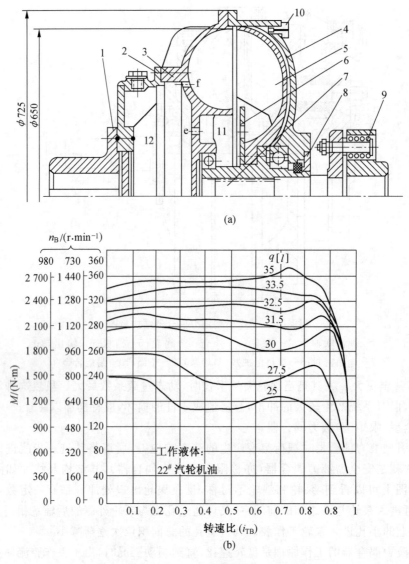

(a)

(b)

图 10.16　安全型液力偶合器的结构及特性

1—联轴节；2—辅室壳体；3—泵轮；4—外壳；5—涡轮；6—挡板；

7—输出轴；8—端面密封；9—弹性联轴节；10—过热保护装置；

11—前辅室；12—后辅室；f,e—过流孔

为 90°。

　　倾斜叶片液力偶合器的叶片也是平面叶片，叶片进出口边与径向轴面叶片一样也是径向的，但叶片与通过进出口边的轴面有一夹角，其中泵轮叶片向它旋转方向倾斜，称为前倾叶片液力偶合器，反之为后倾叶片液力偶合器。涡轮叶片与泵轮叶片平行配置，倾角只以锐角来定义。按本书叶片安放角度符号的规定，$\beta_b = (w, \stackrel{\frown}{-u})$，则前倾 30°叶片工作轮的进出口安放角分别为 $\beta_{B1} = 60°$、$\beta_{B2} = 120°$。而涡轮的进出口角则分别为 $\beta_{T1} = 120°$、$\beta_{T2} = 60°$。倾斜叶片偶合器如图 10.17(b)所示。

　　倾斜叶片液力偶合器与轴面叶片液力偶合器相比，其特性有较大差异。前倾叶片能容大

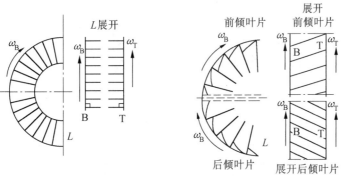

(a) 径向轴面叶片　　　(b) 倾斜叶片（上半部为前倾叶片，下半部为后倾叶片）

图 10.17　液力偶合器的叶片角

大高于轴面叶片液力偶合器，而后倾叶片液力偶合器能容则远小于轴面叶片液力偶合器。

必须指出的是，一旦采用倾斜叶片，则必须注意其旋转方向，若旋转方向相反，则前倾变为后倾，其性能相差甚远。

10.6　调速型液力偶合器

调速型液力偶合器由于固有的低速运行传动效率偏低的特性，在高速大功率应用场合与变频调速相比处于劣势，目前国内有多家比较有名气的电气公司把电厂的锅炉给水泵变频改造作为重点项目，并且还有"变频调偶传动系统"的专利，电气传动人员把调偶也归为即将被淘汰的产品。对于调速型液力偶合器，在一定的调速范围内（如 80%～100% 的负载调节范围），其仍然具有较高的传动效率，这要看用户实际要求的负荷调节范围的要求。另外，在船舶驱动、石油矿场机械传动、煤矿刮板机调速驱动等应用场合，配置大功率供电设备存在困难，或者对电气设备要求非常严格，调速型液力偶合器则占据技术成熟、成本低廉、较强的环境适应性等方面的优势。

回看液力传动的特点：较大的功率/质量比；高可靠性、长寿命；良好的环境适应性；负载工况自动适应性；隔离衰减扭振；带载平稳启动、兼具过载保护功能；一定调速范围的高效传动，较低的制造与运行成本。这些特点都是这类传动装置比较突出的优势。传统技术生命力的延续还是需要点理性的回归，适合的才是最好的解决方案，而不是要一味追求高大上。

10.6.1　调速原理

调速型液力偶合器就是人为地改变工作腔中的充液量，从而改变液力偶合器的特性，在原动机特性和负载特性都不变的情况下，改变液力偶合器的充液量也就改变其输入、输出特性，从而达到调节工作机转速的目的。图 10.18 所示为调速型液力偶合器调速原理，表明不同充液量时，液力偶合器的特性曲线分别是 ab、ac、ad 三条（$-M_T-n_T$），工作机负载曲线为（$-M_z-n_z$）。负载特性曲线与不同充液量时液力偶合器的特性曲线交点分别是 1 点、2 点、3 点，则对应的转速 n_{T1}、n_{T2}、n_{T3} 即是不同充液量时工作机的转速。由于工作腔中充液量是连续可调的，因此用调速型液力偶合器调节工作机转速是无级调速。其调速范围为

$$\frac{n_{Zmax}}{n_{Zmin}} = 3.2 \sim 4.0$$

改变充液量有多种方法,因此,调速型
液力偶合器的结构也各不相同。调速型液
力偶合器工作时,存在两个循环流动:一个
是工作腔内的循环流动,其流量为 q,它在
工作过程中因充液量和工况不同而改变;
另一个是工作腔与外部油室之间的循环流
动,其循环流量为 q'。q' 不仅可以改变工作
腔中的充液量,而且可实现工作液体的冷
却,因而调速型液力偶合器的工作油温一
般不易超过 80 ℃。设循环流量 q' 流入工
作腔流量为 $q_入$,流出工作腔流量为 $q_出$,其

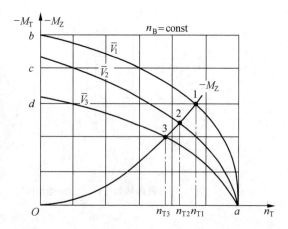

图 10.18　调速型液力偶合器调速原理

差值 $\Delta q = q_入 - q_出$,则在平衡工作点运行时,$\Delta q = 0$。而当 $\Delta q > 0$ 时,相对充液量 $\overline{V}_Q$ 增加,使
工作腔中流量 q 也随之增加。反之,$\Delta q < 0$,则工作腔中流量 q 减少。

如果在液力偶合器流量调节中,$q_出 = \mathrm{const}$,改变 $q_入$,称之为进口调节;若 $q_入 = \mathrm{const}$,改变
$q_出$ 来调节 $q_入$,则称之为出口调节;若 $q_入$、$q_出$ 同时调节以改变 q 值,则称之为进出口调节。

10.6.2　伸缩导管式调速型液力偶合器

图 10.19 所示为某厂引进德国 VOITH 公司技术,生产的 SVN 系列调速型液力偶合器结
构简图,它是靠勺管的滑动来控制油室自由液面位置的,即为伸缩导管式液力偶合器。该液力
偶合器由齿轮泵定量供油,而勺管则由电动执行器驱动。显然此属于出口调节。这种类型的
调速型液力偶合器出口调节比进口调节响应快,因此应用十分广泛,尤其是电站锅炉给水泵,
要求在 12 s 内启动并实现随机调节,都采用这种出口调节液力偶合器。SVN 系列调速型液力
偶合器勺管相对位移量 $\overline{\delta} = \dfrac{\delta}{\delta_{nmax}}$。需要注意的是,位移量 $\overline{\delta}$ 与其输出力矩(转速)是非线性关
系。

勺管中流体的流动是靠旋转油室中转动流体的动能实现的。一般勺管有足够的过流能
力,在稳定工况勺管入口处,流体自由表面为大气压力,流动的能头为

$$H = \frac{u^2}{2g} = \frac{\omega^2 R^2}{2g} \tag{10.18}$$

式中　R——勺管进口到回转油室轴心线的半径;

　　　ω——油室中油液的旋转角速度。

显然能头的大小取决于勺管两侧壁面的角速度值。若两侧壁面与泵轮相连,则 $\omega = \omega_B$;若
一侧与泵轮相连,另一侧为涡轮时,$\omega = \dfrac{1}{2}(\omega_B + \omega_T)$。SVN 系列调速型液力偶合器原始特性如
图 10.20 所示。

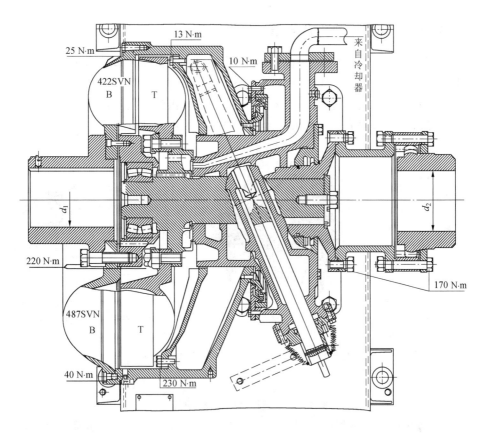

图 10.19　SVN 系列调速型液力偶合器结构简图

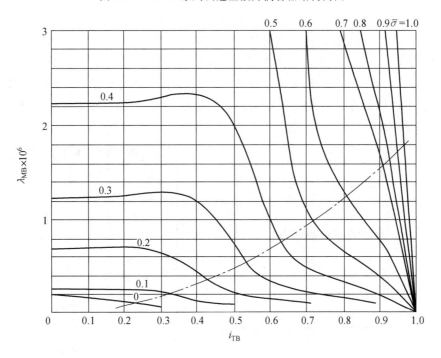

图 10.20　SVN 系列调速型液力偶合器原始特性

10.6.3　阀控调速型液力偶合器

图 10.21 所示为阀控调速型液力偶合器(也称阀控充液式液力偶合器),双腔液力偶合器结构,采用工作腔充液量进口节流调节的方式,没有伸缩导管调节方式的导管调节机构。偶合器本体支撑于箱体上,通过喷嘴排油,箱体兼作油箱,用外供油泵实现补偿冷却循环,调节动作时改变工作腔进口流量,调节过程结束平衡运行时工作腔进出油量相等。

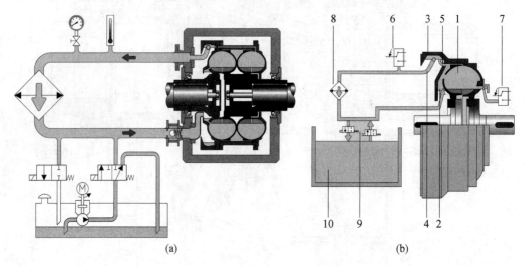

(a) (b)

图 10.21　阀控调速型液力偶合器

1—工作腔;2—收集环;3—泵槽;4—动压泵;5—喷嘴;6—温度监控器;7—液位传感器;8—冷却器;
9—电磁阀;10—储液槽

填充介质自然流入收集环,然后在离心力的作用下进入工作腔。泵轮和涡轮之间的液体通过液力作用实现了扭矩传输。工作液体通过喷嘴排出工作腔进入正在旋转的泵槽,这样可以控制充液量并可以散热。工作液体自泵槽进入与其旋转方向相对的动压泵,并经过冷却器重新流回收集环。通过工作回路充液或排液,两个电磁阀(完全没有外部的运动部件)在"全满"和"全空"之间控制着工作回路中工作液体的流量。水介质阀控充液式液力偶合器工作特性如图 10.22 所示。

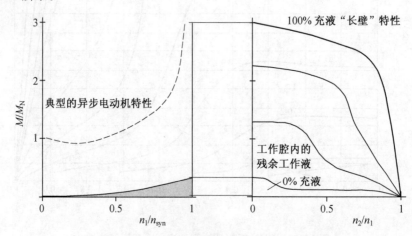

图 10.22　阀控充液式液力偶合器工作特性

通过改变充液量,阀控充液式液力偶合器可以平稳并无级地调节扭矩传输及运行速度。此种类型的调速型液力偶合器适用于带式输送机(图 10.23)、大功率泵与风机(图 10.24)、刮板输送机的调速运行。在煤矿大惯量设备驱动中,采用阀控充液式液力偶合器可保护驱动系统和部件,并实现平稳加速,同时保护动力系统不会因为过载而受损。

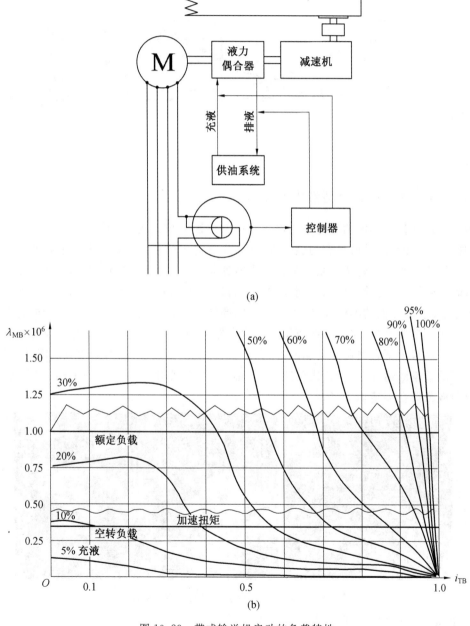

(a)

(b)

图 10.23　带式输送机启动的负载特性

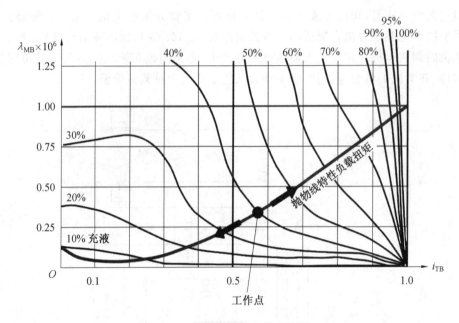

图 10.24　抛物线类负载驱动特性

10.6.4　齿轮式调速型液力偶合器

　　液力传动元件传递的功率与泵轮输入转速的三次方成正比,与循环圆直径的五次方成正比,体现了液力传动元件所具有的能容大、功率质量比大的特点。高速大功率调速型液力偶合器传动装置则是采用齿轮传动增加泵轮输入转速,或者涡轮输出再加齿轮增加输出转速的液力装置,目前单机传递功率可以达到 30 MW、转速在 20 000 r/min 以上。随着工业应用系统向大容量、高参数方向的不断发展,工作机械的高转速运行已成为必然趋势。在早期火电站锅炉给水泵的调速驱动中,齿轮式调速型液力偶合器得到广泛应用;目前核电常规岛主给水泵也都倾向于采用液力偶合器调速驱动的方式。在负荷变动不大、满足工况调节范围、同时也能保持较高传动效率的情况下,齿轮式调速型液力偶合器得到用户的认可。图 10.25 所示为齿轮式调速型液力偶合器传动装置。

图 10.25　齿轮式调速型液力偶合器传动装置

　　(1)齿轮式调速型液力偶合器工作原理。

　　与普通的调速型液力偶合器相比,齿轮式调速型液力偶合器的核心部件——液力偶合器本身的结构没有什么变化,只是其本体传递功率的密度更大了。泵轮输入加装增速齿轮,也使得高速运转的设备适合于 2 极或 4 极鼠笼式电动机的转速。

①基本设计原理。

a.液力偶合器与双斜齿机械齿轮集成在水平剖分的密闭箱体内。

b.齿轮增速采用泵轮前部增速或涡轮输出增速方式,或者前增后增复合方式。

c.通用的液力偶合器传动原理,液流将能量从泵轮传递至涡轮。

d.泵轮固定转速运转,涡轮滑差运行。

e.集成一体化油箱,工作油路与润滑油路分别独立。

图 10.26 所示为齿轮式调速型液力偶合器的基本设计。

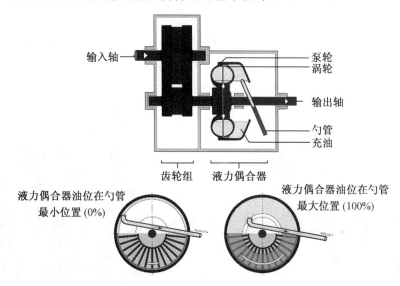

图 10.26　齿轮式调速型液力偶合器的基本设计

②特性曲线。

a.同理普通型伸缩导管式调速型液力偶合器,勺管调节充油量,充油量多少依据被驱动设备能量传递及速度变化需求决定。

b.不同勺管位置(导管相对开度)对应涡轮不同的输出特性曲线。

c.通过控制器改变勺管位置,实现对工作机械在很宽的运行区间进行无级变速。

图 10.27 所示为齿轮式调速型液力偶合器传动装置特性曲线。

③ 电液伺服机构。

液力偶合器勺管装置通过电液伺服位置控制器(Voith Electro Hydraulic Positioning Control,VEHS)进行精确的定位控制。图 10.28 所示为电液伺服驱动勺管定位控制系统,该系统双作用液压油缸的活塞与勺管采用机械方式连接,通过位置传感器实时检测勺管位置。

VEHS 是一个带 PID 动作的定位控制系统,液力偶合器勺管的位置取决于主控制器(控制电路)的位置设定值。内部位置控制回路比较实际位置值(行程传感器:$4 \sim 20$ mA 对应 $100\% \sim 0\%$)与主控制器的位置设定值,偏差信号作用在次级磁力控制器上,三位四通阀根据磁力 F 的大小变化做开口调整,单向阀的控制油口释放出进出双作用油缸的液压控制油。位置传感器向定位器发出双作用油缸活塞行程变化的信号,减小偏差则意味着磁力 F 的减小,

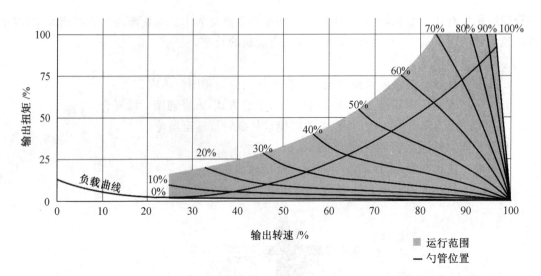

图 10.27　齿轮式调速型液力偶合器传动装置特性曲线

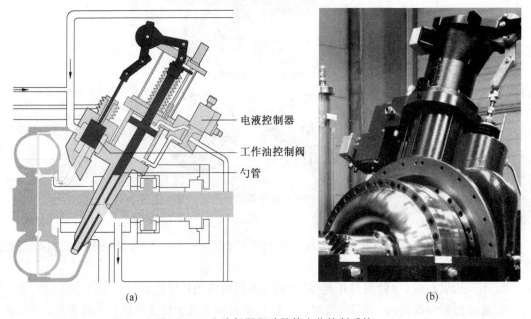

(a)　　　　　　　　　　　　　　　　　　(b)

图 10.28　电液伺服驱动导管定位控制系统

在位置设定值等于位置反馈值时,单向阀处于液压中心位置。VEHS 位置控制器方框图如图 10.29 所示。

(2)结构类型。

① 基本形式的前增结构,增速齿轮置于泵轮前端的调速型液力偶合器如图 10.30 所示。

带前增齿轮结构的齿轮式调速型液力偶合器用于高速从动机械,如火电站的锅炉给水泵、锅炉送/引风机、核电主给水泵、油田高压注水泵、石油炼化行业的离心压缩机、制冷行业的制冷压缩机等。

② 强化设计的前增后增结构,泵轮输入与涡轮输出均采用增速齿轮的结构如图 10.31 所示。

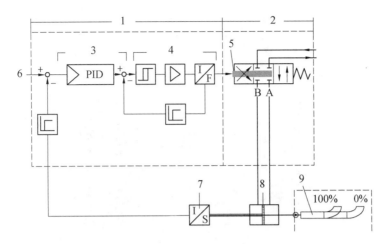

图 10.29 VEHS 位置控制器方框图

1—电磁控制;2—三位四通比例控制阀;3—位置控制器(PID);4—磁力
控制器;5—控制接口;6—主控指令;7—位置检测反馈;8—双作用定位
油缸;9—勺管

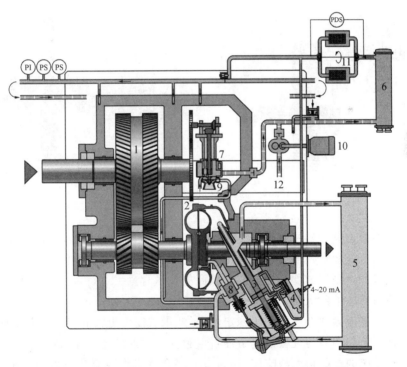

图 10.30 增速齿轮置于泵轮前端的调速型液力偶合器

1—齿轮组;2—调速型液力偶合器;3—勺管;4—勺管控制器(VEHS);5—工作
油冷却器;6—润滑油冷却器;7—主润滑油泵;8—油循环控制阀;9—工作油
泵;10—辅助润滑油泵;11—切换型双筒过滤器;12—油箱

涡轮输出端再增加一级齿轮组,提供更高的传动装置输出转速。

③ 低速输出结构,涡轮输出带减速齿轮的结构如图 10.32 所示。

涡轮输出端带减速齿轮的液力偶合器用于低速从动机械,如火电行业磨煤机。

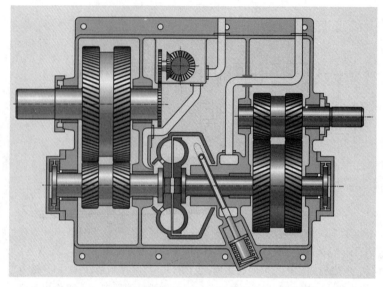

图 10.31　泵轮输入与涡轮输出均采用增速齿轮的结构

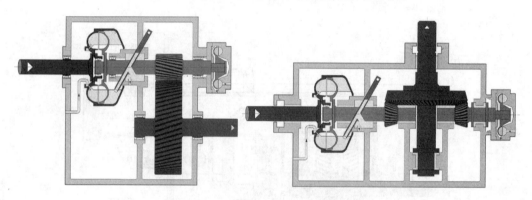

图 10.32　涡轮输出带减速齿轮的结构

（3）相关技术。

齿轮式调速型液力偶合器主要用于高速重载工作机械的动力传输，对系统关键组成部件的承载能力、强度、工作稳定性等方面提出了更高的要求。围绕核心部件液力偶合器配套的以下措施使得齿轮式调速型液力偶合器具有了较高的技术含量。

①高泵轮输入转速下的大功率液力偶合器设计。

②齿轮式调速型液力偶合器采用了稳定性更好、承载能力更大的多油叶滑动轴承。

③液力偶合器工作油液与设备的润滑油自成独立的供油循环冷却回路。

④为了提高系统的控制精度与响应时间，液力偶合器工作腔充液量采用进出口复合调节的方式。

⑤导管的调节采用电液伺服机构，而不是一般调速型液力偶合器上常用的电动执行器驱动方式。

10.7　调速型液力偶合器运行工作特性

10.7.1　调速型液力偶合器运行的经济性

与其他类型液力偶合器一样,调速型液力偶合器运行时也是遵从 $\eta = i_{TB}$ 这一规律。但由于外负载类型不同,当涡轮转速变化时,损失功率也就不同,损失功率与额定转速时传递的功率之比值也就不同。下面对各种类型的负载采用调速型液力偶合器传动的经济性进行分析。

设电动机、液力偶合器及工作机均为直接连接,原动机转速为常数(即泵轮转速为定值),与液力偶合器设计工况对应的参数以角标"*"标示。

三种典型负载如下。

(1) 抛物线负载,即 $M_Z \propto n_Z^2$,用"Ⅰ"来代表。

(2) 与转速成正比的负载,即 $M_Z \propto n_Z$,用"Ⅱ"来代表。

(3) 恒转矩负载,即 $M_Z = \text{const}$,用"Ⅲ"来代表。

对第Ⅰ类负载,任何转速时,工作机的功率都可写成

$$P_Z = A n_Z^3$$

当额定工况时,则有 $P_Z^* = A(n_Z^*)^3$,故有 $A = \dfrac{P_Z^*}{(n_Z^*)^3}$,又有 $n_Z = n_T$,$P_Z = P_T$,则上式可写成

$$P_T = P_Z^* \frac{n_Z^3}{(n_Z^*)^3} = P_T^* \frac{i_{TB}^3}{(i_{TB}^*)^3}$$

对上述不同类型负载,则有

$$\begin{cases} P_{T\,I} = P_T^* \dfrac{i_{TB}^3}{(i_{TB}^*)^3} \\[2mm] P_{T\,II} = P_T^* \dfrac{i_{TB}^2}{(i_{TB}^*)^2} \\[2mm] P_{T\,III} = P_T^* \dfrac{i_{TB}}{i_{TB}^*} \end{cases} \tag{10.19}$$

各类负载对应的泵轮轴功率为

$$\begin{cases} P_{B\,I} = \dfrac{P_T}{\eta} = \dfrac{P_T}{i_{TB}} = P_T^* \dfrac{i_{TB}^2}{(i_{TB}^*)^3} \\[2mm] P_{B\,II} = \dfrac{P_T}{\eta} = \dfrac{P_T}{i_{TB}} = P_T^* \dfrac{i_{TB}}{(i_{TB}^*)^2} \\[2mm] P_{B\,III} = \dfrac{P_T}{\eta} = \dfrac{P_T}{i_{TB}} = P_T^* \dfrac{1}{i_{TB}^*} \end{cases} \tag{10.20}$$

液力偶合器中损失的功率为 $P_S = P_B - P_T$,则对各类负载有

$$\begin{cases} P_{S\,I} = P_T^* \dfrac{i_{TB}^2 - i_{TB}^3}{(i_{TB}^*)^3} \\[2mm] P_{S\,II} = P_T^* \dfrac{i_{TB} - i_{TB}^2}{(i_{TB}^*)^2} \\[2mm] P_{S\,III} = P_T^* \dfrac{1 - i_{TB}}{i_{TB}^*} \end{cases} \tag{10.21}$$

由式(10.21)可见,P_S 为 i_{TB} 的函数,故可对之求导并令其为零,以求发生最大损失时的 i_{TB} 值及相应的功率损失值:

$$\begin{cases} i_{TBI} = \dfrac{2}{3}, & P_{Smax} = 0.148\,\dfrac{P_T^*}{(i_{TB}^*)^3} \\[2mm] i_{TBII} = 0.5, & P_{Smax} = 0.25\,\dfrac{P_T^*}{(i_{TB}^*)^2} \\[2mm] i_{TBIII} = 0, & P_{Smax} = \dfrac{P_T^*}{i_{TB}^*} \end{cases} \qquad (10.22)$$

当设计工况转速比为 $i_{TB}^* = 0.97$ 时,对应的泵轮设计工况的损失功率的最大值分别为

$$\begin{cases} P_{SmaxI} = \dfrac{P_{Smax}}{P_B^*} = 0.157 \\[2mm] P_{SmaxII} = 0.258 \\[2mm] P_{SmaxIII} = 1.0 \end{cases} \qquad (10.23)$$

将上述三种负载进行调速运行后液力偶合器调速的经济性如图 10.33 所示。

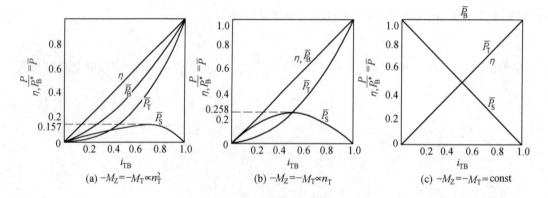

图 10.33 液力偶合器调速的经济性

10.7.2 调速型液力偶合器在无背压管路系统中的调速运行

对于转矩与转速成平方关系的负载,使用调速型液力偶合器调速具有较好的节能效果。这并不是由于调速型液力偶合器比普通液力偶合器效率高,而是因为采用调速型液力偶合器调速以后,负载功率以与转速成三次方的关系下降,而效率则是与转速成一次方的关系下降,所以前者的下降要快得多,这就使其损失功率相对于额定功率值要小得多。

泵和风机等叶片式流体机械,其相似工况为一二次抛物线,$H = Kq^2$。相似工况在动力特性上遵从 $M \propto n^2$ 和效率基本相等的关系。在管路系统中,其特性为 $h_g = h_0 + K_g q^2$。如果没有背压,则 $h_0 = 0$,管路特性为 $h_g = K_g q^2$。管路一定,K_g 为定常数。当泵或风机与管路连在一起时,管路特性($h_g = h_0 + K_g q^2$)与泵或风机特性曲线 $H - q$ 的交点才是泵或风机的工况点。对无背压的系统,管路特性必与某一条相似抛物线重合,这时泵或风机力矩与转速成正比($M \propto n^2$)关系。无背压情况在流体机械运行中是常见的,如风机管路末端排放到大气中即属于无背压的情况,故人们习惯地称叶片式流体机械为抛物线型负载(即 $M \propto n^2$)。如锅炉给水泵及泵向某一高处供水等,$h_0 = \Delta Z + \dfrac{p_2 - p_1}{\rho g} \neq 0$,式中 ΔZ 为泵向某处供水的高度,p_2、p_1 分别为出水

管处压力及吸水池面压力。这时再分析其节能经济性时,要与无背压有所区别。

之前所说的变速调节具有显著的节能效果是与定转速靠节流调节流量相比较而言的。下面以无背压的泵系统为例予以说明。调速型液力偶合器在无背压管路系统运行的节能分析如图 10.34 所示,当流量由 q_E 调到 q_1,采用液力偶合器调速时,工况点沿管路特性由 E 点移动至 B 点。而若采用节流调节,则管路特性要改变,由 OBE 变为 OA,工况点是沿水泵特性曲线由 E 点移动到 A 点。比较两者可知,变转速调节可节省 $\Delta H = H_A - H_B$ 这一能头。另外水泵正常运转工况点 E 一般为设计工况点,其效率较高。变转速调节点 B 在相似抛物线上,$\eta_B = \eta_E$。而若采用节流调节,则 $\eta_A < \eta_E = \eta_B$,即采用变转速调节虽然流量偏离设计工况点,但其效率并不远离最高效率点。当然,采用调速型液力偶合器调速时,液力偶合器本身有一定损失,但这比节流调节所消耗的能量要少得多,这就是调速型液力偶合器对水泵、风机调速运行较之节流调节具有十分显著节能效果的理论分析。某钢铁公司高炉除尘风机采用调速型液力偶合器以后,不仅两年收回设备成本,而且调速运行又使风机叶轮磨损大大减小,使叶片更换周期成倍增长。

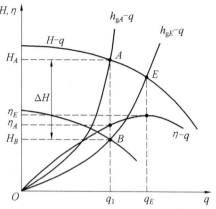

图 10.34　调速型液力偶合器在无背压管路系统运行的节能分析

10.7.3　调速型液力偶合器在有背压管路系统中的调速运行

在管路特性 $h_g = h_0 + K_g q^2$ 中,无背压管路系统 $h_0 = 0$,$h_g = K_g q^2$ 必与某一相似抛物线(等效率线)重合。有背压管路特性曲线不过原点,也非相似抛物线,因此,有背压管路系统的分析与无背压管路系统的分析有所不同。工程实际应用中,大多属于有背压运行,如矿山排水、油田注水、锅炉给水泵、渣浆泵、楼宇供水等,如果此时按无背压计算则会造成较大的误差。

现以水泵为例来分析采用调速型液力偶合器调速运行的经济性,做出液力偶合器调速与节流调节节能效果对比。设"电机—调速型液力偶合器—水泵"均为直连。图 10.35 所示为调速型液力偶合器在有背压管路中的调速特性。

(1)在泵的特性图上,作出相应于液力偶合器涡轮额定工况输出转速 n_E 下的扬程—流量($H-q$)、效率—流量($\eta-q$)曲线。作出管路特性曲线 h_g-q、h_g-q 与 $H-q$ 曲线交于 E 点,E 为额定工况点。

(2)过管路特性 h_g-q 曲线上的一点 K 作出相似抛物线。

$$H = A_K q^2 \tag{10.24}$$

式中　$A_K = \dfrac{H_K}{q_K^2}$。

K 点工况对应的 q_K 为管路系统需要调节到的流量,相似抛物线与 n_E 下的 $H-q$ 曲线交于 K' 点。

(3)变转速调节,水泵工况沿管路特性曲线变化,泵的转速由额定转速 n_E 调到 n_K,此时水泵输出达到所需调节的流量 q_K。K 与 K' 都在相似抛物线上,因此 K 与 K' 为相似工况点。由比例定律 $q \propto n$,$H \propto n^2$,有 $q_K = c \cdot n_K$,$q_{K'} = c n_E$,c 为某一比例常数。由此可确定需要调到的

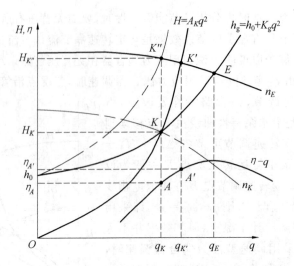

图 10.35　调速型液力偶合器在有背压管路中的调速特性

转速 n_K：

$$n_K = \frac{q_K}{q_{K'}} n_E \tag{10.25}$$

或者

$$n_K = \sqrt{\frac{H_K}{H_{K'}}} \cdot n_E \tag{10.26}$$

在工况点 K，液力偶合器工作的转速比为

$$i_{TBK} = \frac{n_K}{n_E} = \frac{q_K}{q_{K'}} = \frac{\sqrt{H_K}}{\sqrt{H_{K'}}} \tag{10.27}$$

(4)节流调节,工况点沿转速 n_E 下的水泵特性曲线变化,同样调到所需流量 q_K,对应工况点为 K'',K'' 为节流调节工况点,对应的效率为 η_A,水泵轴功率为

$$P_{ZK''} = \frac{\rho g q_K H_{K''}}{1\,000\,\eta_A} \tag{10.28}$$

(5)采用液力偶合器变转速调节,工况点为 K,对应效率为 $\eta_{A'}$。水泵的轴功率为

$$P_{ZK} = \frac{\rho g q_K H_K}{1\,000\,\eta_{A'}} \tag{10.29}$$

液力偶合器涡轮轴与水泵直连,涡轮轴输出功率 $P_{TK} = P_{ZK}$,考虑到 K 点液力偶合器传动效率 $\eta_K = i_{TBK}$,可以得到液力偶合器泵轮轴的轴功率为

$$P_{BK} = \frac{P_{TK}}{\eta_K} = \frac{P_{TK}}{i_{TBK}} = \frac{\rho g q_K H_K}{1\,000\,\eta_{A'} i_{TBK}} \tag{10.30}$$

液力偶合器损失功率为

$$P_{SK} = P_{BK} - P_{TK} = \frac{P_{TK}}{i_{TBK}} - P_{TK} = P_{TK}\left(\frac{1}{i_{TBK}} - 1\right) \tag{10.31}$$

由节流调节与变速调节水泵轴功率的差值,并计及液力偶合器本身的功率损失,可以得到变转速调节较节流调节节约的能量值为

$$\Delta P_j = P_{ZK''} - (P_{ZK} + P_{SK}) = \frac{\rho g q_K H_{K''}}{1\,000\,\eta_A} - \left[\frac{\rho g q_K H_K}{1\,000\,\eta_{A'}} + \frac{\rho g q_K H_K}{1\,000\,\eta_{A'}}\left(\frac{1}{i_{TBK}} - 1\right)\right]$$

$$= \frac{\rho g q_K}{1\,000}\left(\frac{H_{K''}}{\eta_A} - \frac{H_K}{\eta_{A'} \cdot i_{TBK}}\right) \tag{10.32}$$

在上面的关系式中 $H_{K''} > H_K$、$\eta_A < \eta_{A'}$，因此，即使计及液力偶合器本身的功率损失，采用液力偶合器调速的节能效果也是明显的。当然要获得更大的节能效果，液力偶合器的调速应尽量在高转速比范围内进行，i_{TB} 越小，节能效果越小。

10.7.4　调速型液力偶合器的固有非线性

调速型液力偶合器的调节输出量是涡轮输出转速 n_T，输入量对于不同的调节方式可以是不同的物理量，如进口调节方式中的阀门开度、出口调节方式中的导流管位移等。若调节输入量用 δ 表示，则调节特性就是 n_T 对 δ 的变化关系曲线。一般厂家给出的调速型液力偶合器的特性，都是在不同 δ 下的 $\lambda_{MB}(\lambda_{MT}) - n_T$ 或 $\lambda_{MB}(\lambda_{MT}) - i_{TB}$ 曲线，这种特性仍然是一种动力特性，如前述图 10.20 和图 10.24 所示的两种调速型液力偶合器原始特性曲线。

调速型液力偶合器的调节特性，可以通过它不同调节水平下的动力特性来求取。以无背压管路系统风机负载为例，如图 10.36 所示，在调速型液力偶合器的原始特性图上，通过 $\bar{\delta} = \delta/\delta_{\max} = 100\%$，$i_{TB}^* = 0.97$ 的工况点，作风机的负载 $\lambda_{Z1} = k_Z \cdot i_{TB}^2$ 曲线，根据它与各不同 $\bar{\delta}$ 值下的 $\lambda_{MT} - i_{TB}$ 曲线的交点作出 $i_{TB} - \bar{\delta}$ 曲线，这就是调速型液力偶合器的调节特性。当负载特性 λ_Z 不同时，如图 10.36 中取 λ_{Z2}，调节特性也将不同。另外，调速型液力偶合器的调节特性也可以通过实测得到。图 10.37 给出了几种调速型液力偶合器的调节特性。

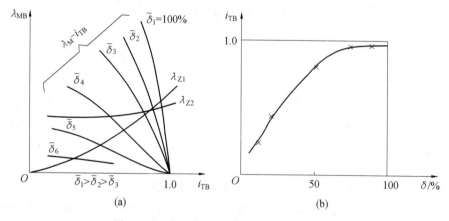

图 10.36　调速型液力偶合器调节特性的求取

从图 10.37 所示的几种调速型液力偶合器的调节特性可以看出，调节特性曲线有一个共同的特征，在一定调节范围量时有良好的线性关系，但在大调节量时，却有很大的饱和性，即增益 $K = \mathrm{d}i_{TB}/\mathrm{d}\delta$ 在整个调节范围不是常数。对只在开环控制系统使用的情况下，这种调节非线性对使用并无大的影响。但在闭环控制系统中，调速型液力偶合器的这种固有调节非线性将给系统的设计带来较大困难，也会给系统的稳定性、调节误差及响应时间等调节质量带来不利影响，因此需要对调节特性采取线性化处理措施。

传统的方法是使用机械凸轮机构，但这种方法的调节效果和适应性不够理想。目前比较常用的方法是在系统回路中加入可变函数发生器用于非线性的校正，其原理如图 10.38 所示，

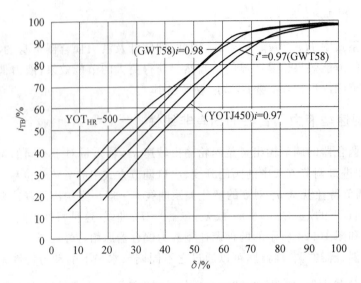

图 10.37　几种调速型液力偶合器的调节特性

根据调速型液力偶合器的固有调节特性,可变函数发生器把由调节器给出的控制电流信号 I_1 按一定的变换关系,转换为一个新的输出电流 I,以此作为调速型液力偶合器勺管电动执行机构的输入信号。

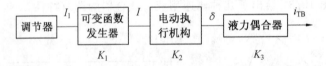

图 10.38　用可变函数发生器实现调节特性的原理

　　调速型液力偶合器的勺管一般采用电动执行机构拖动,伺服放大器输入为 4~20 mA 标准电流信号,其输出量为勺管的直线位移 δ 或旋转角度 θ,二者呈线性关系,其增益用 K_2 表示。设 $K_3=di_{TB}/d\delta$ 为调速型液力偶合器的增益,系统设计考虑使可变函数发生器的增益为 $K_1=1/K_3$,这样系统总增益 $K=K_1K_2K_3$ 保持为常数,从而可以将系统的调节特性校正为线性关系。

　　可变函数发生器可以称为一类非线性校正装置。该装置提供了另一非线性环节串联在控制系统中,控制电流经函数发生器变换后再进入伺服放大器。为讨论方便起见,进入电动执行机构伺服放大器的电流仍用 I 表示,控制电流用 I_1 表示,$\bar{I}$、$\bar{I}_1$ 分别表示 I、I_1 与其最大值的百分数表示的相对量。在图 10.38 所示接入可变函数发生器的系统方框图中,在数学关系上 $K_1=dI/dI_1$,采用合适的变换关系使 $K_1K_3=1$(或其他常数),即可达到整个调节范围增益变化不大或为一常量,在软件编程中使 K_1 的变化与 K_3 变化互为反函数,即可达到线性调节的目的。

　　在以相对量表示且具有相同比例尺的坐标图上,$\bar{I}-\bar{I}_1$ 变化曲线与 $\bar{n}-\bar{I}$(未加校正时的液力偶合器涡轮输出转速对输入电流的关系)变化曲线对于以 1 为斜率的直线呈对称关系,图 10.39 所示为可变函数发生器变换曲线。在软件实现上,就是根据 $\bar{n}-\bar{I}$(涡轮输出转速-输入电流)变化关系设计出与之互为反函数关系的 $\bar{n}-\bar{I}$ 变化曲线。

　　实现可变函数发生器的微处理机可以选用 PLC(可编程序控制器)或单片机,单片机价位

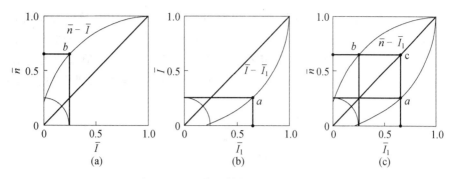

图 10.39　可变函数发生器变换曲线

低廉,但 PLC 可靠性更高,调试更方便,适合于工业现场的长期稳定运行。图 10.40 所示为 PLC 实现可变函数发生器的控制接线原理。

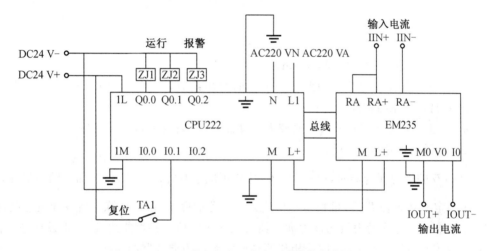

图 10.40　PLC 实现可变函数发生器的控制接线原理

图 10.40 中 CPU222 为 PLC 主机,固化可变函数变换梯形图程序;EM235 为扩展模拟量输入/输出模块,输入电流来自控制器或上位计算机,输出电流进入伺服放大器驱动电动执行装置。

10.8　液力偶合器的设计及选型

液力偶合器的设计一般可分三种情况:一是根据工作机的要求,现有产品性能(如启动变矩系数 K_0、过载系数 G_0、力矩系数 λ_{MB}^* 等参数)都不符合要求,这就需要重新设计一种新型液力偶合器,即要确定循环圆形状及尺寸,辅室、挡板、各过流孔等诸多影响液力偶合器性能参数的尺寸及几何参数。由于无内环液力偶合器属多相态无压流动,这就要求设计者以现有产品为参照,进行重新设计。设计出基型液力偶合器要进行实验,且反复修改设计,以得到性能令人满意的新型液力偶合器。二是根据现有产品进行相似设计。对广大用户来说,工程中最主要的是第三种情况——选型设计。本节将主要介绍后两种情况,并将其归结为相似设计,其步骤如下。

(1)首先选择基型液力偶合器,根据现有各种基型液力偶合器的原始特性来进行相似设计计算。如果现有液力偶合器特性为外特性($-M_T,n_T$),则应将其换算成原始特性。设计工况点一般选$i^*_{TB}=0.95\sim0.98$,并根据工作机的负载特性选取适当的λ^*_{MB},同时要考虑过载系数G_0和G_{max}。这两项指标必须与初步确定的原动机特性相适应,包括原动机的转速和力矩特性。另外根据负载有无突变,确定液力偶合器是牵引型还是安全型,根据尺寸结构要求,确定是直叶片还是倾斜叶片,单腔还是双腔等。

(2)根据动力机转矩或功率,计算有效直径 D。

$$D=\sqrt[5]{\frac{M_{de}}{\lambda^*_{MB}\rho g n^2_e}} \tag{10.33}$$

或

$$D=\sqrt[5]{\frac{P_d}{\frac{\pi}{30}\lambda^*_{MB}\rho g n^3_e}}$$

式中　D——有效直径,m;

M_{de}——动力机额定工况时的转矩,N·m;

n_e——动力机的额定转速,r/min;

λ^*_{MB}——额定工况基型液力偶合器泵轮的力矩系数,$(r\cdot min^{-1})^{-2}\cdot m^{-1}$,此值在基型液力偶合器原始特性上查找;

ρ——工作液密度,kg/m^3,一般液力传动油 80 ℃时,$\rho=860\ kg/m^3$;

g——重力加速度,m/s^2。

当选用双腔液力偶合器时,以$\frac{M_{de}}{2}$代入,这样可减小其径向尺寸,但会加大轴向尺寸。

(3)确定有效直径 D 后,可根据基型液力偶合器的原始特性,计算出新设计液力偶合器的外特性 M_B-i_{TB}。并作动力机与液力偶合器及工作机的传动特性曲线,以检查设计是否合理。

(4)若传动特性合乎要求,则按相似原理确定新液力偶合器的结构尺寸。

$$\frac{a}{a_m}=\frac{b}{b_m}=\cdots=\frac{D}{D_m}=K_1 \tag{10.34}$$

式中　下标 m——所选模型液力偶合器的各线性尺寸;

分子——新设计液力偶合器各相应的线性尺寸。

它们与有效直径之比相同,用同一线性比例尺 k_1。

(5)液力偶合器叶片数的选择,如已知基型液力偶合器的叶片数,可按其 Z_B、Z_T 选取,当尺寸相差较大时,可参照表10.1选取。需强调的是,泵轮叶片数与涡轮叶片数必须有一差值,一般相差 2 个叶片。这是为了防止叶片数相等流体产生振荡。另外叶片数多,可消除有限叶片数的影响。但叶片数过多,会增加排挤,使循环圆中流量减少、能容降低,这时可采用长短叶片,以减少排挤。

另外也可按经验公式计算叶片数:

对有内环液力偶合器,

$$Z=1.39D^{0.52} \tag{10.35}$$

对无内环液力偶合器,

$$Z=8.65D^{0.279} \tag{10.36}$$

但该经验公式在 D 较小时,叶片数偏大。

表 10.1　液力偶合器叶片数

D/mm	250	280	320	360	400	450	500	560	650	750
Z_B	32	34	40	44	50	54	58	60	62	64
Z_T	30	32	38	42	48	52	56	58	60	62
叶片厚度(铸铝)/mm	3	3	3	3	3	3.5	4	4.5	5	5
叶片厚度(焊接)/mm					2					

(6) 相似设计计算工作虽然十分简单,但液力偶合器有效直径尺寸过多,会给生产组织带来困难,使成本加大。实际上也不可能对各种功率规格和不同要求的液力偶合器都重新设计和制造。现有液力偶合器产品已经系列化,如果从现有系列化产品中找到的液力偶合器与所要求的有些差别时,可通过改变液力偶合器的充液量对其性能加以调整;也可以在动力机与液力偶合器或液力偶合器与负载之间加/增减速箱,以使动力机与液力偶合器、负载很好地匹配。

10.9　液力偶合器的冷却及轴向力

10.9.1　液力偶合器的冷却计算

液力偶合器的效率等于转速比,而损失掉的功率都变成工作油液的热量使其温度上升,这一热量也通过液力偶合器的外表面向周围散失。如果损失功率转换成的热量大于散失热量,液力偶合器与环境温差也就越大,散失的热量也就越多,直到达到热平衡为止。

一般要求液力偶合器工作温度为 50~90 ℃。工作温度太低时,工作油液黏度大,流动损失增加,能容降低。而工作温度过高时,虽然能容增大,但轴承润滑条件差,橡胶密封件会迅速老化而失效,且一般油液温度超过 80 ℃,其黏温特性变化不大。但液力偶合器短时间内允许在100~110 ℃工作。温度再升高,一方面容易使工作油液自燃,另一方面也可能使工作油液汽化,液力偶合器内部压力升高,而引起液力偶合器壳体爆裂造成事故。所以定充液力偶合器一般要加设安全装置——易熔安全塞或易爆金属薄片构成压力保护。

牵引型及限矩型液力偶合器,一般都靠自然冷却,为加强散热性能,常在其外壳组件(泵轮及旋转壳体)外表面加一些散热片,以增加冷却散热效果。但是这样会增大风损,使液力偶合器机械损失加大。

(1)损失功率计算。

大功率的调速型液力偶合器,因有勺管导流,因此常常加上冷却器强制冷却。若用户了解液力偶合器运行规律,就可以精确计算冷却器的容量。若用户对使用工况不了解,可采用经验估算法。设输入功率为 P_B,则发热功率 P_S 为

$$P_S = C_N \cdot P_B \tag{10.37}$$

某公司推荐的经验数据为 $C_N = 0.236$。若只知道液力偶合器的输出功率 P_T,则以 $P_B = 1.05 P_T$ 计算其输入功率。当液力偶合器运行条件已知,其功率又在 1 000 kW 以上时,可取 $C_N = 0.2$。

(2)散热器的选择计算。

根据发热功率及冷却水温度来进行散热计算,一般液力偶合器出口温度小于 90 ℃,散热器面积为

$$A = \frac{864P_\text{S}}{K\left(\dfrac{T_1 + T_2}{2} - \dfrac{T'_1 + T'_2}{2}\right)} \tag{10.38}$$

式中　P_S——偶合器的损失功率,kW;

　　　K——散热器的散热系数,板式散热器 $K_\text{B} = 2\,093.4$ kJ/(m² · h · ℃),管式散热器 $K_\text{G} = 502.42 \sim 1\,256.04$ kJ/(m² · h · ℃);

　　　T_1、T_2——油液的进口、出口温度,℃;

　　　T'_1、T'_2——冷却水的进口、出口温度,℃。

(3)冷却油液流量的计算。

冷却油液流量是指经过冷却器被冷却的工作油液的流量,其计算式为

$$q_\text{油} = \frac{864P_\text{S}}{c_p \Delta T \rho} \tag{10.39}$$

式中　$q_\text{油}$——循环冷却油液的流量,min⁻¹;

　　　c_p——工作油液的比定压热容(等压比热容),对矿物油 $c_p = 1.884$ kJ/(kg · ℃);

　　　ΔT——工作油液经冷却器前后的温差,℃,根据具体工作条件选取,一般 $\Delta T = 15 \sim 20$ ℃;

　　　ρ——工作油液的密度,kg/m³,一般矿物油 $\rho = 860$ kg/m³。

把 ρ、c_p 等代入上式,可得

$$q_\text{油} = 2.23 \frac{P_\text{S}}{\Delta T}$$

(4)冷却水流量计算。

某公司提供的经验数据为,当水温相差 10 ℃时,每立方米的水每小时可带走 11.63 kW 功率的热量。

$$q_\text{水} = \frac{P_\text{S}}{11.63} \tag{10.40}$$

10.9.2　轴向力计算及消除方法

液力偶合器工作时,由于流体在工作腔中流动,由流体力学可知,在工作轮内表面要产生动压力,而在辅室内,由于流体流动很少,主要体现为静压力,这两种力在轴向上并不平衡,这就是轴向力产生的原因。

涡轮上的作用力使涡轮与泵轮离开,并设此方向的轴向力为正。当工作腔中空气环压力为大气压力时,则流动产生的轴向力为

$$F_1 = \rho q (v_{\text{T2}} \cos \theta_{\text{T2}} - v_{\text{T1}} \cos \theta_{\text{T1}}) \tag{10.41}$$

式中　v_{T1}、v_{T2}——涡轮进口、出口处的平均流速,m/s;

　　　θ_{T1}、θ_{T2}——涡轮进口、出口处平均流速与轴线之间的夹角,(°)。

侧辅室中流体产生的静压力,可按相对静止压力分布计算。侧辅室中流体对涡轮外表面作用的压强为

$$p = \frac{\rho \omega^2}{2}(r^2 - R_0^2)$$

式中 $\omega = \frac{1}{2}(\omega_B + \omega_T) = \frac{\omega_B}{2}(1 + i_{TB})$；

　　r ——辅室液体任一点的半径值；

　　R_0 ——辅室中自由液面距轴线的半径。

涡轮外表面静压力合力在轴向上的力为

$$P = \int_{R_0}^{R} \frac{\rho \omega^2}{2}(r^2 - R_0^2) 2\pi r dr = \frac{\rho \pi \omega^2}{4}(R^2 - R_0^2)^2 \tag{10.42}$$

式中 R ——有效直径 D 对应的半径；

　　R_0 ——自由液面的半径，随转速比的工况变化而变化。

作用在涡轮上的轴向力

$$F = F_1 - P \tag{10.43}$$

综上所述，轴向力与液力偶合器的有效直径 D、流道型式、泵轮转速及转速比 i_{TB} 有关。

轴向力的理论计算十分复杂。工程上广泛采用的是由模型实验求出轴向推力系数 K'，然后计算与模型相似的一系列液力偶合器的轴向力。

轴向推力系数：

$$K' = \frac{F}{\rho g n_B^2 D^4} \tag{10.44}$$

式中 F ——泵轮油或涡轮上的轴向推力，N；

　　ρ ——工作油液密度，kg/m^3；

　　n_B ——泵轮转速，r/min；

　　D ——有效直径，m。

对于一系列几何相似的液力偶合器，按相似理论，其轴向推力系数 K' 与转速比 i_{TB} 的变化关系应相同。

不同型号液力偶合器的推力系数 K' 的实验曲线如图 10.41 所示，K' 值也可查表 10.2。

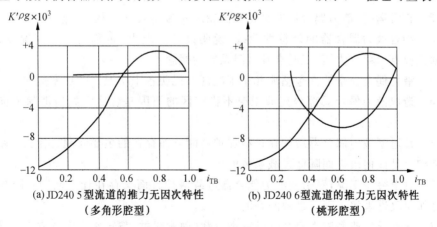

(a) JD240 5型流道的推力无因次特性　　　(b) JD240 6型流道的推力无因次特性
　　　(多角形腔型)　　　　　　　　　　　　　　(桃形腔型)

图 10.41 不同型号液力偶合器的推力系数 K' 的实验曲线

表 10.2 各种流道形式在不同传动比时的推力系数

系数性质	流道形式		推力系数 $K'\rho g \times 10^3/(\mathrm{N \cdot min^2 \cdot r^{-2} \cdot m^{-4}})$		
			全充油 $i=1.0\sim0.8$	全充油 $i=0$	调速 $i=0.3\sim0.97$
实验值	JD240 1 型长圆形		$1\sim3.5$	-16.7	$0.3\sim1.0$
	JD240 5 型多角形		$1\sim3.7$	-11.8	最大 -1.3
	JD240 6 型桃形		$1.5\sim3.8$	-11.0	$i_{TB}=0.63$
参考值	旧式流道	无内环	$1\sim4$	$-(20\sim40)$	
		有内环	$1\sim4$	$-(10\sim20)$	
		无内环有挡板	$1\sim3$	$-(10\sim25)$	
	牵引型	静压倾泻式		$-(10\sim35)$	
	安全型	动压倾泻式		$-(12\sim30)$	
说 明			用于离合型液力偶合器计算	安全型液力偶合器或有可能现出 $i_{TB}=0$ 的液力偶合器	用于调速型液力偶合器的计算,与全充油 $i=0.8\sim1.0$ 时的数值比较,取其中较大者

注:对参考值中的安全型流道,充液量大的取较大值。

目前消除轴向力的办法主要采用在涡轮 $D_1=(0.91\sim0.92)D$ 处钻平衡孔,孔径 $d=0.04D$ 左右,平衡孔数量 $10\sim16$ 均布即可。这样可以消除部分轴向力,但为更加可靠起见,对高转速液力偶合器,一般还应加推力轴承或轴瓦,以平衡轴向力。

思考与练习

10.1 重点理解有关液力偶合器结构的一些概念,工作腔(相关:工作腔相对充液量、液力偶合器相对充液量);辅助油室(辅室);循环圆;有效直径(也称为工作腔最大直径、循环圆直径 D)。

10.2 正常运行,液力偶合器的泵轮和涡轮之间为什么总是要存在滑差?

10.3 结合液力偶合器的外特性曲线,说明设计工况点(也称为计算工况点、额定工况点)、制动工况点、零矩(失矩)工况点及过载系数的概念。

10.4 液力偶合器全特性包括哪几个工况区?说明各个工况区的功率流向。

10.5 造成液力偶合器部分充液工况不稳定区的原因是什么?如何消除不稳定区的影响?

10.6 普通型液力偶合器结构在过载保护性能方面存在的主要问题是什么?牵引型液力偶合器结构上是如何改进而降低过载系数的?

10.7 对于突变工况,牵引型液力偶合器过载保护方面又存在什么问题?限矩型液力偶合器又是如何改进来解决瞬时过载问题的?

10.8 试推导调速型液力偶合器带三类负载(抛物线类、与转速一次方成正比、恒转矩类)的最大相对损失功率。

10.9 液力偶合器的基本特性包括哪两方面?从节省功率角度来说,为什么调速型液力偶合器不适合恒转矩类负载的调速传动,而在抛物线类负载调速传动中应用广泛?

10.10　以叶片式泵变速调节为例,电动机、调速型液力偶合器、泵均为直连,做出调速型液力偶合器在有背压管路系统中的调速运行对比节流调节的经济性分析。

10.11　总结工程上常用的液力偶合器相似设计方法的步骤。

10.12　简述液力偶合器轴向力产生的原因,给出消除、平衡液力偶合器轴向力的方法。

第 11 章　液力变矩器

11.1　液力变矩器的结构及性能参数

液力变矩器与液力偶合器的相同之处是都有泵轮及涡轮,都是靠流体的动量变化来传递能量。不同之处在于液力变矩器有一固定不动的导轮,使泵轮转矩与涡轮的输出转矩不相等;从叶片形状看,液力偶合器为径向平面叶片,而液力变矩器一般为空间扭曲叶片;液力偶合器一般没有内环,工作腔内流体运动为无压流动,而液力变矩器有内环,工作腔内流体运动为有压流动。除调速型液力偶合器是用勺管将流体导出,将工作油液接冷却器加以冷却,其他各类液力偶合器则靠自然风冷,而液力变矩器必须有单独的循环冷却系统。

11.1.1　液力变矩器的总体分类

典型液力变矩器可分为以下几类。

(1) 按涡轮数量,可将液力变矩器分为单级涡轮液力变矩器、二级涡轮液力变矩器和三级涡轮液力变矩器。

(2) 按轴面流流在涡轮中的流动方向,可将液力变矩器分为离心涡轮液力变矩器、轴流涡轮液力变矩器及向心涡轮液力变矩器。

(3) 按牵引工况时涡轮相对于泵轮的转动方向分,当涡轮转动方向与泵轮转动方向相同时,称为正转液力变矩器;当涡轮转动方向与泵轮转动方向相反时,称为反转液力变矩器。

(4) 按液力变矩器能容是否可调,可将液力变矩器分为可调液力变矩器(泵轮或导轮叶片角度可调)及不可调液力变矩器。

(5) 按能否实现液力偶合器工况,可将液力变矩器分为综合式液力变矩器(在液力偶合器工况点以后,导轮便开始转动,液力变矩器变成液力偶合器)及普通型液力变矩器(导轮始终固定不动)。

图 11.1 所示为液力变矩器叶轮布置顺序图,其中图 11.1(a)、(d)为离心涡轮液力变矩器;图 11.1(b)、(f)为轴流涡轮液力变矩器;图 11.1(c)、(e)、(g)为向心涡轮液力变矩器。

图 11.2 为多级液力变矩器简图。它由一个泵轮、两个或三个涡轮以及两个或三个导轮组成。

综合式液力变矩器泵轮和涡轮一般对称布置,导轮上装有单向离合器。单向离合器使导轮只能向着泵轮旋转的方向旋转。在泵轮和涡轮力矩相等的液力偶合器工况点以后,即 $i_{TB} > (i_{TB})_{ou}$,由于导轮所受液流冲击方向的改变,单向离合器就会起作用,从而使导轮旋转,液力变矩器就变成了液力偶合器。而在液力偶合器工况点以前,即 $i_{TB} < (i_{TB})_{ou}$ 时,单向离合器不能转动,导轮通过单向离合器与导轮座固定在机座上,属于液力变矩器工况。

液力变矩器的变矩功能包含两方面含义:一是由于固定不动的导轮改变了涡轮输出转矩

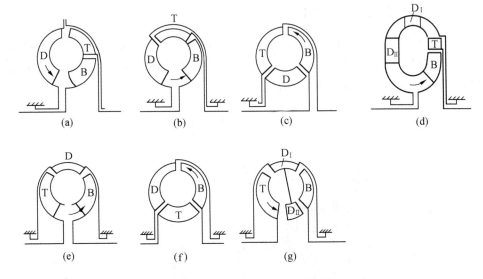

图 11.1　液力变矩器叶轮布置顺序图

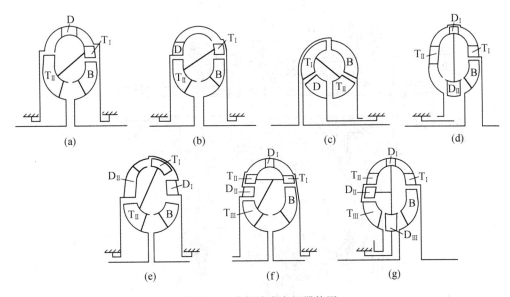

图 11.2　多级液力变矩器简图

的大小;二是改变转矩的方向。正转液力变矩器如图 11.1 中(a)～(d)所示,这类液力变矩器工作轮布置顺序必须是泵轮－涡轮－导轮,即 B－T－D 型。如用泵轮－导轮－涡轮布置顺序,即 B－D－T 型也可实现涡轮转动方向与泵轮相同的正转,但这种工作轮布置顺序的液力变矩器正转时损失较大、效率低,液力变矩器的透穿性大、性能不好。所以只有反转液力变矩器才用 B－D－T 这种排列顺序,即涡轮转向与泵轮相反。

11.1.2　液力变矩器的结构

图 11.3 为 YB355－2 型向心涡轮液力变矩器。由飞轮上的弹性连接板带动泵轮旋转，流体经涡轮流经导轮又回到泵轮入口。涡轮转矩通过涡轮轴输出。导轮固定在导轮座上，供油泵与供油泵驱动轴相连并向液力变矩器供油。

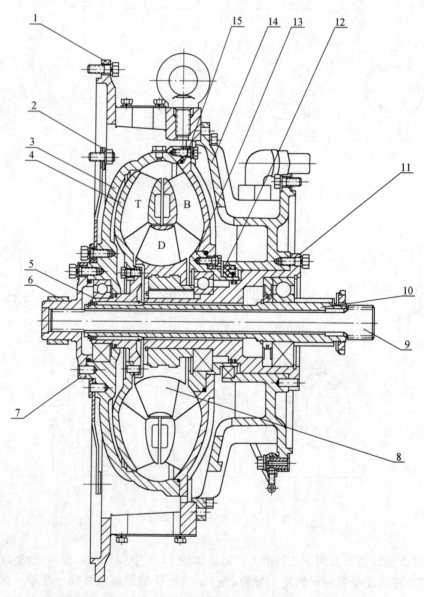

图 11.3　YB355－2 型向心涡轮液力变矩器

1—液力变矩器外壳；2—弹性连接板；3—泵轮盖；4—涡轮；5—涡轮套；

6—衬套；7—供油泵驱动盘；8—导轮；9—供油泵驱动轴；10—涡轮轴；

11—导轮座；12—橡胶油封；13—泵轮套；14—液力变矩器后壳体；15—泵轮

　　图 11.4 所示为 B9 型离心涡轮液力变矩器。涡轮在泵轮的外侧,而导轮中流体为向心流动。在外径最大的流道中为无叶片区,所以这种液力变矩器的外径较大,即循环圆的有效直径较大,但不如向心涡轮变矩器及轴流涡轮变矩器工作轮布置紧凑。离心涡轮变矩器主要用于内燃机车液力传动中。

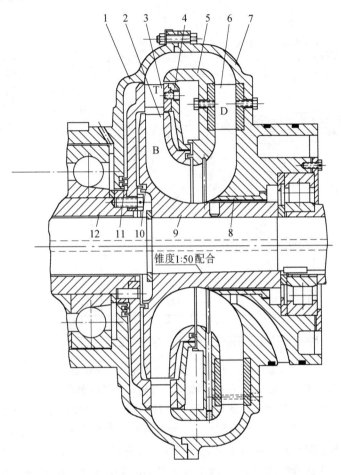

图 11.4　B9 型变心涡轮液力变矩器
1—液力变矩器前壳体;2—泵轮;3—涡轮;4—芯部油封;
5—芯环;6—导轮;7—液力变矩器后壳体;8—导轮油封;
9—泵轮轴;10—泵轮油封;11—涡轮油封;12—涡轮轴

　　图 11.5 所示为 FW410 型轴流涡轮液力变矩器。目前我国主要用有效直径为 $D=410$ mm 的轴流涡轮液力变矩器,它有 5 个能容等级。由于这种液力变矩器的反转制动工况比较稳定,多用于起重及挖掘设备中,如挖掘机、铁路吊车、挖泥船、龙门吊等。

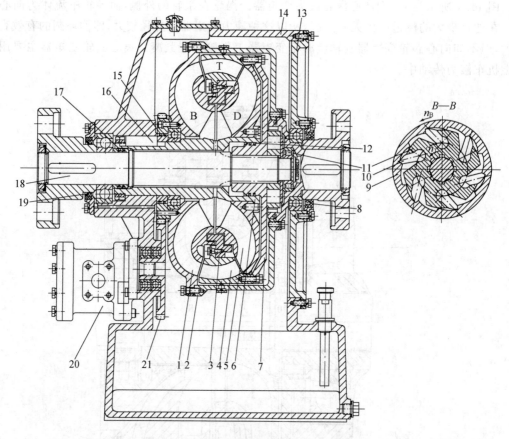

图 11.5 FW410 型轴流涡轮液力变矩器

1—泵轮;2—泵轮连接套;3—芯部油封;4—涡轮;5—导轮;6—导轮套;7—涡轮盘;8,19—橡胶油封;9—泵轮轴;10—卡块;11—单向离合器套;12—涡轮油封;13—液力变矩器箱盖;14—液力变矩器箱体;15—泵轮油封;16—平键;17—导轮油封;18—涡轮轴;20—齿轮泵;21—供油泵传动齿轮

图 11.6 所示为 LB46 型导叶可调式液力变矩器,它是离心涡轮液力变矩器,有两级导轮,Ⅰ级导轮是固定的,Ⅱ级导轮为向心可调角度导轮,由液压油缸中的先导阀移动来带动带有齿条的随动活塞移动,从而使导轮绕一固定轴转动,改变了导轮相对液流的角度。当导轮Ⅱ叶片处于关闭状态时,由于全部导轮叶片首尾互相搭接,循环圆流道封闭,循环圆中流量趋近于零,涡轮轴上有极小的剩余力矩,随可调导轮叶片开度的增加,循环流量也相应增加,泵轮和涡轮转矩及涡轮的转速也会逐渐增大。

液力变矩器的泵轮、涡轮、导轮及无叶片流道区组成了工作腔。在轴面图上,上、下两个工作腔图形之一称之为循环圆。与液力偶合器一样,把工作腔的最大外径称之为有效直径,以 D 表示。而循环圆最小内径则以 D_0 表示,它与轴、轴承等结构尺寸有关,其大小也与液力变矩器的能容密切相关。

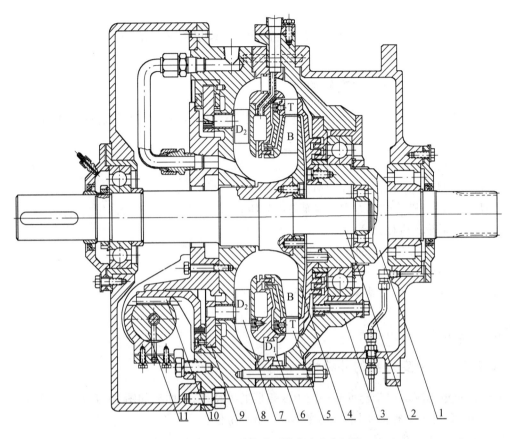

图 11.6　LB46 型导叶可调式液力变矩器

1—涡轮轴；2—泵轮轴；3—出油壳；4—泵轮；5—涡轮；6—Ⅰ级导轮；7—可转导轮叶片；
8—进油壳体；9—拨叉机构；10—拨叉齿圈；11—伺服液压缸

11.1.3　液力变矩器主要性能参数

液力变矩器的主要性能参数有功率 P、转矩 M、转速 n、工作轮能头 H 等，归纳如下。

（1）外特性与原始特性参数。

泵轮输入功率 P_B，涡轮输出功率 P_T，传动效率 η。

原动机对泵轮的输入转矩 M_B，导轮转矩 M_D，涡轮输出转矩 $-M_T$，变矩系数 K。

泵轮转速 n_B，涡轮转速 n_T，转速比 i_{TB}。

泵轮力矩系数 λ_{MB}，涡轮力矩系数 λ_{MT}。

（2）内特性参数。

泵轮能头 H_B，涡轮能头 H_T，导轮能头 H_D，循环流量 q。

（3）其他参数。

透穿系数 T、高效区范围 $\Pi_{0.75}$。

11.2 液力变矩器的工作原理及特性

11.2.1 液力变矩器的变矩原理

以循环圆流体为研究对象,当在某一稳定工况点运动时,各工作轮对流体的力矩为

$$\sum M_{L-y} = 0$$

即
$$M_{B-y} + M_{T-y} + M_{D-y} = 0 \tag{11.1}$$

式中 $M_{B-y} = M_B \cdot \eta_{Bj}$,$M_{T-y} \cdot \eta_{Tj} = M_T$;

M_B——动力机传给液力变矩器泵轮的转矩;

η_{Bj}——泵轮的机械效率;

M_{T-y}——涡轮对流体的作用转矩;

η_{Tj}——涡轮的机械效率。

因 $\eta_{Bj} \approx 1$,$\eta_{Tj} \approx 1$,且一般 $M_D \neq 0$(点 $K=1$ 外),故有

$$M_B \neq -M_T$$

这就是液力变矩器的变矩原理。

11.2.2 液力变矩器的外特性

由液力变矩器测试实验台可测得液力变矩器的外特性,其曲线如图 11.7 所示。该特性是在 $n_B = \text{const}$ 条件下测得的不同 n_T 时的 M_B、$-M_T$、η 值。

液力变矩器外特性的特点如下。

(1) 在某一工况下,$M_B = -M_T$,该工况点称之为液力偶合器工况点,即在该点变矩系数 $K = \dfrac{-M_T}{M_B} = 1$,相应的转速比为 $(i_{TB})_{K=1}$,此时 $M_D = 0$。由 $M_D = -M_T - M_B$ 可见,当 $n_T > (n_T)_{K=1}$ 时,$M_B > -M_T$,$M_D < 0$;当 $n_T < (n_T)_{K=1}$ 时,$M_B < -M_T$,$M_D > 0$。

(2) 效率曲线类似于水泵的效率曲线,呈抛物线形状,一般 $\eta_{max} = 0.8 \sim 0.9$。通常选 $\eta > 0.75$ 作为工作区间,$\eta = 0.75$ 与效率曲线有两个交点,相应

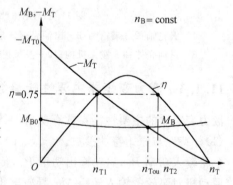

图 11.7 液力变矩器的外特性曲线

的涡轮转速为 n_{T1}、n_{T2},把 $\Pi = \dfrac{n_{T2}}{0.15 n_{T1}}$ 称为高效区范围($n_{T2} > n_{T1}$)。显然 $\Pi_{0.75}$ 值越大,液力变矩器的高效区越宽,液力变矩器经济运行的相应范围也就越大。而设计工况点一般选在效率最高点处。

(3) $-M_T$ 曲线为一近似于等功率的递降曲线。

(4) 可透性分析。把启动工况与液力偶合器工况泵轮力矩之比,称为透穿系数,即

$$T = \frac{M_{B0}}{(M_B)_{K=1}} = \frac{\lambda_{MB0}}{(\lambda_{MB})_{K=1}} \tag{11.2}$$

它表示涡轮转矩变化对泵轮转矩的影响程度,也是外负载变化对动力机的影响程度。若 $T \approx 1$,称之为不可透液力变矩器,实际上 $T = 0.95 \sim 1.05$ 都认为是不可透的。若 $T > 1$(或 $T > 1.05$)称之为正可透;$T < 1$(或 $T < 0.95$)称为负可透。一般向心涡轮液力变矩器为正可透;轴流涡轮液力变矩器为不可透;离心涡轮液力变矩器为不可透或负可透。从透穿性的定义出发,可以看出,当液力变矩器与动力机共同工作时,它表明外负载变化对动力机的转矩的影响程度。不可透($T = 1$)表明,无论负载转矩如何变化,发动机的转矩都不受影响;而正可透($T > 1$)则表明发动机的转矩随负载转矩增大而增大;负可透($T < 1$)则表明当外负载转矩增大时,发动机转矩反而减小。可透性主要是在分析液力变矩器与动力机共同工作的传动特性时,确定动力机的工作范围。

结合图 11.8 所示液力传动元件的原始特性及泵轮力矩基本关系式 $M_B = \lambda_{MB} \rho g n_B^2 D^5$,注意泵轮力矩系数特性曲线的变化特征,对透穿性的理解做进一步分析如下。

① $T \approx 1$,不可透。泵轮力矩系数随转速比工况变化较小,无论负载转矩如何变化,泵轮转矩可以认为是一个恒定的值,因此,动力机的转矩也不会受到影响。

② $T > 1$,正可透。泵轮力矩系数原始特性曲线是单调下降的。负载转矩增大,由液力变矩器外特性看到,涡轮转速降低,转速比降低,泵轮力矩系数增大,泵轮转矩增大,那么动力机的转矩也是增大的。

③ $T < 1$,负可透。泵轮力矩系数原始特性曲线是单调上升的。负载转矩增大,液力变矩器转速比降低,泵轮力矩系数减小,泵轮转矩减小,动力机的转矩也是减小的。

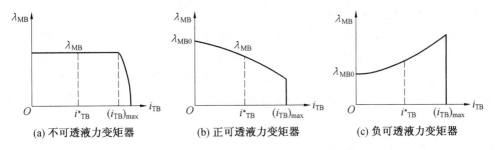

图 11.8　液力传动元件的原始特性

（5）启动工况变矩系数 K_0 $\left(K_0 = \dfrac{-M_{T0}}{M_{B0}}\right)$。不同的动力机和不同的工作机要求不同的启动变矩系数值,它是液力变矩器设计要求中的一个重要参数。

（6）与液力偶合器不同,因液力变矩器的变矩系数 K 随转速比 i_{TB} 变化而变化,故液力变矩器的效率 $\eta = \dfrac{-M_T \, n_T}{M_B \, n_B} = K \, i_{TB}$。对液力偶合器来说,因 $K \approx 1$,故 $\eta = i_{TB}$。

11.2.3　液力变矩器的基本关系式及原始特性

液力变矩器属叶片式流体机械,同样有前面由相似理论得出的泵轮转矩基本关系式。

$$M_B = \lambda_{MB} \rho g n_B^2 D^5 \tag{11.3}$$

式中　λ_{MB}——泵轮的力矩系数,$(r \cdot min^{-1})^{-2} \cdot m^{-1}$。对一系列几何相似的液力变矩器,当工况相同($i_{TB}$ 相等)时,则有相同的 λ_{MB}。

液力变矩器的原始特性是由外特性利用上述关系式计算出 λ_{MB}、K、η 与 i_{TB} 的关系,画在坐标图上反映的。原始特性消除了泵轮转速不同时对其特性的影响,它也表示一系列几何相似、运动相似及动力相似的液力变矩器所共同具有的特性,因而更具有普遍意义。液力变矩器的原始特性如图 11.9 所示。

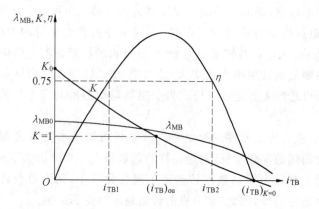

图 11.9　液力变矩器的原始特性

原始特性曲线上有几个特殊的工况点。

(1) $i_{TB}=0$ 为制动工况点,此处 $K=K_0$,且 $K_0=K_{max}$,一般液力变矩器 $K_0=3$ 左右,特殊功能液力变矩器 $K_0>5$,该工况点其他参数用 λ_{MB0}、η_0 等表示。

(2) $i_{TB}=i_{TB}^*$ 称为设计工况点,相应的其他参数均加角标"*",如 λ_{MB}^*、K^*、η^*,且设计工况点一般为最高效率工况点,即 $\eta^*=\eta_{max}$。

(3) $K=1$ 对应的工况点称为液力偶合器工况点,此处 $i_{TB}=(i_{TB})_{K=1}$,$M_B=-M_T$,$M_D=0$。

(4) $K=0$ 对应的工况点称为失矩工况点,相应的转速比为 $(i_{TB})_{K=0}$,此处 $-M_T=0$,$\eta=0$。不同液力变矩器的 $(i_{TB})_{K=0}$ 有较大的差别,向心涡轮液力变矩器 $(i_{TB})_{K=0}\approx1$;轴流涡轮液力变矩器 $(i_{TB})_{K=0}\approx1.3$;离心涡轮液力变矩器情况有所不同,对 K_0 较大的"启动液力变矩器"$(i_{TB})_{K=0}<1$,而"运转液力变矩器"$(i_{TB})_{K=0}>1$。

11.2.4　液力变矩器的全特性

液力变矩器的全特性包括牵引工况特性、超越制动工况特性、反传工况特性和涡轮反转制动工况特性。以下讨论都以正转液力变矩器为例,且 $n_B=const$,液力变矩器的全特性如图 11.10 所示。

(1) 牵引工况特性。牵引工况是指动力机带动工作机以相同的方向旋转,功率从原动机通过液力变矩器传给工作机,如图 11.10 所示的 A 区间。在此区间 $\omega_B>0$,$\omega_T>0$;$M_B\cdot\omega_B>0$;$-M_T\cdot\omega_T>0$。这说明原动机带动液力变矩器的泵轮旋转,使工作油液的机械能增加,而经过涡轮后 $M_T<0$,即流体流经涡轮后能量减小,把能量传给了涡轮并带动外负载转动。

(2) 超越制动工况特性。如图 11.10 所示的 B 区间,在此区间 $\omega_T>\omega_B>0$,$M_B\cdot\omega_B>0$;

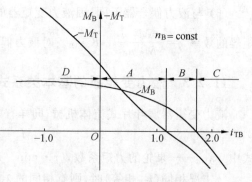

图 11.10　液力变矩器的全特性

$-M_T \cdot \omega_T < 0$，即 $\omega_T \cdot M_T > 0$。说明动力机和工作机都向液力变矩器输入功率，没有功率输出，此时所有输入液力变矩器的功率都转变为液力变矩器工作油液的热量，使工作油液迅速升温。

（3）反传工况特性。如图 11.10 所示的 C 区间。在此区间 $M_B < 0$，$\omega_B > 0$，$M_B \cdot \omega_B < 0$；$\omega_T > 0$，$-M_T < 0$，即 $M_T > 0$，$-M_T \cdot \omega_T < 0$。说明工作机向液力变矩器输入功率，而液力变矩器的泵轮向外输出功率给动力机，功率流从工作机通过液力变矩器传给了动力机，与牵引工况的功率流流向相反，故称为反传工况。

（4）涡轮反转制动工况特性。如图 11.10 所示的 D 区间。在此区间 $\omega_B > 0$，$\omega_T < 0$，即涡轮的转动方向与泵轮转动方向相反。$M_B > 0$，$-M_T > 0$，故有 $M_B \cdot \omega_B > 0$，$-M_T \cdot \omega_T < 0$，说明动力机及工作机都向液力变矩器输入功率，这种工况用于起重机下放重物时，而起吊重物则为牵引工况。

11.2.5　液力变矩器的自适应性能

（1）从液力变矩器的特性可见，无论何种液力变矩器，也不论其透穿性如何，其牵引特性有一明显的特点，即涡轮输出力矩 $-M_T$ 在启动工况点最大，而且随转速比 i_{TB} 的增大而逐渐减小，是一单调下降近似于等功率的曲线。由于外负载转矩 $-M_Z$ 与 $-M_T$ 的交点就是液力变矩器的工作点，当外负载转矩变化时，其工作点也要改变，涡轮输出转速会随负载转矩的增大而自动降低，随外负载转矩的减小而自动升高。这就是液力变矩器的一个很重要的特点——自动适应性。这种涡轮转速的变化是无级变速，液力变矩器广泛应用于工程机械、军用车辆、起重运输机械及汽车和内燃机车传动中。

（2）如果启动变矩系数 K_0 设计合理，当外负载突然超过 $-M_{T0}$ 时，涡轮转速为零，但泵轮力矩系数为一定值 $\lambda_{MB} = \lambda_{MB0}$，即涡轮突然卡住不动时，泵轮转矩也是一个定值。这样也使液力变矩器具有良好的过载保护功能。

（3）从液力变矩器与动力机及负载的共同工作中还可以看到，液力变矩器可以大大改善负载的启动性能及防止柴油机熄火。尤其是现代机械要求运行平稳、舒适性好、操作简单、无级变速，而液力变矩器正好能满足这些要求。

11.3　液力变矩器工作轮的速度三角形及作用转矩

11.3.1　液力变矩器工作轮的速度三角形

液力变矩器由泵轮、涡轮和导轮组成工作腔流道，而各工作轮叶片一般都是空间扭曲叶片，因此其速度三角形比液力偶合器复杂，根据保角变换将工作轮叶片展开为平面叶栅就可以很清楚地看出其速度三角形。根据一元束流理论的假设，可以作出在平均流线上的速度三角形。图 11.11 所示为 YB355-2 工作轮叶栅保角变换图及速度三角形。画速度三角形取两个工况点来绘制：一是设计工况点，此时 $i_{TB} = i_{TB}^*$，效率最高，为无冲击损失工况点；二是任意工况点，可以在 $i_{TB} > i_{TB}^*$ 或 $i_{TB} < i_{TB}^*$ 中任选一个工况点。这时在涡轮叶片及导轮叶片进口处要有冲击损失，当不考虑液流偏离时，可按下述步骤来绘制速度三角形。

（1）若过流断面处处相等，则各工作轮轴面速度处处相等，有 $v_{mB1} = v_{mB2} = v_{mT1} = v_{mT2}$

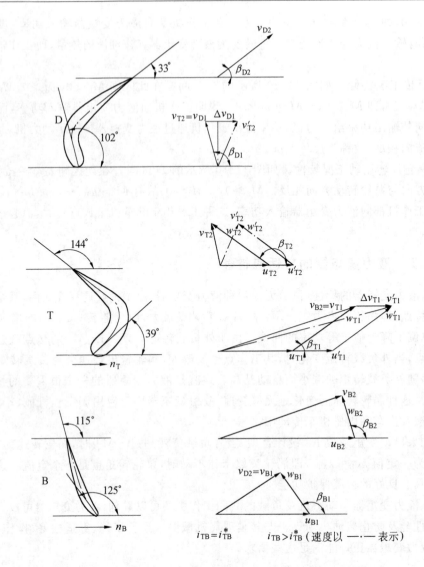

图 11.11　YB355-2 工作轮叶栅保角变换图及速度三角形

$v_{mD1} = v_{mD2}$。

（2）前一级叶轮的出口处的绝对速度为下一级叶轮进口前的绝对速度，即 $v_{B2} = v_{T0}$，$v_{T2} = v_{D0}$，$v_{D2} = v_{B0}$（当两工作轮进出口间隙很小时）。

（3）按一元束流理论的假设，有排挤系数 $\psi = 1$，相对速度不论其进口前方向如何，一旦进入叶片区，则完全按叶片骨线方向流动。而在无叶片区，即出口后的绝对速度方向与刚要出口前叶片区的绝对速度方向相同。

（4）无叶片区的速度矩（或速度环量）保持不变。在无叶片区忽略流体与壁面的摩擦力矩，则流体不受外力矩的作用，因而速度环量保持不变，有 $v_{uj3} R_{j3} = v_{uj0} R_{j0} = \text{const}$。

（5）在泵轮及涡轮中，其牵连速度与叶轮的半径（不同点处）成正比，其比例常数为 ω_B 及 ω_T。

（6）因导轮固定不动，故在 $n_B = \text{const}$ 时，无论涡轮处于何种工况，当导轮出口角及泵轮进口角设计合理时，泵轮进口处能保持无冲击进口。而涡轮进口及导轮进口是否有冲击及冲击损失大小,则与工况(转速比 i_{TB})密切相关。只有设计工况 i_{TB}^* 时才是无冲击工况,离开这一工况则为有冲击进口,偏离设计工况点越远,冲击损失越大。

11.3.2　工作轮转矩关系式

设泵轮转速为定值,即 $\omega_B = \text{const}$,且三个工作轮紧密排列,有 $R_{B2} \approx R_{T0}$,$R_{T2} \approx R_{D0}$,$R_{D2} \approx R_{B0}$,不计有限叶片数的影响,叶片角等于液流角,并以反向角 $(-u, \hat{w})$ 表示。

(1)泵轮转矩与转速比的关系。

根据工作轮叶片与液流相互作用的力矩关系,泵轮转矩为

$$M_B = \rho q (v_{uB2} R_{B2} - v_{uB0} R_{B0})$$

由泵轮出口速度三角形,

$$v_{uB2} = u_{B2} - v_{mB2} \cot \beta_{B2} = \omega_B R_{B2} - \frac{q}{A_{B2}} \cot \beta_{B2}$$

无叶片区速度矩不变,

$$v_{uB0} R_{B0} = v_{uD2} R_{D2}$$

由导轮出口速度三角形,

$$v_{uD2} = u_{D2} - v_{mD2} \cot \beta_{D2} = \omega_D R_{D2} - \frac{q}{A_{D2}} \cot \beta_{D2}$$

因 $\omega_D = 0$,以上关系代入 M_B 关系式,整理可得泵轮转矩为

$$M_B = \rho q \left[\omega_B R_{B2}^2 - q \left(\frac{R_{B2} \cot \beta_{B2}}{A_{B2}} - \frac{R_{D2} \cot \beta_{D2}}{A_{D2}} \right) \right] \tag{11.4}$$

(2)涡轮转矩。

类似于上述泵轮转矩的推导,得到

$$M_T = \rho q \left[\omega_B (i_{TB} R_{T2}^2 - R_{B2}^2) - q \left(\frac{R_{T2} \cot \beta_{T2}}{A_{T2}} - \frac{R_{B2} \cot \beta_{B2}}{A_{B2}} \right) \right] \tag{11.5}$$

(3)导轮转矩。

由 $M_D = -M_T - M_B$ 可得

$$M_D = \rho q \left[-i_{TB} \omega_B R_{T2}^2 - q \left(\frac{R_{D2} \cot \beta_{D2}}{A_{D2}} - \frac{R_{T2} \cot \beta_{T2}}{A_{T2}} \right) \right] \tag{11.6}$$

11.4　液力变矩器中的能量平衡与循环流量

11.4.1　能量平衡方程的建立

流体在液力变矩器中沿泵轮、涡轮、导轮组成的循环圆流道流动一周,从泵轮获得能量,并将能量传给涡轮。当导轮固定不动时,流体流经导轮时没有能量交换。但流体在循环圆中流动由于流体具有黏性,必然有摩擦损失。工作轮流道为非圆形断面且有弯曲、扩散等,因此其摩擦损失比圆管流道要大得多。另外在非设计工况,在涡轮及导轮进口处要产生冲击损失。由此可见,单位质量流体在循环圆中流动一周,其能量平衡方程为

$$H_{B-y} + H_{T-y} + H_{D-y} - \sum H_m - \sum H_c = 0 \tag{11.7}$$

式中　H_{B-y}——单位质量流体流经泵轮后获得的能头;

H_{T-y}——单位质量流体流经涡轮后,其能头的变化,因流体将能量传给涡轮,故涡轮对流体的作用能头为一负值;

H_{D-y}——导轮对单位质量流体的作用能头,当导轮固定不动时 $H_{D-y}=0$,但在综合式液力变矩器中,当 $i_{TB}>(i_{TB})_{K=1}$ 时导轮转动,此时 $H_{D-y}\neq0$;

$\sum H_m$——流体在循环圆中流动,由于摩擦阻力而损失掉的能量;

$\sum H_c$——流体在各工作轮入口处由于冲击而损失掉的能头。

液力变矩器中能量损失主要由机械损失、容积损失及流动损失三部分组成。

(1)机械损失。机械损失主要由轴承、密封、旋转件外壳的鼓风损失及旋转件在液体中的圆盘摩擦损失等组成,一般说来,轴承、密封的机械摩擦损失所占比例很小,约为 1% 左右。但圆盘摩擦损失所占比例较大。圆盘摩擦损失可按下式计算:

$$M_{YP}=f_{YP}\rho R^5\omega^2$$

式中　R——圆盘与液体接触的最大半径;

　　　ρ——工作液体的密度;

　　　f_{YP}——圆盘摩擦系数,它与流体相对流动状态,圆盘和壳体的相对粗糙度,圆盘和壳体的相对间隙等因素有关。

当雷诺数 $Re\geq10^5$ 时,圆盘摩擦系数可按下式计算:

$$f_{YP}=\frac{0.046\,5}{\sqrt[5]{Re}}$$

式中　Re——雷诺数,$Re=\dfrac{R^2\omega}{\nu}$;

　　　ν——工作液体的运动黏性系数;

　　　ω——圆盘与壳体的相对角速度。

对单级三工作轮液力变矩器,计算圆盘损失时,其相对角速度在泵轮与涡轮间为

$$\omega_{BT}=\omega_B-\omega_T=(1-i_{TB})\omega_B$$

在泵轮与导轮间为

$$\omega_{BD}=\omega_B-\omega_D=(1-i_{DB})\omega_B$$

在涡轮与导轮间为

$$\omega_{TD}=\omega_T-\omega_D=(i_{TB}-i_{DB})\omega_B$$

泵轮的圆盘摩擦损失力矩包括泵轮、壳体与涡轮、泵轮与导轮间的圆盘摩擦损失力矩:

$$M_{YPB}=2M_{YPBT}+M_{YPBD}=f_{YP}\rho\left[2R_{Bmax}^5(1-i_{TB})^2+R_{Dmax}^5(1-i_D)^2\right]\omega_B^2$$

涡轮的圆盘摩擦损失力矩包括旋转壳体与泵轮端面传给涡轮的摩擦力矩及涡轮与导轮间的圆盘摩擦力矩,即

$$M_{YPT}=2M_{YPBT}-M_{YPTD}=f_{YP}\rho\left[2R_{Tmax}^5(1-i_{TB})^2-R_{Dmax}^5(i_{TB}-i_{DB})^2\right]\omega_B^2$$

导轮上的圆盘摩擦力矩:

$$M_{YPD}=M_{YPBD}+M_{YPTD}=f_{YP}\rho R_{Dmax}^5\left[(1-i_{DB})^2+(i_{TB}-i_{DB})\right]\omega_B^2$$

泵轮上的外力矩:

$$M_B=M_{B-y}+M_{YPB}\quad 或\quad M_{B-y}=M_B-M_{YPB}$$

涡轮上的外力矩:

$$-M_T=-M_{T-y}+M_{YPT}\quad 或\quad M_{T-y}=M_T+M_{YPT}$$

由上述分析可知,当涡轮转速低于泵轮时,即 $i_{TB}<1$ 时,圆盘摩擦力矩对泵轮来说是阻力矩,但对涡轮来说,则是动力矩。

(2) 容积损失。容积损失主要是在泵轮出口处通过间隙流回到泵轮进口处一小部分流体以及旋转轴的密封处产生容积损失,从水泵研究表明,当比转数在 $100\sim200$ 时,容积损失所占比例不足 1.5%,故该项在计算时也可忽略,即认为 $\eta_V\approx1$。

(3) 流动损失。流动损失主要由沿循环圆流道流动中的沿程阻力损失及工作轮进口、口处的冲击损失组成。沿各工作轮流道的摩擦阻力损失可表达为

$$\sum H_{mi}=\sum\lambda_i\frac{l_i}{d_{yi}}\frac{\overline{w_i^2}}{2g} \tag{11.8}$$

式中　λ_i——各工作轮的沿程阻力系数;

　　l_i——各工作轮流道的长度,该长度也就是叶片骨线在平均流面上的长度;

　　d_{yi}——工作轮流道的水力直径;

　　$\overline{w_i^2}$——工作轮相对速度的均方值。

　　i——三个工作轮(B. T. D)

摩擦阻力系数可通过流体力学知识求得

$$\lambda_i=(1.5\sim2)\times0.11\left(\frac{\Delta}{4R_y}+\frac{100}{Re}\right)^{0.25} \tag{11.9}$$

式中　Δ——工作轮内表面的粗糙度,它由加工工艺来确定,对冲压成型工作轮 $\Delta=0.01$ mm,对铸造工作轮 $\Delta=0.1\sim0.2$ mm,对砂模取较大值;

　　Re——雷诺数,$Re=\frac{4R_y\overline{w}}{\nu}$;

　　$\overline{w}$——平均相对速度,一般以泵轮出口处的 w_{B2} 代入;

　　ν——流体的运动黏度;

　　R_y——水力半径。

式中的系数 $1.5\sim2$ 是因按圆管计算的阻力系数用于由相邻两叶片及前后盖板组成的工作轮流道时,考虑到流道形状很不规则,流道中又有扩散、收缩、弯曲等诸多因素而将其增大适当倍数。一般 λ_i 在 $0.04\sim0.06$ 之间。式中的均方相对速度 $\overline{w_i^2}$ 是指叶片安放角进口角、出口角各占一半,即 $\overline{w_i^2}=\frac{w_1^2+w_2^2}{2}$,且都以平均流线上的相对速度值来进行计算。

由速度三角形可知

$$w_i=\frac{v_{mi}}{\sin\beta_i}=\frac{q}{A_i\sin\beta_i}$$

$$\overline{w_i^2}=\frac{1}{2}(w_1^2+w_2^2)=\frac{q^2}{2}\left(\frac{1}{A_{i1}^2\sin^2\beta_{i1}}+\frac{1}{A_{i2}^2\sin^2\beta_{i2}}\right)=\frac{q^2}{2}\left(\frac{1+\cot^2\beta_{i1}}{A_{i1}^2}+\frac{1+\cot^2\beta_{i2}}{A_{i2}^2}\right)$$

故

$$\lambda_i\frac{l_i}{d_{yi}}\frac{\overline{w_i^2}}{2g}=\lambda_i\frac{l_i}{4R_{yi}}\frac{1}{2}\left(\frac{1+\cot^2\beta_{i1}}{A_{i1}^2}+\frac{1+\cot^2\beta_{i2}}{A_{i2}^2}\right)\frac{q^2}{2g}$$

令

$$\lambda_i\frac{l_i}{8R_{yi}}=\xi_i$$

则

$$\sum H_m=\left[\xi_B\left(\frac{1+\cot^2\beta_{B1}}{A_{B1}^2}+\frac{1+\cot^2\beta_{B2}}{A_{B2}^2}\right)+\xi_T\left(\frac{1+\cot^2\beta_{T1}}{A_{T1}^2}+\frac{1+\cot^2\beta_{T2}}{A_{T2}^2}\right)\right.$$

$$+ \xi_D \left(\frac{1 + \cot^2 \beta_{D1}}{A_{D1}^2} + \frac{1 + \cot^2 \beta_{D2}}{A_{D2}^2} \right) \Big] \frac{q^2}{2g} \qquad (11.10)$$

冲击损失可由下式计算：

$$H_{ci} = \zeta_{ci} \frac{\Delta v_i^2}{2g} \qquad (11.11)$$

式中　ζ_{ci}——各工作轮冲击损失系数，ζ_c 与冲角的大小有关，一般 $\zeta_c = 0.6 \sim 1.4$，为简化计算，一般取 $\zeta_c = 1$；

　　　Δv_i——工作轮进口的冲击损失速度。

当液力变矩器工况不变，即 $q = $ const 时，有

$$\Delta v_i = v_{ui1} - v_{ui0} = \Delta v_{ui} \qquad (11.12)$$

因无叶片区流体的速度矩不变，有

$$v_{uD2} R_{D2} = v_{uB0} R_{B0} = v_{uB0} R_{B1}$$

$$\begin{cases} v_{uB0} = \dfrac{R_{D2}}{R_{B1}} v_{uD2} \\[2mm] v_{uT0} = \dfrac{R_{B2}}{R_{T1}} v_{uB2} \\[2mm] v_{uD0} = \dfrac{R_{T2}}{R_{D1}} v_{uT2} \end{cases} \qquad (11.13)$$

将式(11.9)、式(11.10)代入式(11.8)中，可得

$$H_{cB} = \frac{\zeta_{cB}}{2g} \left[u_{B1} - \frac{q}{R_{B1}} \left(\frac{R_{B1} \cot \beta_{B1}}{A_{B1}} - \frac{R_{D2} \cot \beta_{D2}}{A_{D2}} \right) \right]^2$$

$$H_{cT} = \frac{\zeta_{cT}}{2g} \left[u_{T1} - \frac{R_{B2}}{R_{T1}} u_{B2} - \frac{q}{R_{T1}} \left(\frac{R_{T1} \cot \beta_{T1}}{A_{T1}} - \frac{R_{B2} \cot \beta_{B2}}{A_{B2}} \right) \right]^2$$

$$H_{cD} = \frac{\zeta_{cD}}{2g} \left[- \frac{R_{T2}}{R_{D1}} u_{T2} - \frac{q}{R_{D1}} \left(\frac{R_{D1} \cot \beta_{D1}}{A_{D1}} - \frac{R_{T2} \cot \beta_{T2}}{A_{T2}} \right) \right]^2$$

由叶片式流体机械基本方程式，可以求得各工作轮能头的表达式。β_{i1} 为叶片角，β_{i2} 为液流角。

① 泵轮能头 H_B。

$$H_B = \frac{1}{g} (u_{B2} v_{uB2} - u_{B0} v_{uB0})$$

将 $v_u = u - \dfrac{q}{A} \cot \beta_i$ 及式(11.10)代入上式，整理可得

$$H_B = \frac{1}{g} \left[u_{B2}^2 - \omega_B q \left(\frac{R_{B2} \cot \beta_{B2}}{A_{B2}} - \frac{R_{D2} \cot \beta_{D2}}{A_{D2}} \right) \right] \qquad (11.14)$$

② 涡轮能头表达式。

$$H_T = \frac{1}{g} \left[\omega_B^2 i_{TB} (i_{TB} R_{T2}^2 - R_{B2}^2) - \omega_B i_{TB} q \left(\frac{R_{T2} \cot \beta_{T2}}{A_{T2}} - \frac{R_{B2} \cot \beta_{B2}}{A_{B2}} \right) \right] \qquad (11.15)$$

③ 导轮能头表达式。

当导轮不动时，$H_D = 0$。

将上述各式代入能量平衡方程中，可得

$$a i_{TB}^2 + 2b i_{TB} q + c q^2 + 2d i_{TB} + 2e q + f = 0 \qquad (11.16)$$

式中　$a = 2\omega_B^2 R_{T2}^2 - \zeta_{cT}\omega_B^2 R_{T1}^2 - \zeta_{cD}\dfrac{R_{T2}^4}{R_{D1}^2}\omega_B^2$;

$$b = -\omega_B\left(\frac{R_{T2}\cot\beta_{T2}}{A_{T2}} - \frac{R_{B2}\cot\beta_{B2}}{A_{B2}}\right) + \omega_B\left(\frac{R_{T1}\cot\beta_{T1}}{A_{T1}} - \frac{R_{B2}\cot\beta_{B2}}{A_{B2}}\right)$$
$$-\omega_B\frac{R_{T2}^2}{R_{D1}^2}\left(\frac{R_{D1}\cot\beta_{D1}}{A_{D1}} - \frac{R_{T2}\cot\beta_{T2}}{A_{T2}}\right);$$

$$c = -\left[\xi_{mB}\left(\frac{1+\cot^2\beta_{B1}}{A_{B1}^2} + \frac{1+\cot^2\beta_{B2}}{A_{B2}^2}\right) + \xi_{mT}\left(\frac{1+\cot^2\beta_{T1}}{A_{T1}^2} + \frac{1+\cot^2\beta_{T2}}{A_{T2}^2}\right)\right.$$
$$\left.+\xi_{mD}\left(\frac{1+\cot^2\beta_{D1}}{A_{D1}^2} + \frac{1+\cot^2\beta_{D2}}{A_{D2}^2}\right)\right] - \frac{\zeta_{cB}}{R_{B1}^2}\left(\frac{R_{B1}\cot\beta_{B1}}{A_{B1}} - \frac{R_{D2}\cot\beta_{D2}}{A_{D2}}\right)^2$$
$$-\frac{\zeta_{cT}}{R_{T1}^2}\left(\frac{R_{T1}\cot\beta_{T1}}{A_{T1}} - \frac{R_{D2}\cot\beta_{D2}}{A_{D2}}\right)^2 - \frac{\zeta_{cD}}{R_{D1}^2}\left(\frac{R_{D1}\cot\beta_{D1}}{A_{D1}} - \frac{R_{T2}\cot\beta_{T2}}{R_{D1}A_{T2}}\right)^2;$$

$$d = -\omega_B^2 R_{B2}^2 + \zeta_{cT}\omega_B^2 R_{B2}^2;$$

$$e = -\omega_B\left(\frac{R_{B2}\cot\beta_{B2}}{A_{B2}} - \frac{R_{D2}\cot\beta_{D2}}{A_{D2}}\right) + \zeta_{cB}\omega_B\left(\frac{R_{B1}\cot\beta_{B1}}{A_{B1}} + \frac{R_{D2}\cot\beta_{D2}}{A_{D2}}\right)$$
$$-\zeta_{cT}\frac{R_{B2}^2}{R_{T1}^2}\omega_B\left(\frac{R_{T1}\cot\beta_{T1}}{A_{T1}} + \frac{R_{B2}\cot\beta_{B2}}{A_{B2}}\right);$$

$$f = 2\omega_B^2 R_{B2}^2 - \zeta_{cB}\omega_B^2 R_{B1}^2 - \zeta_{cT}\frac{R_{B2}^4}{R_{T1}^2}\omega_B^2 \text{。}$$

11.4.2　液力变矩器循环流量与转速比的关系

能量平衡方程为

$$ai_{TB}^2 + 2bi_{TB}q + cq^2 + 2di_{TB} + 2eq + f = 0$$

方程中各系数对某一液力变矩器都为一定常数,该方程为 q 及 i_{TB} 的二元二次方程,当

$$\Delta = \begin{vmatrix} a & b & d \\ b & c & e \\ d & e & f \end{vmatrix} = acf + 2bde - cd^2 - ae^2 - b^2 f \neq 0$$

且 $\delta = \begin{vmatrix} a & b \\ b & c \end{vmatrix} = ac - b^2 < 0$ 时,该方程为双曲

线;当 $\Delta \neq 0$ 且 $\delta > 0$ 时,该二次曲线为椭圆;当 $\Delta = 0$ 且 $\delta = 0$ 时,该方程为二平行直线。

以上能量平衡方程的分析中,认为摩擦阻力系数 ξ_{mi} 不随工况而改变,冲击损失系数取 $\zeta_{ci} = 1$,这些与实际情况并不相符。但作为理论分析,可以看出 $q - i_{TB}$ 之间的关系。它也基本反映出 $q - i_{TB}$ 的变化趋势,如图 11.12 所示。各工作轮的几何尺寸不同,其 $q - i_{TB}$ 曲线有很大区别。图 11.12 中曲线 1、曲线 2 为向心涡轮液力变矩器;曲线 3 为轴流涡轮液力变

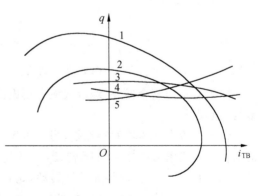

图 11.12　液力变矩器循环圆流量 q 与转速比 i_{TB} 的关系

矩器;曲线 4、曲线 5 为离心涡轮液力变矩器。由 $q - i_{TB}$ 曲线可见,向心涡轮液力变矩器一般

为正可透的,轴流涡轮液力变矩器为不可透的,离心涡轮液力变矩器为负可透或不可透的。有了 $q-i_{TB}$ 曲线,也可以分析能头及转矩等特性随 i_{TB} 的变化。

需要指出的是,在上述分析速度三角形中没有考虑有限叶片数的影响。实际上由于有限叶片数的影响,液流要产生偏离。因此上述所有公式中的叶片出口角度 β_{i2} 对有限叶片数的工作轮来说,应为液流角而不是叶片角,但叶片进口角 β_{i1} 应为叶片角。

11.5 工程应用中的其他几种类型液力变矩器

11.5.1 综合式液力变矩器

综合式液力变矩器在 $i_{TB}=0$ 到 $i_{TB}=(i_{TB})_{K=1}$ 区间为液力变矩器工作状态,而当 $i_{TB}>(i_{TB})_{K=1}$ 时则为液力偶合器工作状态。其结构特点是,导轮通过单向离合器装在固定不动的导轮座上。综合式液力变矩器结构简图及特性如图 11.13 所示。导轮与单向离合器的外圈相连,而内圈又称为离合器座,固定在导轮座上。离合器座上加工有斜面,它与外圈内圆形成楔形槽。楔形槽中放有滚柱并用弹簧支承,始终使滚柱与外圈内圆及内圈外圆形成的楔形槽的表面接触。当外圈相对于内圈做顺时针转动时,表面摩擦力使滚柱松动,因此滚柱不阻碍外圈的运动。而当外圈相对内圈做逆时针转动时,滚柱被带向楔紧的方向,外圈被卡住而无法转动。因此外圈即导轮只能做单方向转动,这就是单向离合器作用原理。

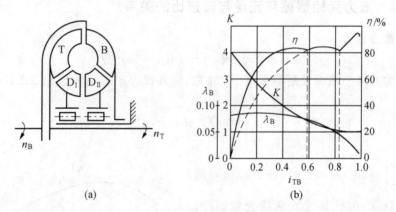

图 11.13　综合式液力变矩器结构简图及特性

除装有单向离合器外,综合式液力变矩器在结构布置上一般是泵轮及涡轮对称布置,即只能为向心涡轮。

综合式液力变矩器的特点是,当 $i_{TB}<(i_{TB})_{K=1}$(即 $K>1$)时, $M_D=-M_T-M_B>0$,此时单向离合器在楔紧力的作用下无转动,故导轮固定不动,这时是液力变矩器工况。而当 $i_{TB}>(i_{TB})_{K=1}$ 时, $M_D<0$,这时导轮能够转动,此时的液力变矩器变成了液力偶合器,有 $M_B=-M_T$, $K=1$, $\eta=i_{TB}$ 。由特性曲线可见在高转速比工况区,液力偶合器的效率要高于液力变矩器的效率,因此综合式液力变矩器有较大的高效区范围,它适用于转速比变化较大而且长时间在高转速比工况运行的工作机传动。

必须注意的是,单向离合器安装时必须注意其可旋转的方向要与泵轮的转动方向一致。

11.5.2 双涡轮液力变矩器

双涡轮液力变矩器应用于轮式装载机,如 Z－450 型装载机。其原理简图及特性如图 11.14 所示。第二级向心涡轮 T_{II} 通过齿轮 Z_1、齿轮 Z_2 从输出轴输出;第一级轴流涡轮 T_I 通

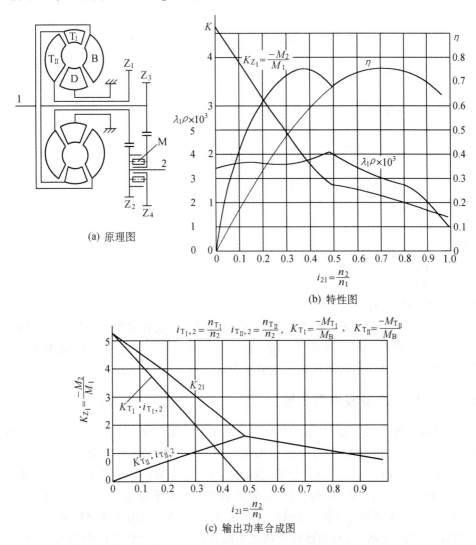

(a) 原理图

(b) 特性图

(c) 输出功率合成图

图 11.14　双涡轮液力变矩器原理简图及特性
1—输入轴(泵轮轴);2—轮出轴;M—单向离合器

过齿轮 Z_3、齿轮 Z_4,并经单向离合器与输出轴相连。涡轮 T_I 在低转速比区间 $i_{21}=0\sim0.5$ 时工作。涡轮 T_{II} 则在 $i_{21}>0.5$ 时工作,在 $i_{21}<0.5$ 时,只传递很少一部分功率,而且所传递的功率是从零逐渐增加的。两涡轮之间的功率传递则靠单向离合器来实现。

双涡轮液力变矩器的转速关系式为 $n_{Z_4}=n_{T_I}\dfrac{z_3}{z_4}$,$n_2=n_{T_{II}}\dfrac{z_1}{z_2}$,当 n_{Z_4} 有超过 n_2 的趋势时,单向离合器便将齿轮 Z_4 的空心轴与输出轴结合。一旦离合器结合,涡轮 T_{II} 与涡轮 T_I 的速

度比便成为 $i_{T_I} = \dfrac{n_{T_I}}{n_{T_{II}}} = \dfrac{z_1}{z_2} \dfrac{z_3}{z_4}$。液力变矩器从启动工况到转换点都是这样，涡轮 T_I 的转矩则由最大逐渐下降为零。一过转换点，$n_{z_4} < n_2$，单向离合器就脱开，涡轮 T_I 就退出工作，只有涡轮 T_{II} 单独工作。

在转换点以前的工况中，

$$\begin{cases} M_2 = M_{T_I} \, i_{T_I, 2} + M_{T_{II}} \, i_{T_{II}, 2} = M_{T_I} \dfrac{z_4}{z_3} + M_{T_{II}} \dfrac{z_2}{z_1} \\ K = \dfrac{-M_2}{M_B} = K_{T_I} \dfrac{z_4}{z_3} + K_{T_{II}} \dfrac{z_2}{z_1} \end{cases} \tag{11.17}$$

在转换点以后，只有涡轮 T_{II} 起作用：

$$\begin{cases} M_2 = M_{T_{II}} \, i_{T_{II}, 2} = M_{T_{II}} \dfrac{z_2}{z_1} \\ K = \dfrac{-M_2}{M_B} = K_{T_{II}} \, i_{T_{II}, 2} = K_{T_{II}} \dfrac{z_2}{z_1} \end{cases} \tag{11.18}$$

式中 $K_{T_I} = \dfrac{-M_{T_I}}{M_B}$；

$K_{T_{II}} = \dfrac{-M_{T_{II}}}{M_B}$；

M_2——输出轴上的作用转矩。

双涡轮液力变矩器的特点是，合理设计各工作轮叶栅参数及齿轮的传动比，可使其具有较高的启动变矩系数及较宽的高效区范围。而一般液力变矩器的启动变矩系数较高时，其最高效率对应的转速比 i_{TB} 值较小，而且高效区范围较窄。

11.5.3　涡轮限速型液力变矩器

涡轮限速型液力变矩器主要利用单向离合器使泵轮与涡轮闭锁。因为动力机为定转速时，液力变矩器涡轮的输出特性—$M_T - n_T$ 近似为一恒功率曲线。一旦涡轮突然卸载，涡轮的转速将会超过泵轮，即使 $(i_{TB})_{K=0} > 1$。如某挖掘机厂生产的 FW410 轴流式液力变矩器，卸载后 $(i_{TB})_{K=0} = 1.2 \sim 1.3$，是设计工况转速比 i_{TB}^* 的 2 倍左右。由于轴流式液力变矩器是不可透的，卸载后原动机的功率不仅不下降，反而有所增加，甚至使动力机出现过载现象，不仅浪费能量而且伴随涡轮的高速旋转，与其相连的变速箱中的齿轮也会由于转速的突然升高而产生较大的冲击和噪声，并使工作油液的温度急剧上升。加在泵轮壳体与涡轮轴之间的单向离合器为棘爪式结构，图 11.5 所示的 $B-B$ 剖面，FW410 轴流式液力变矩器的原始特性如图 11.15 所示。

在泵轮与涡轮轴之间加单向离合器后会使 $n_T \leqslant n_B$。当 n_T 有超过 n_B 的趋势时，可使功率得到回收，即由涡轮传给泵轮而使动力机的载荷不再增加。该液力变矩器卸载以后的损失功率始终为

$$P_S = P_B(1 - \eta_{i_{TB}=1}) \tag{11.19}$$

另外，通过改变液力变矩器的结构及闭锁方式，也可以得到在任意确定的转速比下实行闭锁而完全避免超速。图 11.16 所示为无超速的液力变矩器传动装置简图及动力特性。闭锁单

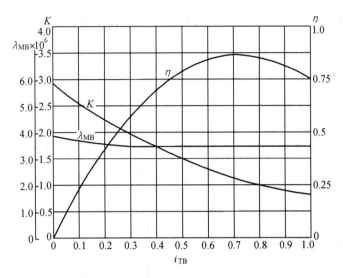

图 11.15　FW410 轴流式液力变矩器的原始特性

向离合器装在齿轮 Z_1 与泵轮轴之间,通过 C 轴输出转矩。要想选择牵引工况中任一工况点 i'_{TB} 作为限速点,必须满足下述关系:

$$i'_{TB} = \frac{n'_T}{n_B} = \frac{z_1 z_4}{z_2 z_3} \tag{11.20}$$

因对应于 i'_{TB} 的涡轮转速为 n'_T,泵轮转速不变,即 $n_B = \text{const}$,从涡轮传动方面看,有 $\frac{n'_T}{n_C} = \frac{z_4}{z_3}$,而从泵轮传动方面看,有 $\frac{n_B}{n_C} = \frac{z_2}{z_1}$,由此可得式(11.20)。

此时输出轴的转速为 $n'_C = n_B i'_{TB} i_2$,$i_2 = \frac{z_3}{z_4}$。而输出转矩 $M_C = (-M_T)_{i'_{TB}} \frac{1}{i_2}$,该传动系统可以保证:

$$\begin{cases} n_T \leqslant n_B i'_{TB} = n'_T \\ n_C \leqslant n_B i'_{TB} i_2 = n'_C \end{cases} \tag{11.21}$$

在 $n_B = \text{const}$ 时,该装置具有"挖土机"特性,如图 11.16(b)所示。当负载转矩 $M_z < M_{Ca}$ 时,$n_z = n'_C$。这时涡轮输出转矩有一部分通过单向离合器反传给泵轮轴,从而使原动机部分卸荷。当 $M_z > M_{Ca}$ 时,可具有近似于恒功率的自动适应性,最大输出转矩是在制动工况时,为

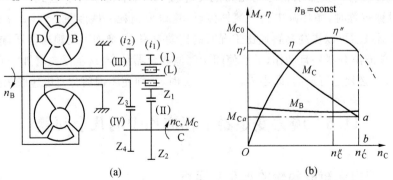

图 11.16　无超速的液力变矩器传动装置简图及动力特性

M_{C0}。但需要注意的是,当它与柴油机匹配时,停机前应先使涡轮轴制动停转,否则容易损坏单向离合器。

11.5.4 闭锁式液力变矩器

液力变矩器在使用过程中如果工况变化范围较大,而对设计工况转速比没有什么特殊要求,由于液力变矩器的最高效率只有 0.85,若启动变矩系数 K_0 要求较大,则最高效率对应的转速比一般小于 0.6,而当 $i_{TB} > i_{TB}^*$ 后,其效率会很快下降。为了在高转速比工况下有较高的效率,除采用综合式液力变矩器外,也可采用闭锁式液力变矩器。单级闭锁式液力变矩器结构简图及原始特性如图 11.17 所示。

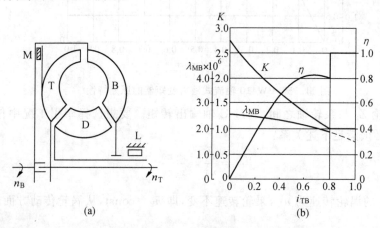

图 11.17 单级闭锁式液力变矩器结构简图及原始特性

涡轮通过闭锁离合器(M)与泵轮相连。从启动工况一直到$(i_{TB})_{K=1}$,闭锁离合器处于脱开状态,即泵轮与涡轮脱离,导轮由于单向离合器(L)的作用而固定在基座上。当 $i_{TB} > (i_{TB})_{K=1}$ 时,导轮的单向离合器起作用,使导轮与泵轮同方向转动,这与综合式液力变矩器相同,但同时闭锁离合器处于闭锁状态,使泵轮与涡轮连成一体同步旋转。这样就使输入轴与输出轴处于刚性连接状态。如果此时导轮不松开,则导轮就相当于在工作轮流道中设置的一个阻力装置,会使液力变矩器的效率降低。

从图 11.17(b)可见,闭锁式液力变矩器在 $i_{TB} > (i_{TB})_{K=1}$ 时比综合式液力变矩器效率要高,但由于有鼓风损失,虽然泵轮与涡轮为刚性连接,其效率也不可能达到 100%。而且当泵轮与涡轮不对称布置时,循环圆中会有流体流动,这也要消耗一些能量。

闭锁离合器虽然可以提高高转速比工况时的传动效率,但增加了闭锁离合器,这必然使其结构复杂。另外单向离合器一旦动作,必然使闭锁摩擦离合器结合,这就需要增加一套控制联动机构,而且这种机构必须是可逆的,即当 $i_{TB} < (i_{TB})_{K=1}$ 时,必须使闭锁离合器迅速脱离开。

11.6 液力变矩器工程应用中的几个问题

11.6.1 液力变矩器涡轮的正反转运行

在工程实践中,最常用的是液力变矩器的牵引工况。但在起重机械中,提升重物时一般用牵引工况,而在下放重物时则用反转制动工况。在反转制动工况下,负载成为动力,涡轮则对负载起阻力矩作用,即 $n_T < 0$,$-M_T > 0$,$-M_T n_T < 0$。为了实现提升、空中停止及下放重物等一系列操作过程,可采用可调转速动力机与普通液力变矩器配合,也可采用固定转速的动力机(如交流电动机)与可调式液力变矩器相配合。

因提升及下放重物属恒转矩负载,故必须注意液力变矩器在正反转互相转换工作时,要满足稳定工作的条件:

$$\frac{d(-M_T)}{dn_T} < \frac{d(-M_Z)}{dn_Z} \tag{11.22}$$

在牵引工况区,这一条件是可以得到满足的,而在第二象限的反转制动工况区,则应对不同类型液力变矩器与恒转矩负载的稳定性做具体分析。因恒转矩负载无论涡轮正转还是反转都有 $\frac{d(-M_Z)}{dn_Z} = 0$,故其稳定工作的条件为 $\frac{d(-M_Z)}{dn_T} < 0$。分析和实验都表明,工作轮布置形式对反转特性有很大影响,离心涡轮液力变矩器和轴流涡轮液力变矩器反转制动工况与恒转矩负载在第二象限的工作点在较大的范围内是稳定的;而向心涡轮液力变矩器,其反转制动工况出现极值的转速范围较小,因此其稳定工况区间较窄,不适合用于起重机的传动。不同液力变矩器对反转制动工况稳定性的分析如图11.18所示。

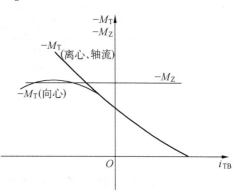

图 11.18　不同液力变矩器对反转制动工况稳定性的分析

还要指出的是当泵轮转速为常数时,液力变矩器在零速($n_T = 0$)工况点前后,涡轮转矩是连续变化的。但在作为提升机械的传动装置时,由于涡轮轴一般要通过变速箱等机械传动机构再与缠有钢丝绳的滚筒相连。从涡轮轴到提升重物的传动装置中必然存在机械效率 η_j。而零速工况前后,涡轮的功率流要发生突变,一是涡轮转矩作为动力来提升重物,二是重物下放涡轮反转为阻力矩,此时由重物下放来产生动力转矩。由此可见,液力变矩器作为起重机械的传动装置,在提升重物时,

$$F_{0升} = K_j \cdot (-M_T) \eta_j$$

式中　K_j——从涡轮到提升重物之间的结构参数;

η_j——从涡轮到提升机构中传动机构的机械效率。

而在下放重物时,

$$F_{0放} \eta_j = K_j \cdot (-M_T)$$

由此可见,当有变速机构,涡轮以正转到反转时,

$$\frac{F_{0升}}{F_{0放}} = \eta_j^2 \tag{11.23}$$

这一动力阶跃使重物由提升到下放转换时产生一泵轮输入转速的死区。这一死区的存在对控制重物在空中停留是一个有利的因素。图 11.19 所示为自航式挖泥船上挖泥抓斗传动中,用 FW410 轴流式液力变矩器与 6135 柴油机匹配,并通过减速箱带动抓斗时的输出特性。从图中可见,零速工况($n_T = 0$)泵轮转速差有几十转甚至几百转,而如果涡轮轴与提升机滚筒直接相连,则不存在转速的死区,也不产生阶跃。

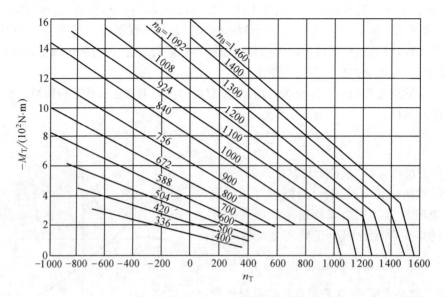

图 11.19　FW410 轴流式液力变矩器与 6135 柴油机匹配作挖泥船抓斗传动时的特性

11.6.2　液力变矩器的补偿冷却

与液力偶合器一样,液力变矩器的工作油温一般在
80 ℃左右,但特殊情况可达 120 ℃。由于液力变矩器属有
压流动,当动力机转速较高时,为防止泵轮入口处产生气
蚀,另外密封处可能产生泄漏,使工作腔中油液逐渐减少,
因此液力变矩器必须加有补偿冷却系统。一方面可以补充
工作腔中油液的泄漏及提高泵轮入口处的压力,另一方面
可以把工作腔中部分高温油液送入液力变矩器外的冷却器
中加以冷却,再送回到工作腔中。液力变矩器的补偿冷却
系统如图 11.20 所示。

一般补偿冷却系统在液力变矩器进口处的压力为
0.3 MPa 左右,主要是为了防止液力变矩器内产生气蚀,而
背压阀要根据进口压力要求来确定。补偿冷却油液一般从
泵轮入口处引入从涡轮出口处引出,也有从导轮出口导出
的。为防止油流短路,只需在不同轴面上设置进油、出油路
口即可。

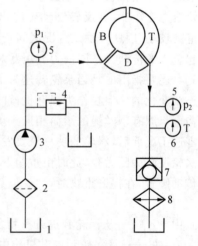

图 11.20　液力变矩器的补偿冷却系统
1—油箱;2—滤油器;3—油泵;4—溢
流阀;5—压力表;6—温度表;7—背压
阀;8—冷却器

冷却器的容量可按下式计算:

$$Q_T = 3.6(1 - \eta_P)P_B \tag{11.24}$$

式中　P_B——泵轮轴功率,kW;

　　　η_P——液力变矩器工作时的平均效率;

　　　Q_T——工作油液产生的热量,MJ。

对一般工程机械及汽车的液力传动,$\eta_P = 0.7 \sim 0.75$,而对起重机械,因下放为反转制动工
况,重物也通过涡轮向液力变矩器输入功率,因此冷却器的容量也需相应地加大,可由 $P_T =$

Gv 计算出下放重物时的功率,则发热量为

$$Q_T = 3.6(P_B + P_T) \tag{11.25}$$

冷却器面积及冷却水流量可参考调速型液力偶合器的冷却系统来计算。

11.6.3　液力变矩器的系列化

液力变矩器系列化,可使其具有更好的互换性及便于用户选用。

液力变矩器系列化包括两个方面的内容:一是在功能方面的系列化,即同一基本规格的产品,采用不同结构参数的变化,其中最主要的是工作轮叶栅参数的变化,即叶片进口、出口角度参数的变化,以满足不同类型机械的使用要求;二是基本性能参数规格方面的系列化,它用来满足不同转速及不同功率等级等方面的要求。液力变矩器系列化首先是将液力变矩器进行分类,如分为向心涡轮液力变矩器、轴流涡轮液力变矩器、离心涡轮液力变矩器等,然后将其中某一类型液力变矩器系列化。

液力变矩器在参数系列化方面,通常将有效直径 D 分成各档次。按优先数规则将 D 分档,并保证相同的公比值,即 $\dfrac{D_2}{D_1} = \dfrac{D_3}{D_2} = \dfrac{D_4}{D_3} = \cdots$,且将 D 圆整为整数值。

同一循环圆有效直径 D 的液力变矩器再通过不同角度参数的组合,又可使力矩系数 λ_{MB}^* 具有一系列不同的数值。泵轮在设计工况下的输入功率为

$$P_B^* = \frac{\pi n_B^*}{30} M_B^* = K\lambda_{MB}^* n_B^{*3} D^5$$

式中　$K = \dfrac{\pi}{30}\rho g$。

当工作液体选定后,K 为常数,而 D 又为一定值,则

$$\lg P_B^* = 3\lg n_B^* + C \tag{11.26}$$

式中　$C = \lg K + \lg \lambda_{MB}^* + 5\lg D$。

当令 $D = D_1, D_2, D_3, \cdots$ 优先数系列时,P_B^* 与 n_B^* 在双对数坐标图上则为一组平行线。再令 $\lambda_{MB}^* = \lambda_{MB1}^*, \lambda_{MB2}^*, \lambda_{MB3}^*, \cdots$,则又可得到在同一 D 值下的一组平行线。图 11.21 所示为轴流式液力变矩器的系列化型谱,该型谱为船标(CB 1123—84)。图中标示数值分别为液力变矩器有效直径和能容的平均值。以 400-35 为例,它表示液力变矩器的有效直径 $D = 400$ mm,而 $\lambda_{MB}^*\rho \times 10^4 \approx 35 \dfrac{K_g \ \min^2}{r^2 \ m^4}$,若 $n_B^* = 1\ 000$ r/min,则 $M_B = 350$ N·m。

一般要求所有 $\lg P_B^*$ 直线应在双对数坐标图上均匀覆盖工程应用中所能达到的全部功率、转速范围,而且相邻两有效直径之间应有一定的功率重叠区,以便于实际选用。

这里要提及的是液力偶合器也有系列型谱。但由于液力偶合器都是径向直叶片,故其系列化只是有效直径 D 的分档,按优先数系列来进行系列化。

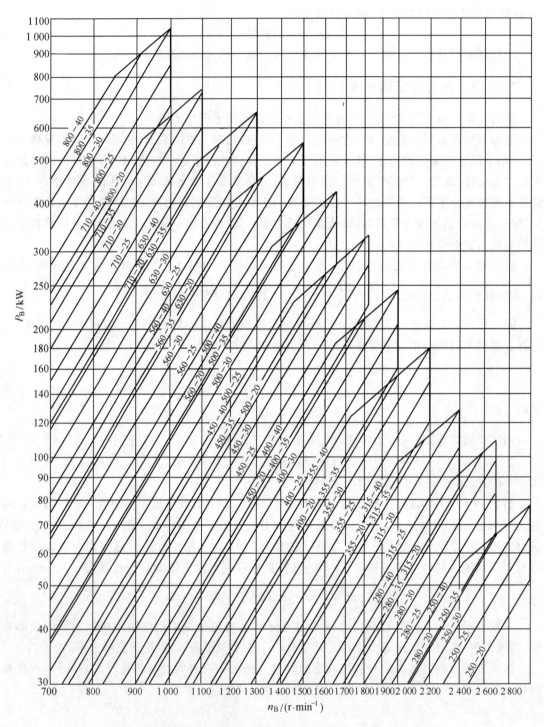

图 11.21　轴流式液力变矩器的系列化型谱

11.7　液力变矩器的水力设计简介

11.7.1　液力变矩器水力设计基本参数

在设计新型液力变矩器时,应参考现有的各种液力变矩器。有些设计参数在刚开始设计时,可参考现有液力变矩器来选择确定。

由动力机与工作机共同工作条件,可以确定液力变矩器应具有何种可透性,确定可透性后可大致确定液力变矩器是何种形式——向心涡轮、轴流涡轮还是离心涡轮以及是否为综合式液力变矩器等,再进一步确定循环圆的形状。

首先要确定液力变矩器的有效直径 D。

设扣除动力机各辅助设备所消耗功率后由动力机传给液力变矩器泵轮轴的功率为 P_d,动力机轴与液力变矩器泵轮轴直连,则有 $n_d = n_B$,传给液力变矩器泵轮轴的转矩为

$$M_B^* = \frac{P_B^*}{\omega_B^*} = \frac{P_d^*}{\omega_d^*} = \frac{30 P_d^*}{\pi n_d^*} \tag{11.27}$$

液力变矩器泵轮的转矩又可写为

$$M_B^* = \lambda_{MB}^* \rho g n_B^2 D^5 \tag{11.28}$$

一般由 λ_{MB}^* 常用的值的范围,确定出 λ_{MB}^* 由此可得液力变矩器的有效直径 D 为

$$D = \sqrt[5]{\frac{M_B^*}{\lambda_{MB}^* \rho g n_B^2}} \tag{11.29}$$

或

$$D = \sqrt[5]{\frac{9.55 P_B^*}{\rho g \lambda_{MB}^* n_B^3}} \tag{11.30}$$

式中　D——有效直径,m;

　　　M_B——泵轮转矩,N·m;

　　　P_B——泵轮轴功率,W。

如图 11.22 所示,液力变矩器循环圆的几何参数有以下几种。

(1) 直径比 m。直径比 $m = D_0/D$,D_0 为循环圆内径,D 为有效直径。对一般启动变矩系数 K_0 要求不高的变矩器,$m = \frac{1}{3}$,而对启动变矩系数 K_0 要求较高的变矩器,m 的取值范围为 $0.4 \sim 0.45$。m 的选取要考虑变矩器结构布置等因素,因 m 太小会给单向离合器及多层轴套的布置带来困难。当 m 选定后,循环圆内径也就确定下来了,这时要确定过流断面面积,即确定循环圆的形状。统计资料表明,汽车上用的近似圆形循环圆形状的变矩器,其最佳过流断面面积约为循环圆面积的23%。

(2) 循环圆形状系数 a。循环圆形状系数 $a = L_1/L_2$,如图 11.22 所示,L_1 为循环圆内环

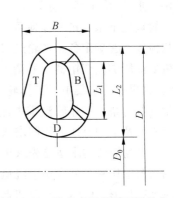

图 11.22　液力变矩器循环圆的几何参数

的径向长度，L_2 为循环圆外环的径向长度。a 减小显然会使流道过流断面的面积增大，循环圆内的流量也就相应地增大，从而使泵轮力矩系数增大。一般 a 的取值范围为 $0.43\sim0.55$。a 较小虽然会使变矩器的能容增大，但会给叶轮设计带来困难，叶片严重扭曲，且内环处叶片的节距减小，使排挤系数减小（即过流断面面积减小）。另外，流道弯曲大也会使流动损失增加。

（3）循环圆宽度比 b。循环圆宽度比 $b=B/D$。B 为循环圆的轴向宽度，D 为有效直径。一般 b 的取值范围为 $0.2\sim0.4$。

常见的液力变矩器循环圆形状如图 11.23 所示。一般近似于圆形的循环圆多用于汽车及工程机械的液力传动中。这种变矩器的泵轮和涡轮常采用冲压焊接，而导轮则采用铸造结构。而工程机械上使用的液力变矩器的工作轮则多用铸造成型或铣削加工。近似圆形循环圆的变矩器还有轴流式变矩器，这种变矩器多用于起重运输机械。蛋形循环圆的变矩器一般用于工程机械，如装载机、推土机、铲运机、平地机等，其特点是宽度比小，叶片可做成柱面叶片，便于加工。长圆形循环圆多用于内燃机车液力传动及需要调节叶片角度的可调式液力变矩器中。这种变矩器的叶片便于铣削加工，可大大提高过流元件表面的光洁度，从而减小流动损失。

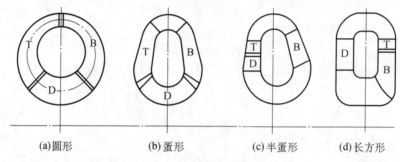

(a)圆形　　　(b)蛋形　　　(c)半蛋形　　　(d)长方形

图 11.23　常见的液力变矩器循环圆形状

常见的循环圆尺寸可参看有关资料。

循环圆形状确定以后，有效直径 D 已确定，便可画出循环圆的形状，确定其各有关尺寸，并可将泵轮、涡轮及导轮进出口位置确定下来。进一步便可作出各工作轮的轴面图及确定平均流线。在确定各工作轮进口和出口半径时，可参考已有性能较好的同类型变矩器。所谓平均流线是指人为认定的一条流线，这里认为它集中了工作轮流道中所有的流体质量，它的力学参数与整个工作轮流道中流体的力学效果相同。工作轮过流断面及平均流线的作图求法如图 11.24 所示。

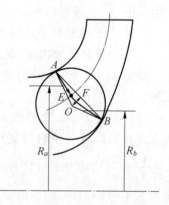

图 11.24　工作轮过流断面及平均流线的作图求法

平均流线的求法是先求出工作轮流道的过流断面，即先在轴面图中作一系列内切于流道的圆，连接圆心及两个切点形成一个三角形。由圆心向两切点连线作垂线，则将两切点及距圆心 1/3 垂高的点用光滑曲线连接起来，这就是过流断面的轴面投影图。设定平均流线所在的流面是将所有过流断面面积分成相等的两部分。若 AEB 是任一过流断面的轴面积投影，其上的一点 E 若满足：

$$2\pi R_a\,\overset{\frown}{AE}=2\pi R_b\,\overset{\frown}{EB}$$

即
$$R_a \widehat{AE} = R_b \widehat{EB} \tag{11.31}$$

式中　R_a——$\widehat{AE}$中点距转轴中心线的半径；

　　　R_b——$\widehat{EB}$中点距转轴中心线的半径。

E 点将过流断面$\widehat{AEB}$均分，所有过流断面轴面投影线按此方法分点，并将所有分点连线，则该线即为平均流线所在的流面的轴面投影。此曲线绕旋转轴线旋转一周，所得的空间曲面即为平均流面。平均流线在平均流面上，它实际上也是叶片在该流面上的骨线。

工作轮在进口和出口处过流断面面积则为
$$A_{ij} = \psi_{ij} b_{ij} 2\pi R_{ij} \tag{11.32}$$

式中　ψ_{ij}——工作轮进口和出口处叶片的排挤系数；

　　　b_{ij}——工作轮进口和出口处流道的宽度；

　　　R_{ij}——工作轮进口和出口处平均流线的半径。

角标 i 表示轮子的类别，$i=$B，T，D；角标 j 则表示进出和出口，$j=1,2$。以下 i、j 含义相同。

因排挤系数 ψ_{ij} 是叶片数、叶片厚度及叶片安放角的函数，当工作轮尚未设计出时，ψ_{ij} 是一个未知数。而为进行设计计算又必须知道 ψ_{ij} 的数值，所以必须先选定 ψ_{ij} 值。考虑到由于工况变化引起的冲击损失，所以涡轮及导轮叶片在进口处头部都有较大的圆角半径。而泵轮进口处由于导轮不动，其来流方向基本不变，因此其叶片头部圆角半径可以小一些。在第一次计算时，可先取 $\psi_{i1}=0.85$。而叶片出口处一般较薄，其厚度主要受加工工艺限制，一般铸造叶片最小厚度 $\delta=2\sim3$ mm，所以排挤系数可选大一些，即可取 $\psi_{i2}=0.92$。当第一次设计计算结束后，进行第二次迭代计算时，则可根据第一次计算求出的叶片安放角等参数精确地计算出排挤系数 ψ_{ij}。

11.7.2　液力变矩器水力设计基本思路

(1)设计的基本要求。

液力变矩器设计的任务是设计出能传递一定功率 P、具有一定启动变矩比 K_0、最高效率 $\eta_{\max}$、确定的透穿系数 T 及高效区范围 $\Pi_{0.75}$ 等性能要求的动力传输结构，满足动力机与工作机具有良好的共同工作特性，在保证特性预定值及计算工况效率最大的条件下，得到最大启动工况变矩比，这是各种变矩器设计所追求的共同目标。

(2)水力设计计算的基本思想。

①变矩器的性能指标与变矩器几何参数(如循环圆直径 D、叶片进出口半径、进出口叶片角)并非只有单值唯一解，变矩器的优化水力计算也并非通常意义上的"寻优"，或者是说有严格的约束条件，通过求导或其他数学寻优运算就能确定一组最佳的设计参数。变矩器的水力计算并非是这样的。

②重新设计一台变矩器，一般都要参照已有的性能良好的变矩器产品。水力计算中有些参数要靠经验选定，与解析计算交叉进行，并非完全的单纯解析计算。采用的是经验选定、多次迭代计算，方案优选，最后模型实验修正。

③水力计算的公式、过程比较复杂，为提高运算速度与精度，需借助计算机编程计算。

④优化计算的目标是获得液力变矩器的综合性能特性，即液力变矩器的特性(K_{y0}—液力

变矩比；η_y^*—液力效率；T_y—液力透穿系数等）和工作轮进口、出口液流角 β_{yn} 与循环流量系数 q^* 的关系，由此综合特性选取最佳几何参数的组合（关键的是叶片进口、出口角度）。

⑤变矩器的最佳参数组合的选择不能只考虑启动工况变矩系数 K_0，最高效率 η_{max}，泵轮公称力矩 M_{Bg} 和透穿系数 T_y 的要求（只求满足要求即可，而不必追求过高指标），还要观察计算表中各工作轮的计算液流角，要保证最后计算结果的叶片进口、出口安装角都在合理的范围内，不能过大或过小，否则将引起叶片扭曲过大以及流道形状恶化，也有可能使设计的变矩器偏离要求，这在后续的叶片绘形设计及新型变矩器计算特性校核中也会得到进一步验证。

（3）液力变矩器基型参照、参数拓展的基本思想。

①基型参照，参数拓展液力变矩器设计方法的基本思想。

液力变矩器的计算涉及许多参数，包括几何结构、计算系数、内特性、外特性等多方面，突出特点是计算参数多，计算公式冗长而复杂，计算工作量大。另外，变矩器的开发又具有很强的工程实践性，较难一次开发成功，需要经过多次反复实验和修改设计，因此导致产品研制周期长，不可避免过多地投入人力和物力。

我国液力行业发展到今天，已经具有了相当数量规格品种的各种液力变矩器产品，其中很多具有良好的动力性能。这些现有的、成熟的、性能优良的液力变矩器完全可以作为新型变矩器设计的基础，也就是说可以不必从勾画新的循环圆开始，十分自然的途径是以某个或某种合适的、具有参考价值的变矩器为基型，根据某些性能要求，调整几何参数，以满足新的使用要求。这样，既可以从基型液力变矩器的反求分析中获得有用的信息，以利于新型变矩器的设计，也可以充分利用基型变矩器在生产应用方面的有利条件。这就是基型参照、参数拓展的设计方法。

②参考基型设计的有关理论依据。

产品系列化的经验表明，在相同的循环圆和有效直径 D 的条件下，通过改变不同的工作轮叶栅系统进口、出口角（主要是出口角，如泵轮叶片出口角 β_{B2} 或导轮叶片出口角 β_{D2}），可以使设计工况的能容值有最大为一倍的变化而保持大致相同的其他性能参数，这对组织生产显然是十分有利的。

以 B—T—D 型液力变矩器为例，经推导其泵轮扭矩的计算可以写成：

$$M_B = \rho q \left[R_{B2}^2 \omega_B - q \left(\frac{R_{B2} \cot \beta_{yB2}}{A_{B2}} - \frac{R_{D2} \cot \beta_{yD2}}{A_{D2}} \right) \right]$$

以下分析统一如下参数符号，并约定带有角标"y"的参数为液力参数。循环圆流量为 q；泵轮扭矩系数为 λ_{MB}，$\lambda_{MB} = \dfrac{M_B}{\rho g n_B^2 D^5}$。

可以看出，在循环圆不变的情况下，泵轮转速 n_B 一定，可以认为 R_{B2}、R_{D2}、ω_B 是常数，扭矩 M_B 主要取决于 q、β_{B2} 和 β_{D2}，而 q 本身也主要与 β_{B2} 和 β_{D2} 有关。通过改变泵轮叶片出口角 β_{B2} 或改变导轮叶片出口角 β_{D2} 的方法可改变 λ_{MB}。这样，只要更换具有不同叶片出口角度的泵轮或导轮，在同一直径下，即可扩大液力变矩器和发动机匹配功率范围。

在参考基型变矩器确定循环圆之后，工作轮半径与流道进口、出口轴面宽度也随之确定，而叶片出口厚度可由设计者根据经验及加工条件确定，新型变矩器设计的主要任务则是确定保证变矩器的动力性能要求的工作轮进口、出口角度的最佳组合。

经过对比、分析选定基型变矩器，目标变矩器的计算有以下几种途径（以三工作轮液力变矩器为例):a.只改变泵轮进口、出口角的设计;b.只改变导轮进口、出口角的设计;c.同时改变泵轮及导轮进口、出口角的设计;d.三工作轮进口、出口角同时改变的设计。前两种方法更便于组织生产,但灵活性较低,后两种方法可变因素较多,参数调整灵活,可以获得较为满意的结果。

③综合性能曲线图。

变矩器的综合性能特性是通过水力计算获得的,如图 11.25 所示,K_{y0}、η_y^*、T_y、β_{yn} 与循环流量系数 q^* 的关系曲线,y 表示液力特性参数。把液力变矩器的特性和工作轮进口与出口液流角均画在同一图形上,这个图形称为液力变矩器的综合性能特性图。

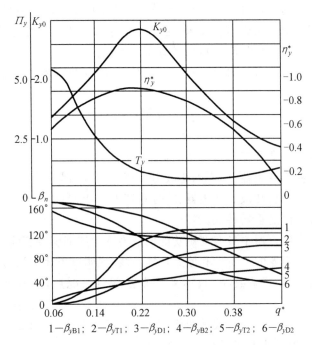

图 11.25　液力变矩器的综合性能特性图

$1—\beta_{yB1}$;$2—\beta_{yT1}$;$3—\beta_{yD1}$;$4—\beta_{yB2}$;$5—\beta_{yT2}$;$6—\beta_{yD2}$

选定叶栅系统的最佳参数组合,原则如下。

a.零速工况液力变矩比 K_{y0} 应比设计要求的零速工况(启动)变矩比 K_0 大得多,因为经过后续的再几次近似计算后 K_{y0} 有所下降。

b.透穿系数 T_y 的各次近似计算值相差不大,但应考虑与 K_{y0}、η_y 的配合和设计要求。

c.应具有较高的液力效率 η_{ymax},同理经过后续的计算后,η_{ymax} 将有所下降。

d.考虑到不能因叶片角过大或过小,引起流道过大的阻塞,从而引起性能恶化,应保证叶片角 $20° \leqslant \beta_n \leqslant 160°$,同时也应参考上述参数选取过程中提供的叶片角合理范围信息。

(4)液力变矩器水力设计计算一般步骤。

①根据 T、K_0、$\Pi_{0.75}$、i_{TB}^*,初步确定变矩器的形式(向心、离心、轴流式),参考已有变矩器循环圆的形状,初步选定循环圆。

②作出选定变矩器循环圆的轴面图,参考已有变矩器确定各工作轮进出口边的位置及工作轮相应的进口、出口半径。

③将所需的变矩器外特性换算成内特性,即液力特性参数,包括液力矩、液力变矩系数、液力效率及液力扭矩系数。

④按某种原则或经验,计算工作轮平均流线处的角度参数。注意:这里计算得出的是液流角而不是真正的叶片角。

⑤按某种原则或经验确定工作轮平均流线处的叶片进口、出口角,并将其换算到内环、外环处的叶片角。

在保角变换网格上画出由外环流线及平均流线的一片骨线。给出沿三条流线叶片厚度变化规律,并按此规律加厚叶片。

按能量平衡方程进行特性计算,作出原始特性曲线,观察其各主要非设计工况点,如启动工况 K_0、液力偶合器工况等是否符合要求,这一步也可以放到计算叶片角度参数中进行。若有差异则修改叶轮进口、出口半径,再重新计算角度参数。

通过计算其特性符合要求后,即可按设计出的参数绘制图纸及木模图。

思考与练习

11.1 对比说明液力偶合器与液力变矩器的异同。

11.2 指出多级液力变矩器、向心涡轮液力变矩器、离心涡轮液力变矩器、轴流涡轮液力变矩器、正转液力变矩器、反转液力变矩器、综合式液力变矩器以及导叶可调式液力变矩器等类型,在结构、布置等方面的重要特征。

11.3 为什么液力偶合器不具有变矩功能而液力变矩器能够改变输出转矩?

11.4 结合液力变矩器的外特性和原始特性曲线,说明以下相关液力变矩器的重点概念:高效区范围($\Pi_{0.75}$);启动变矩系数(K_0);零速工况点;设计工况点;液力偶合器工况点;失矩工况点。

11.5 什么是透穿性?透穿系数是如何定义的?液力偶合器、向心涡轮液力变矩器、离心涡轮液力变矩器、轴流涡轮液力变矩器分别具有何种透穿性?

11.6 结合不同透穿性的液力变矩器原始特性泵轮力矩系数曲线的特征与泵轮力矩基本关系式,说明不可透、正可透、负可透的概念意义。

11.7 液力变矩器全特性包括哪几个工况区?说明各个工况区的功率流向。

11.8 结合液力变矩器的外特性及原始特性曲线,说明变矩器的自动适应性及过载保护功能。

11.9 说明负载始终在较高转速比区间运行,采用综合式液力变矩器作为传动装置的道理。

11.10 总结液力变矩器能量平衡分析的过程与步骤,理解工作腔循环流量才是决定液力变矩器特性的内在关键因素。

11.11 为什么向心涡轮变矩器不适合起重机类负载的传动?

11.12 说明液力变矩器补偿冷却系统的功能与组成。

第12章 液力传动装置与动力机共同工作特性

12.1 液力偶合器与动力机的共同工作传动特性

液力偶合器作为传动装置,一般与汽油机、柴油机及电动机相连,为合理选用液力偶合器,即使液力偶合器与动力机合理匹配,首先必须了解动力机的特性。

12.1.1 常用的动力机特性

(1)汽油机。

汽油机主要靠节气阀(气门)来调节进入气缸中混合气体的数量。当节气阀放在一定的开度位置时,对应一组动力机的功率 P_d、转矩 M_d、有效比燃料消耗 g 与发动机转速的关系曲线。这些曲线称为发动机的速度特性。开度最大的速度特性称为外特性;开度不大时,称为部分特性,汽油机速度特性如图12.1所示。汽油机的外特性随转矩的变化变动较大,且具有一个明显的最大转矩工况点。当油门全开时,外特性与负载转矩交于点 B_1,这时发动机与负载的转速最高;当油门开度减小时,$M_d = f(n_d)$ 的特性曲线为部分特性 2、3、4,工作点变为 B_2、B_3、B_4,工作转速将降低。汽油机能在最低转速下稳定运转,最高转速无须控制。

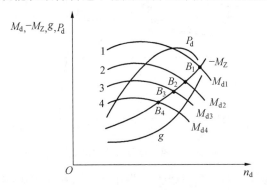

图 12.1 汽油机速度特性

(2)柴油机。

柴油机按所采用调速器的不同,分为两制调节和全制调节。

两制调节(又称两程调节)柴油机仅对最大和最小速度起限制作用,中间区间由油门开度与负载平衡来决定,类似于汽油机的特性,两制调节柴油机特性如图12.2所示。负载为 $-M_Z$ 时,对不同的油门开度 m_1、m_2、m_3、m_4,柴油机转速分别为 n_{d1}、n_{d2}、n_{d3}、n_{d4}。

全制调节(又称全程调节)柴油机亦有最高、最低两个转速限制,但调节油门开度的手柄不论放在何种位置,柴油机就会在与该手柄位置对应的某一固定转速下运行。且转速基本不随外负载而改变。该点的力矩特性近乎为直线。当负载变化时,工作点沿该转速下的直线上下移动,即柴油机的外特性较"硬"。各油门开度下最大力矩点的连线,就是柴油机的外特性,全制调节柴油机特性如图 12.3 所示。有关柴油机特性以后将详细介绍。

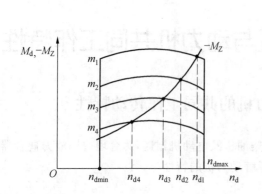

图 12.2 两制调节柴油机特性

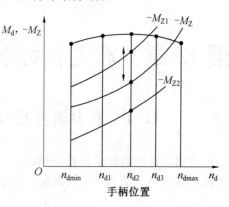

图 12.3 全制调节柴油机特性

(3)三相交流异步电动机。

三相交流异步电动机是工程中应用最广泛的动力机,其特性如图 12.4 所示。图中 I_q 为电动机的启动电流;I_e 为额定电流;M_q 为电动机的启动力矩;M_{max} 为电动机的最大力矩,又称峰值力矩;M_e 为额定力矩,对应的转速为电动机的额定转速。

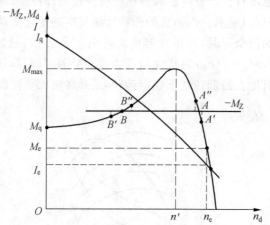

图 12.4 三相交流异步电动机的特性

一般峰值力矩的转速 $n' = (0.85 \sim 0.9)n_e$(额定转速);最大力矩 $M_{max} = (2.0 \sim 2.8)M_e$,启动力矩 $M_q = (1.4 \sim 2.2)M_e$;对深槽电动机 $M_q = (2.8 \sim 4.0)M_e$;启动电流 $I_q = (5 \sim 7)I_e$。

由于普通交流异步电动机的启动力矩较小,而启动电流又较大,这样在启动大惯性负载时,启动时间较长,会造成电动机的过热甚至烧毁。当电动机容量较大时,大的启动电流延续时间较长,又会使电网产生压降而影响其他负载的正常运行。而电压降低又会使电动机的启动转矩随之降低,使启动时间更加延长。但采用液力偶合器传动,会使这一状态得到根本改善。

12.1.2 负载的分类

负载特性因工作机功能不同而各不相同,负载特性是指工作机产生的负载转矩与其转速的关系。为使书中符号一致,则由与液力偶合器泵轮转动方向是否一致来定义转矩的正负,显然 $-M_z>0$。通常工作机的负载可分以下三种类型。

(1)恒转矩负载。

恒转矩负载,即 $-M_z=const$,如起重机、带式输送机、斗式提升机等都属于此类负载。

(2)抛物线负载。

抛物线负载是指与转速平方成正比的负载,即 $-M_z=kn_z^2$。如无背压的风机、水泵等叶片式流体机械,均为此类型负载。液力偶合器的泵轮也是原动机的抛物线负载。

(3)与转速一次方成正比的负载。

与转速一次方成正比的负载,即 $-M_z=kn_z$。如压力不变的活塞式航空发动机的增压器。

实际工作机的负载特性常常是以上几种负载特性的组合。

12.1.3　工作点的稳定性

动力机与工作机特性的交点便是系统的平衡工作点,它有稳定平衡工作点和不稳定平衡工作点两种。稳定平衡工作点是指当动力机或工作机受到扰动而使工作点偏离原平衡工作点时,能在干扰消失后自动回到原来的工作点,这种工作点称为稳定工作点。反之,称为不稳定工作点。

今以电动机与恒转矩负载为例来分析工作点的稳定性。如图 12.4 所示,负载力矩与电动机力矩曲线交点为 A、B。在点 A,当外界扰动使工作点偏离点 A 而达到点 A' 时,一旦扰动消除,则 $-M_z>M_d$,故在 $\Delta M=-M_z-M_d>0$ 的作用下,使电动机转速又回到与点 A 处对应的转速。同理可以分析当扰动使工作点由 A 变为 A'' 时,$M_d>-M_z$,一旦扰动消失,则在力矩差的作用下电动机加速又回到了点 A,所以 A 点是稳定的工作点。而点 B 则不同,扰动使工作点偏离到点 B' 或点 B'' 时,当扰动消失后,在力矩差的作用下,会加速或减速离开点 B,所以 B 点是不稳定工况点。

稳定工况点的数学表达式为

$$\frac{\mathrm{d}M_d}{\mathrm{d}n_d} < \frac{\mathrm{d}(-M_z)}{\mathrm{d}n_z} \tag{12.1}$$

12.1.4　液力偶合器与动力机共同工作的传动特性

一般液力偶合器都与原动机直接连接,而电动机又是液力偶合器最多采用的动力机。今对电动机与偶合器的共同工作进行分析,并可推广到其他类型动力机与液力偶合器共同工作分析中。

要进行共同工作的分析和匹配计算,首先必须知道异步电动机的机械特性 $M_d=f(n_d)$、所选用液力偶合器的原始特性 $\lambda_{MB}=f(i_{TB})$、有效直径 D 及工作液体的密度 ρ,还要确定拟采用的连接方式,即动力机与液力偶合器是直接连接还是通过变速箱再进行连接。现以电动机直接与液力偶合器相连为例进行分析。图 12.5 所示为电动机与液力偶合器的共同工作特性。

(1)共同工作的输入特性。

输入特性是指电动机的动力特性与其负载——液力偶合器泵轮上的转矩平衡关系。具体做法如下(坐标为 $M-n_B$)。

① 在液力偶合器牵引工况取 $i_{TB}=0,i_{TB}=0.2,\cdots,i_{TB}=i_{TB}^*$ 等各点(一般选 4～6 个即可)。

再从液力偶合器原始特性上得到所选定 i_{TB} 对应的 λ_{MB} 值。

② 由得到的各 λ_{MB} 值求各相应的系数 C_j，$C_j = \lambda_{MBj}\rho g D^5$。

③ 将不同的 n_B 值代入 $M_B = C_j n_B^2$，可画出作为电动机直接负载的液力偶合器泵轮的各条负载抛物线，它们与电动机的特性 $M_d = f(n_d)$ 的交点分别为 $A、B、C、D、\cdots$，而横坐标轴则为 $i_{TB} = 1$ 的一条极限抛物线。由工作点稳定的条件可见，电动机与液力偶合器共同工作的各工作点都是稳定的。同时也可对上述各步骤列表计算。这就是共同工作的输入特性，如图 10.14(a) 所示。

（2）共同工作的输出特性。

输出特性是将液力偶合器涡轮力矩曲线 $-M_T = f(n_T)$ 及负载曲线 $-M_Z = f(n_Z)$ 绘制在同一坐标平面上（其坐标为 $-M_Z - n_T$ 且与输入特性比例相同），具体步骤如下。

① 先由输入特性 i_{TBj} 及对应的 n_{Bj} 值求出相应的 n_{Tj} 值，$n_{Tj} = i_{TBj} \cdot n_{Bj} = i_{TBj} \cdot n_{dj}$。再将输入特性中各工作点的力矩 M_j 值平移到输出特性坐标中，n_{Tj} 与 M_j 的各交点的连线即为涡轮输出特性 $-M_T = f(n_T)$。

② 若负载与涡轮直连，则有 $n_T = n_Z$，将负载特性 $-M_Z = f(n_Z)$ 画到输出特性 $M - n$ 坐标图中。

③ 负载特性与涡轮轴输出特性的交点，即为液力偶合器输出特性的工作点。共同工作的输出特性如图 12.5(b) 所示。

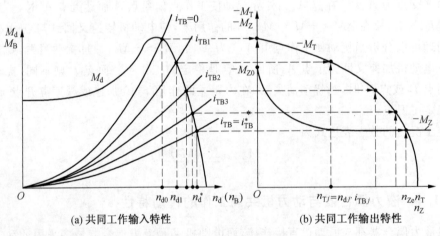

(a) 共同工作输入特性　　　　(b) 共同工作输出特性

图 12.5　电动机与液力偶合器的共同工作特性

（3）共同工作的分析。

① 在进行共同工作的计算时，所选液力偶合器 $i_{TB} = 0$ 的负载抛物线最好是过电动机的峰值力矩点或与该点接近。这样就可以充分利用电动机的峰值力矩来启动负载，使负载迅速启动。这样，不仅可以保护电动机，而且因采用了液力偶合器传动可降低大惯性负载的电动机功率的等级，防止"大马拉小车"。

② 采用液力偶合器传动，可使负载启动力矩大于电动机启动力矩（但小于电动机峰值力矩），负载顺利启动，如不用液力偶合器传动，电动机根本无法启动这类负载。

③ 在电动机与工作机之间加上液力偶合器，液力偶合器的泵轮为电动机的直接负载，这就能保证电动机轻载启动。而且电动机与泵轮负载抛物线无论交在峰值力矩点的左边还是右

边,都是稳定的工况点。一般液力偶合器泵轮的启动时间只有几秒钟。

④ 采用液力偶合器传动虽然大大改善了电动机的启动性能,但在正常运行时,由于存在 3% 左右的滑差,这就有 3% 左右的功率损失,而且液力偶合器的涡轮输出转速也要比电动机转速低 3% 左右。

⑤ 当负载转矩超过电动机的最大转矩时,虽然涡轮已停止转动,电动机仍在 $i_{TB}=0$ 负载抛物线的工况点运行,此时电动机的电流远小于启动电流,电动机不会烧毁,但此时(又称堵转工况)由于没有功率输出,液力偶合器的工作液体会急剧升温。当工作温度达到一定值后,液力偶合器的保护装置——安全塞上的易熔合金熔化,使工作液体喷出,从而使电动机卸载。因此液力偶合器能对电动机起到过载保护的作用。

12.2　液力变矩器与动力机共同工作传动特性

12.2.1　柴油机的动力特性

液力传动的原动机主要是电动机及内燃机,电动机及内燃机的特性已在第 3 章中做了介绍。任何液力传动装置,不仅液力传力元件性能要好、动力机的性能也要好,而且更重要的是两者配合要恰当。两者性能虽好,但配合不恰当,其共同工作的传动特性也不可能好。把动力机与液力传动元件共同工作时能获得理想性能称为合理匹配。

军用车辆、运输车辆及工程机械中广泛采用汽油机和柴油机作为原动机。现主要介绍工程机械及车辆中常用的柴油机特性。

柴油机的速度特性主要指当柴油机转速变化时,柴油机的功率 P_f、转矩 M_f、每小时消耗燃料量 G_T 及比燃料消耗 g_e 之间的关系,图 12.6 所示为 6120 型柴油机外特性。

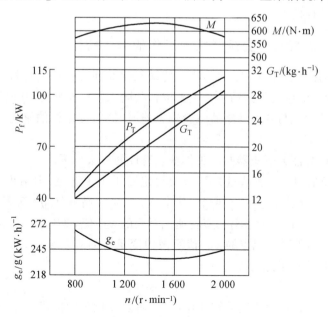

图 12.6　6120 型柴油机外特性

柴油机的动力特性还包括国标规定的对不同用途柴油机所标示的功率应不同,共有 4 种。

（1）15 min 功率。允许柴油机连续运动 15 min 的最大有效功率。它适用于汽车、摩托车、摩托艇等所用内燃机功率的标定。

（2）1 h 功率。允许柴油机连续运行 1 h 的最大有效功率。它适用于拖拉机、工程机械、船舶用的内燃机的标定。

（3）12 h 功率。允许柴油机连续运行 12 h 的最大有效功率。其中包括超过 12 h 功率 10% 的情况下连续运行 1 h。它适用于农用拖拉机、推土机、农业排灌用内燃机的标定。

（4）持续功率。允许柴油机长期运行的最大有效功率。

国标中还规定在标出上述一二种功率的同时，还应标出对应此功率的内燃机相应的转速。

对液力传动用内燃机来说，为分析其与液力传动元件共同工作的传动特性，必须有厂家提供的如图 12.6 所示的特性曲线。一般在标定功率工况下运行，柴油机是最经济的，因为此时的比燃料消耗最小，但每小时的燃料消耗量则达最大值。

柴油机最大转矩工况往往不在标定功率工况，此时柴油机的输出转矩最大，用 M_m、n_m、P_m 分别表示该工况下的转矩、转速和功率。

柴油机还有空载最高转速。此时输出转矩及功率几乎为零，所有的功率都用来克服柴油机的内部阻力。但由于有调速器的作用，此时的供油量也最低。

柴油机的空转最低转速又称为怠速工况。此时输出功率为零，发动机在调速器的作用下供油量也最少，以维持发动机的运转，并保证发动机不熄火，该转速以 n_{min} 表示。如果发动机的转速低于怠速工况的转速，发动机就会熄火。

目前国内重型汽车及工程机械，大都采用全程调节柴油机。在对柴油机与液力变矩器共同工作进行分析时，还需要知道动力机辅助设备（如冷却风扇、发电机、空压机、液力变矩器冷却循环系统油泵等）所消耗的功率。而传给液力变矩器泵轮轴的功率和转矩则是去掉这些辅助设备所消耗的功率和转矩后余下的功率和转矩。因此要用扣除这些功率和转矩后的特性来作共同工作的传动特性曲线。

12.2.2 动力机与液力变矩器共同工作的输入特性

虽然动力机有内燃机和电动机，而与液力传动元件共同工作的内燃机以全制调节的柴油机为主，所以以这种广泛应用的柴油机为主来进行共同工作特性分析，其他类型的动力机都可按此方法进行。当动力机与液力变矩器泵轮轴直连时，液力变矩器的泵轮便是动力机的直接负载，即有 $M_d = M_B$、$n_d = n_B$。

全程调节柴油机与液力变矩器共同工作输入特性的求法如下。

（1）在液力变矩器原始特性图 12.7（a）上给定若干个工况点，即给出 $i_{TB}=0$、i_{TB1}、(i_{TB}^*) $(i_{TB})_{K=1}$、i_{TB2}、$(i_{TB})_{K=0}$ 取点数 $j=5\sim6$ 个，其中 i_{TB1}、i_{TB2} 为高效区 $\eta=0.75$ 对应的两个转速比，并从液力变矩器原始特性上求出相应转速比对应的 λ_{MBj} 值，即 λ_{MB0}，λ_{MB1}，λ_{MB}^*，λ_{MB2}，…。

（2）根据所确定的不同工况点的 λ_{MBj} 值及液力变矩器的有效直径 D、工作液体密度 ρ，求出各工况点相应的泵轮转矩抛物线：

$$M_{Bj} = \rho g \lambda_{MBj} D^5 n_B^2 \tag{12.2}$$

式中的 λ_{MBj} 可由原始特性相应的转速比得到，而 ρ、D 则为定值，故上式可写成 $M_{Bj}=K_j \cdot n_B^2$，其中 $K_j = \lambda_{MBj}\rho g D^5$。给出一系列 n_B 值，即可求出某一工况下的泵轮的转矩抛物线，并将该转矩抛物线以相同的 $N-m$ 比例尺绘制在柴油机净转矩外特性曲线上。各泵轮负载转矩抛物线与动力机特性曲线的交点,就是动力机与液力变矩器共同工作输入特性工况点,如图 12.7(b)所示。

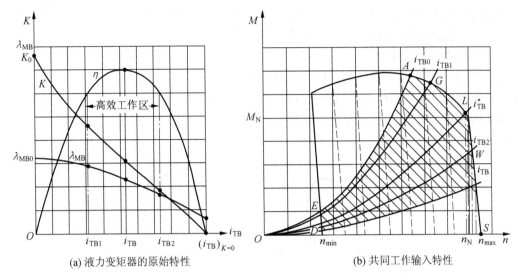

(a) 液力变矩器的原始特性　　　　(b) 共同工作输入特性

图 12.7　动力机与液力变矩器共同工作输入特性工况点

对输入特性做如下说明。

(1) 由工况点稳定性的判别准则可以判定,输入特性上所有的工作点都是稳定的。

(2) 不论液力变矩器为何种透穿性,其最大泵轮力矩系数和最小泵轮力矩系数所对应的负载抛物线与动力机的特性曲线所围成的面积(图 12.7 中的阴影部分),为动力机在部分供油时动力机与液力变矩器的共同工作范围。这一面积的大小及所处位置,决定了共同工作的基本性能。

(3) 影响共同工作范围大小的主要因素是液力变矩器的透穿性。不同透穿性液力变矩器与动力机共同工作的输入特性如图 12.8 所示。

对于不可透液力变矩器 $T \approx 1$,在不同工况 i_{TB} 下只有一条泵轮负载抛物线或很窄的共同工作区,如图 12.8(a)所示。

对于正透穿性($T > 1$)液力变矩器,如图 12.8(b)所示。由于 λ_{MB} 随 i_{TB} 的增加而减小,所以共同工作区间则是一束随 i_{TB} 增加而逐渐趋于水平的抛物线族。工作范围随 T 的增大而增大。

对于具有负透穿性($T < 1$)的液力变矩器,λ_{MB} 随 i_{TB} 的增大而增大,故其共同工作范围是随 i_{TB} 的增大而向右上方移动的抛物线族,如图 12.8(c)所示。

有的液力变矩器具有混合透穿性,即 λ_{MB} 随 i_{TB} 的增加先增大然后又减小。其工作范围则是以 λ_{MB} 最大时的负载抛物线为左端、以最小的 λ_{MB} 相应的负载抛物线为右端的抛物线与动力机外特性所围的区间。

以上是对液力变矩器透穿性影响共同工作范围的分析。还要说明的是,在液力变矩器工作范围内应能充分利用动力机的最大有效功率。即设计工况 i_{TB}^* 对应的负载抛物线最好通过动力机的最大净功率点,且高效区所对应的转速比 i_{TB1}、i_{TB2} 应在最大功率点附近。一般最大功率点也对应比燃料最低点,额定工况点在比燃料最低点处则会节约原料,即动力机在该点运行最经济。为使工程机械、车辆启动快,其启动工况的负载抛物线最好与动力机最大转矩点相交。这样可使液力变矩器充分利用动力机的最大转矩。由可透性对共同工作范围的影响可见：不可透液力变矩器不可能同时满足上述要求，而正可透液力变矩器则有可能满足上述要求。但是若在动力机与液力变矩器之间加上动力换挡变速箱则有可能使不可透液力变矩器实现上述要求，但这将使传动装置设计及操作变得复杂。

当动力机为电动机时，其与液力变矩器共同工作的输入特性、柴油机与液力变矩器共同工作输入特性、柴油机与液力变矩器共同工作输入特性的求法相同。只是应使液力变矩器启动工况的转矩抛物线过电动机的峰值转矩点；液力变矩器额定工况即 i_{TB}^* 所对应的负载抛物线应过电动机的额定工况点，以保证电动机在额定工况点运行而不产生过载。

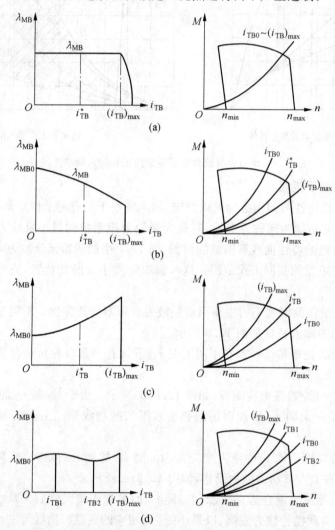

图 12.8　不同透穿性液力变矩器与动力机共同工作的输入特性

同一柴油机，当配置不同的调速器时，对共同工作输入特性的影响也不同，如图 12.9 所示。

当发动机油门全开时，不论是全程调速器还是两程式调速器，其特性都相同，发动机处于外特性下工作，由于外特性都相同，因此得到的输入特性也完全相同，即都处于图 12.9 中

A_0BA_m 曲线部分。

当发动机处于部分特性情况下工作时,不同调速器的工作区间将不相同。因在部分特性工作时,主要看液力变矩器高效区范围的大小。如原始特性上效率 $\eta = 0.75$ 对应的转速比为 i_{TB1} 及 i_{TB2},与动力机共同工作时,对应于 i_{TB1} 负载抛物线与动力机特性曲线交点相应的动力机转速为 n_{d1},对应于 i_{TB2} 的动力机转速为 n_{d2},则在共同工作时,对应液力变矩器高效区的涡轮输出转速变化范围 Π 为

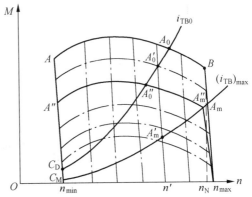

图 12.9　不同调速器对共同工作输入特性的影响

$$\Pi = \frac{n_{T2}}{n_{T1}} = \frac{n_{d2} \cdot i_{TB2}}{\cdot i_{TB1}} = \frac{n_{d2}}{n_{d1}} \cdot \frac{i_{TB2}}{i_{TB1}} \qquad (12.3)$$

对已知的液力变矩器,其高效区对应的转速比 i_{TB1} 及 i_{TB2} 都为定值,因此由式(12.3)可知,涡轮输出转速变化的范围主要取决于 $\dfrac{n_{d2}}{n_{d1}}$。$\dfrac{n_{d2}}{n_{d1}}$ 增大,则会使共同工作对应液力变矩器高效区的涡轮输出转速变化范围比 $\dfrac{i_{TB2}}{i_{TB1}}$ 大。以下结合图 12.10 所示的液力变矩器与柴油机采用不同制式调速器匹配工作特性做进一步分析说明。

(1)不可透液力变矩器,泵轮负载抛物线只有一条,如图 12.10(a)所示,$n_{d2} \approx n_{d1}$,共同工作对应液力变矩器高效区的涡轮输出转速变化范围,$\Pi = \dfrac{n_{T2}}{n_{T1}} = \dfrac{n_{d2} \cdot i_{TB2}}{n_{d1} \cdot i_{TB1}} = \dfrac{i_{TB2}}{i_{TB1}}$。

(2)正可透液力变矩器。

a.配置两程式调速器的柴油机,如图 12.10(b)所示,$n_{d2} > n_{d1}$,$\dfrac{n_{d2}}{n_{d1}} > 1$,$\Pi$ 在 $\dfrac{i_{TB2}}{i_{TB1}}$ 的基础上扩大了。

b.配置全程式调速器的柴油机,如图 12.10(c)所示,$n_{d2} \approx n_{d1}$,Π 几乎不变。

(3)负可透液力变矩器

a.配置两程式调速器的柴油机,如图 12.10(d)所示,$n_{d2} < n_{d1}$,$\dfrac{n_{d2}}{n_{d1}} < 1$,$\Pi$ 在 $\dfrac{i_{TB2}}{i_{TB1}}$ 的基础上缩小了。

b.配置全程式调速器的柴油机,如图 12.10(e)所示,$n_{d2} \approx n_{d1}$,Π 几乎不变。

由此可以得出以下结论。

①对不可透液力变矩器,无论是在全特性还是在部分特性情况下工作,因其泵轮负载抛物线只有一条,所以调速器的形式对共同工作范围没有任何影响。

②对正可透液力变矩器,采用两程式调速器在部分充油时,由于其特性为一近似的水平线,其对应液力变矩器高效区的涡轮输出转速变化范围比 i_{TB2}/i_{TB1} 更加扩大。

③对负可透液力变矩器,当发动机在部分特性下工作时,若采用两程式调速器,因 $n_{d2} < n_{d1}$,则会使对应液力变矩器高效区的涡轮输出转速变化范围减小。为使液力变矩器所确定的 i_{TB2}/i_{TB1} 不致缩小,因此采用全程调节式的调速器为好。

由以上分析也可得出以下的结论:液力变矩器为正可透、不可透或负可透,其高效区对应

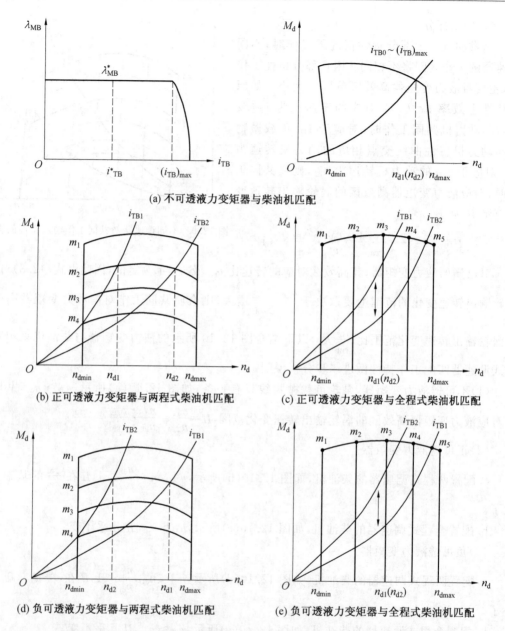

(a) 不可透液力变矩器与柴油机匹配

(b) 正可透液力变矩器与两程式柴油机匹配

(c) 正可透液力变矩器与全程式柴油机匹配

(d) 负可透液力变矩器与两程式柴油机匹配

(e) 负可透液力变矩器与全程式柴油机匹配

图 12.10　液力变矩器与柴油机采用不同制式调速器匹配工作特性

的转速比的比值若相同,即 i_{TB2}/i_{TB1} 相等,则与发动机共同工作又在部分特性下工作时,采用正可透液力变矩器可能使对应液力变矩器高效区的涡轮输出转速变化范围扩大;采用不可透液力变矩器对应液力变矩器高效区的涡轮输出转速变化范围不变;采用负可透液力变矩器可能使对应液力变矩器高效区的涡轮输出转速变化范围变窄。

12.2.3　动力机与液力变矩器共同工作的输出特性

　　动力机与液力变矩器共同工作的输出特性是在作出发动机与液力变矩器共同工作的输入特性之后,并按与输入特性相同的比例尺画出的。其具体画法如下。

（1）根据输入特性选取的一系列转速比 i_{TBj}，在液力变矩器原始特性上查出对应的液力变矩器变矩比 K_j 及效率 η_j 值。

（2）根据所选定的 i_{TBj} 及相应的转矩抛物线与动力机特性的交点（注意，泵轮转矩抛物线与柴油机的外特性有两个交点），找出相应的发动机的转速 n_{dj}，因发动机与液力变矩器的泵轮轴直连，故有 $n_{dj} = n_{Bj}$。由 n_{Bj} 值即可计算各转速比下的涡轮的转速 n_{Tj}：

$$n_{Tj} = n_{Bj} i_{TBj} = n_{dj} i_{TBj} \tag{12.4}$$

需要指出的是动力机的转速，虽然名牌上已标出其额定转速，但不同转速比对应的泵轮转矩抛物线与动力机特性交点不同，故对应的动力机转速是不同的。尤其可透液力变矩器式（12.4）中的 n_{Bj} 的数值是随 i_{TBj} 而改变的。这样就可以得到对应不同转速比 i_{TBj} 的不同 n_{Tj} 值。

（3）以 n_{Tj} 或以 n_T / n_{Tmax} 为横坐标，以 $-M_T$、P_T、G_T、g_e 为纵坐标，画出其输出特性。

$$-M_{Tj} = K_j M_{Bj} \tag{12.5}$$

$$P_{Tj} = \eta_j P_{Bj} = \frac{M_{Bj} n_{Bj}}{9\,550} \eta_j \tag{12.6}$$

式中　M_{Bj}——泵轮转矩，N·m；

　　　n_{Bj}——泵轮转速，r/min。

而 G_T 为耗油量，可由动力机特性图上相应的转速求得，$g_e = \dfrac{G_T}{P}$，以检查其经济性。柴油机与液力变矩器共同工作的输出特性如图 12.11 所示。若工作机的特性已知，则将工作机的转矩、转速特性以相同的比例尺画到共同工作的输出特性图中，则工作机的特性曲线与输出特性曲线的交点，即为工作机的工作点。

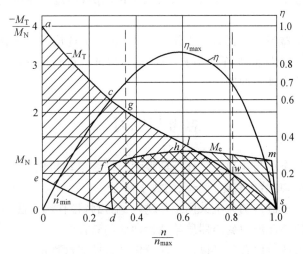

图 12.11　柴油机与液力变矩器共同工作的输出特性

图 12.11 中的特性曲线 deaglws 与图 12.7 中的特性曲线 DEALWS 各工况点相对应。对共同工作总的要求如下。

① 额定工况点应在柴油机的功率最大点。

② 启动工况（$i_{TB} = 0$）时，启动转矩越大越好，即最好通过动力机的最大转矩点。

③ 共同工作要求有较宽的高效区，即 n_{T2} / n_{T1} 比值越大越好，而且在高效区范围内，要有较低的比燃料消耗，即柴油机在该区间运行有较好的经济性。

　　为了更好地比较柴油机加上液力变矩器的传动特性与柴油机单独使用(即柴油机不加液力变矩器)的动力特性,将柴油机的特性也画在输出特性中,如图 12.11 所示。由比较可得出以下结论。

　　① 动力机单独工作时其工作范围为动力机外特性曲线 $dfhms$ 所围的面积。而加上液力变矩器后其工作范围是特性曲线 $acglsde$ 所围的面积。可见加上液力变矩器以后其工作范围大大地扩大了。

　　② 液力变矩器与柴油机组合后,可提高柴油机稳定工作的转速范围。因由柴油机单独工作时,当工作机转速低于柴油机的最低转速时,柴油机就会熄火。而加上液力变矩器后,由于液力变矩器泵轮是柴油机的直接负载。所以即使工作机转速很低甚至为零,液力变矩器处于制动工况,但柴油机仍然带动液力变矩器泵轮转动,即柴油机不会熄火。

　　③ 虽然柴油机单独工作时,对抛物线性负载在任何工况点都是稳定工况点,但对恒转矩型负载则可能出现不稳定工况。而加上液力变矩器以后,无论是抛物线负载还是恒转矩负载,在任何工况点都是稳定的。

　　④ 加上液力变矩器后,虽然工作范围有较大的拓宽,但由于液力变矩器本身效率不太高,一般 $\eta_{max}=0.85$,所以通过液力变矩器以后输出的功率 P_T 要比柴油机功率有所下降。但由于液力变矩器具有自适应性,可以无级变速,能免去机械变速等造成的损失,同时也简化了操作,故其损失掉的功率可相应得到补偿。

　　动力机与液力偶合器、液力变矩器的匹配是否合理,一般以能否使工作机得到最高的生产效率及动力机运行是否经济来加以衡量和评价。因此不仅要了解动力机与液力变矩器的输入、输出特性,还要了解工作机的工作过程及负载变化范围,通过定量分析来确定匹配的合理性。

　　以上是对液力变矩器与动力机共同工作的分析,它也是选用液力变矩器计算的基础。如现有液力变矩器直径 D 或性能不符合要求,可通过相似理论进行尺寸换算或通过与机械变速箱合理的配合来获得较为理想的匹配。

思考与练习

　　12.1　说明稳定工作点与非稳定工作点的概念。结合电动机机械特性与恒转矩负载特性做出工况点稳定性分析,并给出稳定工况点的数学判据。

　　12.2　了解液力变矩器与动力机共同工作输入、输出特性作图方法的过程步骤。

　　12.3　体会不同透穿性液力变矩器原始特性曲线的特征。

　　12.4　为什么加入液力偶合器可以极大改善电动机的启动性能?

　　12.5　为什么负可透液力变矩器不适合于两制式柴油机的传动?

　　12.6　结合共同工作输入、输出特性的分析与结论,说明柴油机加液力变矩器传动与单独使用柴油机的差别。

参 考 文 献

[1] 陈卓如,王洪杰,刘全忠,等. 工程流体力学[M]. 3版. 北京:高等教育出版社,2013.

[2] 陆敏恂,李万莉. 流体力学与液压传动[M]. 上海:同济大学出版社,2006.

[3] 国家技术监督局. 流体传动系统及元件图形符号和回路图 第1部分:用于常规用途和数据处理的图形符号:GB/T 786.1—2009[S]. 北京:中国标准出版社,2009.

[4] 国家技术监督局. 流体传动系统及元件图形符号和回路图 第2部分:回路图:GB/T 786.2—2018[S]. 北京:中国标准出版社,2018.

[5] 何存兴. 液压元件[M]. 北京:机械工业出版社,1982.

[6] 谢苗,毛君. 液压传动[M]. 北京:北京理工大学出版社,2016.

[7] 王积伟. 液压传动[M]. 3版. 北京:机械工学出版社,2018.

[8] 许贤良,王传礼. 液压传动[M]. 2版. 北京:国防工业出版社,2011.

[9] 王以伦. 液压气动传动[M]. 北京:中央广播电视大学出版社,2002.

[10] 高殿荣. 液压与气压传动[M]. 北京:机械工业出版社,2013.

[11] 冀宏. 液压气压传动与控制[M]. 武汉:华中科技大学出版社,2009.

[12] 弗兰克林 G F. 自动控制原理与设计[M]. 李中华,译. 北京:电子工业出版社,2016.

[13] 常同立. 液压控制系统[M]. 北京:清华大学出版社,2014.

[14] 汪首坤. 液压控制系统[M]. 北京:北京理工大学出版社,2016.

[15] 李洪人. 液压控制系统[M]. 北京:国防工业出版社,1981.

[16] 陆肇达. 流体机械基础教程[M]. 哈尔滨:哈尔滨工业大学出版社,2003.

[17] 中华人民共和国国家质量监督检验检疫总局,中国国家标准化管理委员会. 液力传动术语:GB/T 3858—2014[S]. 北京:中国标准出版社,2014.

[18] 彭熙伟. 流体传动与控制基础[M]. 北京:机械工业出版社,2005.

[19] 李有义. 液力传动[M]. 哈尔滨:哈尔滨工业大学出版社,2004.

[20] 匡襄. 液力传动[M]. 北京:机械工业出版社,1982.

[21] 北方交通大学. 内燃机车液力传动[M]. 北京:中国铁道出版社,1980.

[22] 朱经昌,魏宸官,郑幕侨. 车辆液力传动[M]. 北京:国防工业出版社,1982.

[23] 刘应诚. 液力偶合器实用手册[M]. 北京:化学工业出版社,2008.

[24] 杨乃乔,姜丽英. 液力调速与节能[M]. 北京:国防工业出版社,2000.

[25] 陆肇达. 液力传动原理及液力传动工程[M]. 哈尔滨:哈尔滨工业大学出版社,1994.

[26] 马文星. 液力传动理论与设计[M]. 北京:化学工业出版社,2004.

[27] 刘应诚,杨乃乔. 液力偶合器应用与节能技术[M]. 北京:化学工业出版社,2006.

[28] 魏宸官,赵家象. 液体粘性传动技术[M]. 北京:化学工业出版社,1996.

[29] 何川,郭立君. 泵与风机[M]. 5版. 北京:中国电力出版社,2008.